黑龙江省肇州县耕地地力评价

王广成　李志辉　姜占文　主编

中国农业科学技术出版社

图书在版编目（CIP）数据

黑龙江省肇州县耕地地力评价／王广成，李志辉，姜占文主编．—北京：中国农业科学技术出版社，2016.6

ISBN 978 - 7 - 5116 - 2626 - 4

Ⅰ. ①黑… Ⅱ. ①王…②李…③姜… Ⅲ. ①耕作土壤 - 土壤肥力 - 土壤调查 - 肇州县②耕作土壤 - 土壤评价 - 肇州县 Ⅳ. ①S159. 235. 4②S158

中国版本图书馆 CIP 数据核字（2016）第 123594 号

责任编辑	徐 毅
责任校对	贾海霞

出 版 者	中国农业科学技术出版社
	北京市中关村南大街 12 号　邮编：100081
电 话	（010）82106631（编辑室）　（010）82109702（发行部）
	（010）82109709（读者服务部）
传 真	（010）82106631
网 址	http://www.castp.cn
经 销 者	各地新华书店
印 刷 者	北京华正印刷有限公司
开 本	787 mm×1 092 mm　1/16
印 张	16. 125
字 数	360 千字
版 次	2016 年 6 月第 1 版　2016 年 6 月第 1 次印刷
定 价	50. 00 元

《黑龙江省肇州县耕地地力评价》
编 委 会

序

　　20 世纪 80 年代以来，随着农业科技的不断进步，我国主要农作物产量大幅提升，粮食产量实现跨越式增长，有效保障了国家粮食安全。但是，高产出的背后却是农业化学品高投入引发的一系列问题。以肇州县为例，农民为了追求高产，盲目大量施用化肥，少施或不施有机肥，"只种地，不养地"成为常态，从而导致耕地基础地力下降、土壤板结、耕层变薄、养分不均衡等。同时，农作物秸秆大量焚烧，不仅造成资源浪费，而且污染环境，带来安全隐患，影响人类健康。这些问题已引起国家和各级党委、政府的高度重视，2015 年农业部印发《到 2020 年化肥使用零增长行动方案》，黑龙江省制定《农业"三减"行动方案》，主要目的就是减少化肥使用量，增加有机肥投入量，逐步增加土壤耕层厚度、增加土壤有机质含量，改善土壤理化性状，优化农业生态环境。只有树立农民养地意识，才能从根本上保证耕地越种越肥，确保国家粮食安全和重要农产品有效供给，实现农业生产的可持续发展。

　　耕地作为农业生产的基础，准确掌握土壤肥力等相关资源与环境状况，是实现粮食安全、环境安全和农业可持续发展的重要基础。我们组织编写的这本《肇州县耕地地力评价报告》一书，其作者均是活跃在农业生产一线的技术骨干，数据资料来源于实践和多年的工作积累。真心期待书中的资料能够对广大农业生产者和致力于耕地质量提升的研究人员有所帮助，为耕地质量保护起到积极地促进作用。

李方峰

2016 年 4 月

前　　言

　　土地是人类赖以生存的条件，是所有生命活动和物质生产的基础。土地的精华——耕地，是人类社会可持续发展不可替代的生产资料。新中国成立以来，我国所进行的两次土壤普查的成果，在农业区划、中低产田改良和科学施肥等方面，都得到了广泛应用。为农业综合开发利用、农业结构调整、基本农田建设、农业新技术研究应用、新型肥料的开发等各项工作提供了科学依据。但第二次土壤普查到现在，已经过去了 20 多年，在此期间，我国农村经营管理体制、耕作制度、作物布局、种植结构、产量水平、有机肥和化肥使用总量及农药使用等诸多方面都发生了巨大变化，这些变化必然会对耕地地力产生巨大的影响。

一、项目背景

　　为了切实加强耕地质量保护，贯彻落实好《基本农田保护条例》，农业部决定在“十五”期间组织开展全国耕地地力评价工作，并印发《2003 年耕地地力评价工作方案》的通知（农办发〔2003〕25 号）。2009 年根据农业部的要求和省土肥站的部署，肇州县结合测土配方施肥项目开展了耕地地力评价工作。长期以来，我国盲目施肥和过量施肥现象较为严重，由此不仅造成肥料的严重浪费，增加农业生产成本，而且影响农产品品质，污染环境。党中央、国务院领导已多次作出批示，要切实加强对农民科学合理施肥的指导，提高肥料利用率，降低环境污染。温家宝总理要求把推广科学施肥技术作为农业科技革命的一项重要措施来抓。2005 年及 2006 年连续两年的中共中央国务院一号文件（以下简称中央一号文件）中都明确提出，要大力推广测土配方施肥技术，增加测土配方施肥补贴。开展测土配方施肥有利于农业增产、节本、增效，有利于保护耕地质量，有利于节能、低耗、减少环境污染，有利于农业可持续发展，是践行“三个代表”重要思想、贯彻落实科学发展观、维护农民切身利益的具体体现，是促进粮食生产安全、稳定、农民持续增收、生态环境不断改善的重大举措。肇州县是农业大县，现有耕地面积135 027.55 hm²，是黑龙江省粮食主产区之一，是全国产粮百强县之一。在国家及省市的大力支持下，农业生产发展再上新台阶，全县粮食总产达到10.9亿 kg。我国加入WTO（世界贸易组织）和国内市场经济初步确立的新形势下，肇州县的农业生产已经进入一个崭新的发展阶段。近几年来，肇州县的种植业结构已经发生一些变化，无公害绿色食品生产，蔬菜套种技术，已经深为广大农民认知。特别是每年的中央一号文件的贯彻执行，"一免三补"政策的落实，极大地调动了广大农民种粮的积极性。大力发展农业生产，提高农民收入，促进农村经济繁荣，已经成为肇州县广大干部和农民的共同愿望。但农作物赖以生长的耕地、耕地地力与质量状况是进一步提高粮食产量，改善农产品品质，优化农业产业结构及粮食生产安全之本。

二、目的意义

（一）耕地地力评价是深化测土配方施肥项目的必然要求

测土配方施肥不仅仅只是一项技术，而且是从根本上实现肥料资源优化配置、提高肥料效益的基础性工作。现在的推广服务模式无论从范围还是效果上都很难适应为千家万户或者规模化生产模式的生产者提供施肥指导。以县域耕地资源管理信息系统为基础，可以全面、有效地利用第二次土壤普查、肥料田间试验和此次测土配方施肥项目数据库的大量数据，开展耕地地力评价，建立测土配方施肥信息系统，科学划分施肥分区，提供因土因作物施肥的合理建议，通过网络等多种方式为农业生产者提供及时有效的技术服务。因此，耕地地力评价是测土配方施肥工作必不可少、意义重大的技术环节。

（二）耕地地力评价是掌握耕地资源质量的迫切需要

全国第二次土壤普查结束已经20多年了，耕地现有质量状况的全局不是十分清楚，农业生产决策受到极大影响。通过耕地地力评价工作，结合第二次全国土壤普查资料，科学利用此次测土配方施肥所获得的大量养分数据和肥料试验数据，建立完善的县域耕地资源管理信息系统，进一步系统研究不同耕地类型土壤肥力演变与科学施肥规律，为加强耕地质量建设提供依据。

（三）耕地地力评价是加强耕地质量建设的基础

耕地地力评价结果，能够很清楚地揭示不同等级耕地中存在的主要障碍因素及对粮食生产的影响程度。利用这个耕地决策服务系统，能够全面把握耕地质量状态，做出耕地土壤改良的科学正确决策。同时，根据主导障碍因素，提出更有针对性和科学性的改良措施，进一步完善耕地质量建设工作。

耕地质量建设对保证粮食生产安全具有十分重要的意义。随着工业化、城镇化进程的加快，耕地面积的减少趋势难以扭转。耕地数量的下降和粮食需求总量的增加，决定了我们必须提高单产，高质量肥沃的耕地是提高粮食单产的基础。

随着测土配方施肥项目的深入、常规化开展，我们可以不断地获得新数据，及时更新耕地资源管理信息系统，及时掌握耕地质量状态。因此，耕地地力评价是加强耕地质量建设的基础工作。

（四）耕地地力评价是促进农业资源优化配置的现实需求

耕地地力评价因子是影响耕地生产能力的如土壤养分含量、理化指标、障碍因素等土壤理化性状和土壤管理等方面的自然因素，结合耕地土壤灌溉保证率、排水条件等人为因素，耕地地力评价为调整种植业结构，优化农业产业布局，实现农业资源的优化配置提供了科学、便利、可靠的依据。

三、主要成果

肇州县耕地地力评价工作，在黑龙江省土肥管理站和肇州县人民政府的正确指导和支持下，圆满完成各项工作任务，成绩突出，效果显著。此次耕地地力评价工作，共完成《肇州县耕地地力等级图》《肇州县耕地综合施肥分区图》等数字化成果图件 17 份；建立了"肇州县耕地质量管理信息系统"。形成《肇州县耕地地力评价工作报告》《肇州县耕地地力评价技术报告》《玉米适宜性评价专题报告》《肇州县耕地地力评价与土壤改良利用专题报告》《肇州县耕地地力评价与中低产田改良专题报告》《肇州县耕地地力评价与土壤肥力演变和土壤污染专题报告》等 6 份共 30 余万字文字材料。

本报告由王广成、姜占文编写，参加土样采集、野外调查、土样化验和资料整理的有初丛飞、王淑娜、杨树龙、李秀华、王春英、徐云海、张玉臣、刘雅芬、陈莉凤、刘冬梅、谢秀芳、赵小民、于桂香、柴艳萍、陈莉茹、吕建露等同志。报告初步形成后，得到黑龙江大学孟凯、东北农业大学周连仁、黑龙江省农业科学院土壤肥料研究所魏丹同志的修改斧正，在此谨表谢意。

这次耕地地力评价工作，得到了东北农业大学、黑龙江极象动漫技术有限公司和哈尔滨万图信息技术开发有限公司及部分兄弟市县的鼎力支持和无私帮助，在此表示衷心感谢。同时，由于时间紧，工作经验不足，错误和不当之处务望批评指正。

肇州县农业技术推广中心

2010 年 12 月 20 日

目　　录

第三部分　肇州县耕地地力评价专题报告

第一部分

肇州县耕地地力评价工作报告

肇州县耕地地力评价工作报告

肇州县位于黑龙江省西南部，松花江之北，松嫩平原中部。肇州县历史悠久，早在800多年前的金代就有肇州建制。肇州县距省会哈尔滨120km，东邻肇东，西界大庆市，南与肇源县毗连，北与安达市接壤。全县东西长77km，南北宽72km，辖区面积2 392km²。地理位置位于东经124°47′~125°48′，北纬45°34′~46°16′，海拔高度130~228m。处在北半球中高纬度，属中温带大陆性季风气候，四季变化显著，冬季较长，在极北大陆性气团控制下，气候寒冷而干燥。夏季较短，受副热带海洋气团的影响，温热多雨，降水集中。春季多风，少雨干旱。秋季早霜。境内南北温差不大，光热资源充足，为种植业和畜牧业提供了良好的自然资源。肇州县处于黑龙江省第一积温带。属中温带大陆性季风气候，年均日照时数2 863.4h，年均气温4.3℃，≥10℃的有效积温2 797℃，初霜期大致在9月25日，终霜期大致在翌年5月4日，全年无霜期145天，年均降水量468.2mm，蒸发量1 733.1mm。全境为冲积平原，地势平坦，自然条件优越，是典型的农业县。

全县共设有6个镇、6个乡、1个牧场、1个良种场、104个行政村，732个自然屯，农业户75 668户，农业人口290 613人，农村劳动力173 564人（其中，男96 282人，女77 282人）。全县拥有耕地135 027.55hm²，草原56 666.7hm²，水域面积7 200hm²，有林面积19 066.7hm²。2009年农业增加值18.3亿元，农民人均纯收入6 564.2元。由于国家对粮食作物实施"一免三补"等惠农补贴政策和粮食收购的保护价政策，极大地鼓舞了广大农民的种粮积极性，粮食种植面积逐年增加。农业基础设施建设得到明显改善。全县机电井保有量4 060眼，节水灌溉设备2 953台（套），旱涝保收田面积达到72 766.7hm²，增强了抗御自然灾害能力；全县农机具有量78 793台（套），农机总动力45.27万kW，田间综合机械化程度达到82%，作业质量和劳动效率得到提高；全县有林面积19 066.7hm²，以农防林、经济林为主的网带片相结合的防护林体系初具规模，森林覆被率达12.8%，改善了农业生态环境；秸秆根茬粉碎还田、测土配方施肥和增施有机肥等措施，改良了土壤结构，培肥了地力。各级农技干部深入田间地头，以科技示范园区建设为核心，通过召开技术现场会、举行技术培训、发放技术资料、现场指导等方式，大力推广了测土配方施肥、玉米膜下滴灌、优良品种选用、病虫草鼠害综合防治、机械化作业等先进实用技术，使良种良法直接到田、技术要领直接到人，促进了现代农业科技成果的快速转化，提高了粮食产量。近年来，肇州县的农业生产发展迅速，粮食产量连续17年突破5亿kg，是全国百个产粮大县之一。特别是随着国家对粮食作物的各项支农惠农政策的不断实施，粮食作物生产呈现逐年增长的趋势。2007年全县粮食作物面积98 666.7hm²，总产量6.4亿kg，单产6 490.5kg/hm²；2008年全县粮食作物面积105 133.3hm²，总产量9.05亿kg，单产9 582.45kg/hm²；2009年全县粮食作物面积122 860hm²，总产量10.1亿kg，单产8 340kg/hm²。全县耕地135 027.55hm²，人均收入3 107元。是国家重点商品粮基地县、全国粮食生产先进县。这次12乡镇都参加了耕地地力评价工作。我们经过努力，在省土肥管理站的指导下，在全县各级领导的关心和支持下，于2010年年末完成了耕地地力评价工作，现将工作情况总结如下。

一、目的意义

耕地地力评价是利用测土配方施肥调查数据，通过县域耕地资源管理信息系统，建立县域耕地隶属函数模型和层次分析模型而进行的地力评价。开展耕地地力评价是测土配方施肥补贴项目的一项重要内容，是摸清肇州县耕地资源状况，提高肇州县土地生产力和耕地利用效率的基础性工作。对促进肇州县现代农业发展具有一定的指导意义。

二、工作组织和方法

（一）建立领导组织

1. 成立工作领导小组

这次耕地地力评价工作受到肇州县县委、县政府和县农委的高度重视，成立了肇州县耕地地力评价领导小组。主管农业副县长任组长，农业局长和农业技术推广中心主任任副组长，领导小组负责组织协调，制订工作计划，落实工作人员，安排评价资金，指导全面工作。

2. 项目工作办公室

在领导小组的领导下，成立了"肇州县耕地地力评价"工作办公室，办公室设置在农业技术推广中心，由肇州县农业技术推广中心主任任主任，副主任任副主任，办公室成员由土肥站和化验室的业务人员组成。工作办公室按照领导小组的工作安排具体组织实施。办公室制订了"肇州县耕地地力评价工作方案"，编排了"肇州县耕地地力评价工作日程"。办公室下设野外调查组、技术培训组、分析测试组、软件应用组，报告编写组。各组既有严格分工、又有相互协作，各司其职，各负其责。

野外调查组由肇州县农业技术推广中心和乡镇的农业中心业务人员组成。县农业技术推广中心抽调15人参加，其中，4个乡镇为1个责任区，由1名中心主任2名副主任负责3个区的具体指导和监督工作。野外调查共分成6组每组2人，每个组负责2个乡镇，全县12个乡镇，每个乡镇农业中心配备事业心强、业务相对熟练的2名技术干部参加。全县104个行政村和2个县级地方农场，每个村和县级地方农场配备5人参加。野外调查组主要负责样品采集和农户调查等各项工作。通过严格检查各个小组都达到了规定的标准。他们采集的样品具有代表性，样品记录具有完整性即有地点、农户姓名、经纬度、采样时间、采样方法、采样人等翔实内容。

技术培训组负责参加省里组织的各项培训和对肇州县全体参加测土配方的县、乡村人员的技术培训和技术指导等工作。

分析测试组负责样品的制备和测试工作。严格执行国家或行业标准或规范，坚持重复实验，控制精密度，每批样品不少于10%～15%重复样，每批样品都带标准样或参比样，减少系统误差。从而提高检测样品的准确性。在2009年黑龙江省土肥站组织的化验室抽样测试中肇州县化验室的土样测试结果全部合格。

软件应用组主要负责耕地地力评价的软件应用，数据录入的技术指导和数据、信息上报等各项工作。

报告编写小组主要负责在开展耕地地力评价的过程中，按照省土肥站《调查指南》的要求，收集肇州县有关的大量基础资料，包括第二次土壤普查资料、肇州县县志、肇州县历年的气象资料、肇州县水文资料、肇州县各乡镇场的农业生产资料的统计资料等内容。在耕地地力评价报告的编写过程中，严格要求报告内容不漏项，有全面工作总结、有相关内容分析与评价、有合理化建议、有准确的评价方法。报告编写组必须按期完成报告编写任务，按照省里的具体要求及时完成工作任务。

（二）技术培训

耕地地力评价是一项时间紧、技术强、质量高的一项业务工作，为了使参加调查、采样、化验的工作人员能够正确的掌握技术要领。我们及时参加省土肥站组织的化验分析人员培训班3期，共派出化验人员参加学习7人次，使肇州县参加土样测试的人员全部受到了系统培训，有效提高了化验人员的业务素质。肇州县推广中心主任、土肥站长经过了多次地力评价的系统培训班学习，回来后办了2期培训班，第1期培训班，主要培训县参加外业调查和采样的人员。第2期培训班，主要培训各乡镇、场和村级参加外业调查和采样的人员。同时，我们选派1人专门去扬州学习地力评价软件和应用程序，为肇州县地力评价工作打下了良好的基础。

（三）收集资料

1. 数据及文本资料

主要收集数据和文本资料有：第二次土壤普查成果资料，肇州县县志，肇州县水文资料，基本农田保护区划定统计资料，全县各乡镇场、村近3年种植面积、粮食单产、总产统计资料，全县乡镇、场历年化肥销售、使用资料，全县历年土壤、植株测试资料，测土配方施肥土壤采样点化验分析及GPS定位资料，全县农村及农业生产基本情况资料。同时，从相关部门获取了气象、农机、水产等相关资料。

2. 图件资料

我们按照省土肥站《调查指南》的要求，收集了肇州县有关的图件资料，具体是：肇州县土壤图、土地利用现状图、行政区划图。

3. 资料收集整理程序

为了使资料更好的成为地力评价的技术支撑，我们采取了收集—登记—完整性检查—可靠性检查—筛选—分类—编码—整理—归档等程序。

（四）聘请专家，确定技术依托单位

聘请省土肥站、东北农业大学和肇源县土肥站的人员作为专家顾问组，这些专家能够及时解决我们地力评价中遇到的问题，提出合理化的建议，由于他们帮助和支持，才使我们圆满地完成肇州县地力评价工作。

由省土肥站牵头，确定黑龙江省极象动漫公司为技术依托单位，完成了图件矢量化和工作空间的建立，他们工作认真负责，达到我们的要求，我们非常满意。

（五）技术准备

1. 确定耕地地力评价因子

评价因子是指参与评定耕地地力等级的耕地诸多属性。影响耕地地力的因素很多，在本次耕地地力评价中选取评价因子的原则：一是选取的因子对耕地地力有比较大的影响；二是选取的因子在评价区域内的变异较大，便于划分耕地地力的等级；三是选取的评价因素在时间序列上具有相对的稳定性；四是选取评价因素与评价区域的大小有密切的关系。依据以上原则，经专家组充分讨论，结合肇州县土壤和农业生产等实际情况，分别从全国共用的地力评价因子总集中选择出 9 个评价因子（pH 值、全盐量、有机质、有效磷、速效钾、有效锌、全氮、容重、灌溉保证率）作为肇州县的耕地地力评价因子。

2. 确定评价单元

评价单元是由对耕地质量具有关键影响的各耕地要素组成的空间实体，是耕地质量评价的最基本单位、对象和基础图斑。同一评价单元内的耕地自然基本条件、耕地的个体属性和经济属性基本一致，不同耕地评价单元之间，既有差异性，又有可比性。耕地地力评价就是要通过对每个评价单元的评价，确定其地力级别，把评价结果落实到实地和编绘的土地资源图上。因此，耕地评价单元划分的合理与否，直接关系到耕地地力评价的结果以及工作量的大小。通过图件的叠置和检索，将肇州县耕地地力共划分为 2 481 个评价单元。

（六）耕地地力评价

1. 评价单元赋值

影响耕地地力的因子非常多，并且它们在计算机中的存储方式也不相同，因此，如何准确地获取各评价单元评价信息是评价中的重要一环，鉴于此，我们舍弃直接从键盘输入参评因子值的传统方式，根据不同类型数据的特点，通过点分布图、矢量图、等值线图为评价单元获取数据。得到图形与属性相连，以评价单元为基本单位的评价信息。

2. 确定评价因子的权重

在耕地地力评价中，需要根据各参评因素对耕地地力的贡献确定权重，确定权重的方法很多，本评价中采用层次分析法（AHP）来确定各参评因素的权重。

3. 确定评价因子的隶属度

对定性数据采用 DELpHI 法直接给出相应的隶属度；对定量数据采用 DELpHI 法与隶属函数法结合的方法确定各评价因子的隶属函数。用 DELpHI 法根据一组分布均匀的实测值评估出对应的一组隶属度，然后在计算机中绘制这两组数值的散点图，再根据散点图进行曲线模拟，寻求参评因素实际值与隶属度关系方程从而建立起隶属函数。

4. 耕地地力等级划分结果

采用累计曲线法确定耕地地力综合指数分级方案。这次耕地地力评价将全县耕地总面积 135 027.55hm² 划分为 4 个等级：一级地 16 674.24hm²，占耕地总面积的 12.35%；二级地 38 205.79hm²，占耕地总面积的 28.29%；三级地 56 959.06hm²，占耕地总面积的 36.81%；四级地 23 188.46hm²，占 17.17%。一级、二级属高产田土壤，面积共 54 880.03hm²，占耕地总面积的 40.64%；三级为中产田土壤，面积为 56 959.06hm²，占耕地总面积的 36.81%；四级为低产田土壤，面积 23 188.46hm²，占耕地总面积的 17.17%（表 1 - 1）。

表 1 - 1　肇州县耕地土壤地力等级统计　　　　　　　　　（单位：hm²）

土类、亚类、土属和土种名称	等级 1		等级 2		等级 3		等级 4		合计
	面积	占总面积（%）	面积	占总面积（%）	面积	占总面积（%）	面积	占总面积（%）	
	16 674.24	12.35	38 205.79	28.29	56 959.06	42.18	23 188.46	17.17	135 027.55
一、黑钙土	16 660.31	12.34	37 728.53	27.94	53 388.02	39.54	18 059.69	13.37	125 836.55

（续表）

土类、亚类、土属和土种名称	等级1		等级2		等级3		等级4		合计
	面积	占总面积（%）	面积	占总面积（%）	面积	占总面积（%）	面积	占总面积（%）	
（一）草甸黑钙土亚类	32.25	0.02	160.21	0.12	10 952.32	8.11	15 978.01	11.83	27 122.79
石灰性草甸黑钙土土属	32.25	0.02	160.21	0.12	10 952.32	8.11	15 978.01	11.83	27 122.79
（1）薄层石灰性草甸黑钙土	0.00	0.00	18.43	0.01	5 229.01	3.87	7 680.77	5.69	12 928.21
（2）中层石灰性草甸黑钙土	32.25	0.02	141.78	0.11	4 776.49	3.54	7 902.52	5.85	12 853.04
（3）厚层石灰性草甸黑钙土	0.00	0.00	0.00	0.00	946.82	0.70	394.72	0.29	1 341.54
（二）石灰性黑钙土亚类	16 628.06	12.31	37 568.32	27.82	42 435.70	31.43	2 081.68	1.54	98 713.76
黄土质石灰性黑钙土土属	16 628.06	12.31	37 568.32	27.82	42 435.70	31.43	2 081.68	1.54	98 713.76
（1）薄层黄土质石灰性黑钙土	3 883.80	2.88	12 532.81	9.28	18 930.92	14.02	1 410.90	1.04	36 758.43
（2）中层黄土质石灰性黑钙土	6 511.65	4.82	17 606.27	13.04	21 323.80	15.79	428.60	0.32	45 870.32
（3）厚层黄土质石灰性黑钙土	6 232.61	4.62	7 429.24	5.50	2 180.98	1.62	242.18	0.18	16 085.01
二、草甸土类	13.93	0.01	477.26	0.35	3 571.04	2.64	5 128.77	3.80	9 191.00
（一）石灰性草甸土亚类	13.93	0.01	477.26	0.35	3 568.05	2.64	5 125.67	3.80	9 184.91
黏壤质石灰性草甸土土属	13.93	0.01	477.26	0.35	3 568.05	2.64	5 125.67	3.80	9 184.91
（1）薄层黏壤质石灰性草甸土	0.00	0.00	92.48	0.07	2 219.80	1.64	4 406.78	3.26	6 719.06
（2）中层黏壤质石灰性草甸土	13.93	0.01	384.78	0.28	1 348.25	1.00	718.89	0.53	2 465.85
（二）潜育草甸土亚类	0.00	0.00	0.00	0.00	2.99	0.00	3.10	0.00	6.09
石灰性潜育草甸土土属	0.00	0.00	0.00	0.00	2.99	0.00	3.10	0.00	6.09
中层石灰性潜育草甸土	0.00	0.00	0.00	0.00	2.99	0.00	3.10	0.00	6.09

5. 成果图件输出

为了提高制图的效率和准确性，在地理信息系统软件 MAPGIS 的支持下，进行耕地地力评价图及相关图件的自动编绘处理，其步骤大致分以下几步：扫描矢量化各基础图件→编辑点、线→点、线校正处理→统一坐标系→区编辑并对其赋属性→根据属性赋颜色→根据属性加注记→图幅整饰输出。另外，还充分发挥 MAPGIS 强大的空间分析功能用评价图与其他图件进行叠加，从而生成专题图、地理要素底图和耕地地力评价单元图。

6. 归入全国耕地地力等级体系

根据自然要素评价耕地生产潜力，评价结果可以很清楚地表明不同等级耕地中存在的主导障碍因素，可直接应用于指导实际的农业生产，农业部于 1997 年颁布了"全国耕地类型区、耕地地力等级划分"农业行业标准。该标准根据粮食单产水平将全国耕地地力划分为 10 个等级。以产量表达的耕地生产能力，年单产大于 13 500kg/hm² 为一等地；小于 1 500 kg/ hm² 为十等地，每 1 500kg 为一个等级。因此，我们将耕地地力综合指数转换为概念型产量。在依据自然要素评价的每一个地力等级内随机选取 10% 的管理单元，调查近 3 年实际的年平均产量，经济作物统一折算为谷类作物产量，将这两组数据进行相关分析，根据其对应关系，将用自然要素评价的耕地地力等级分别归入相应的概念型产量表示的地力等级体系。归入国家等级后，肇州县只有五等、六等、七等 3 个等级，五等地面积共 54 880.03 hm²，占耕地总面积的 40.64%；六等地面积为 56 959.06hm²，占耕地总面积的 36.81%；七等地面积 23 188.46hm²，占耕地总面积的 17.17%。

这次耕地地力评价结果，我们组织专业技术人员到全县 12 个乡镇、104 个行政村进行了全面验证，从农村基层干部和农户反馈的情况看，评价结果吻合率达到 92.7%。

7. 编写耕地地力评价报告

认真组织编写人员进行编写报告，严格按照全国农业技术推广服务中心《耕地地力评价指南》进行编写。形成《肇州县耕地地力评价工作报告》《肇州县耕地地力评价技术报告》《肇州县玉米适宜性评价报告》和 3 个专题报告，文字总数近 30 万字，使肇州县耕地地力评价结果得到规范的保存。

三、资金管理

耕地地力评价是测土配方施肥项目中的一部分，我们严格按照国家农业项目资金管理办法，实行专款专用，不挤不占。该项目使用资金 40 万元，详见表 1 - 2。

表 1 - 2 资金使用情况汇总

支 出	金额（万元）	构成比例（%）
物质准备及资料收集	5	12.5
野外调查交通差旅补助费	5	12.5
会议及技术培训费	3	7.5
分析化验费	10	25.0
资料汇总及编印费	4	10.0
专家咨询及活动费	2	5.0
技术指导与组织管理费	2	5.0
图件数字化及制作费	9	22.5
合计	40	100

四、主要工作成果

结合测土配方施肥开展的耕地地力调查与评价工作，获取了肇州县有关农业生产大量的、内容丰富的测试数据、调查资料和数字化图件，通过各类报告和相关的软件工作系统，形成了肇州县农业生产发展有积极意义的工作成果。

1. 文字报告

肇州县耕地地力调查与评价工作报告。

肇州县耕地地力调查与评价技术报告。

肇州县玉米适宜性评价报告。

肇州县耕地地力调查与评价专题报告。

2. 数字化成果图

（1）肇州县行政区划图。

（2）肇州县土壤图。

（3）肇州县土地利用现状图。

（4）肇州县耕地地力调查点分布图。

（5）肇州县耕地地力等级图。

（6）肇州县耕地土壤有机质分级图。

（7）肇州县耕地土壤全氮分级图。

（8）肇州县耕地土壤全钾分级图。

（9）肇州县耕地土壤全磷分级图。

（10）肇州县耕地土壤速效钾分级图。

（11）肇州县耕地土壤有效氮分级图。

（12）肇州县耕地土壤有效磷分级图。

（13）肇州县耕地土壤有效锰分级图。

（14）肇州县耕地土壤有效铁分级图。

（15）肇州县耕地土壤有效铜分级图。

（16）肇州县耕地土壤有效锌分级图。

（17）肇州县玉米适应性评价图。

3. 进一步完善了第二次土壤普查数据资料，存入到电子版数据资料库中

新形成的地力评价报告是在肇州县第二次土壤普查结果的基础上，新增加了许多内容，同时，按照国家规定把肇州县原有土壤的土类、亚类、土属、土种进行了翔实的更改。确切地说新形成的肇州县耕地地力评价报告是第二次土壤普查《肇州县土壤》的更新版，在内容上比第二次土壤普查更丰富，更细化、更使用化了。这次耕地地力评价报告填补了第二次土壤普查很多空白。在这次地力评价上土壤属性占的篇幅比较多，是为了更好地保存第二次土壤普查资料。同时，以电子版形式保存起来，随时查阅，改变过去以查书查资料的落后现象。采用电子版保存数据，可以进一步适应现代农业的发展要求。

五、工作进度安排

1. 准备工作

时间：2010 年 3 月 1 日至 7 月 1 日。

内容：测土配方施肥领导小组组织协调，安排专业技术人员，制订工作方案和工作计划，分解落实工作任务。

2. 收集资料

时间：2010 年 7 月 2 日至 8 月 10 日。

内容：收集野外调查资料、化验分析资料、社会经济等属性资料、基础图件资料。整理第二次土壤普查和近期测土配方施肥工作成果。

3. 农业技术处理和成果资料整理

时间：2010 年 8 月 11 日至 12 月 30 日。

内容：数据导入与编制图件，图件和数据表格成果整理输出，根据成果资料编写耕地地力评价工作报告、技术报告，成果归档。

六、经验与体会

1. 主要经验

（1）领导重视、部门配合是搞好耕地地力评价的前提。此项工作县委、县政府非常重视，召开了测土配方施肥领导小组和技术小组会议，职责明确，相互配合，形成合力，同时还制订了层层抓，责任追究等具体措施，有力地促进了这项工作的开展。

（2）选定技术依托单位是搞好耕地地力评价的关键。这次我们把黑龙江省极象动漫公司和黑龙江省土肥管理站作为技术依托单位，黑龙江省极象动漫公司主要从事农业资源、环境和信息技术的研究开发和服务工作，他们工作认真负责，在土壤底图、土地利用图底图上认真与我们核对，反复与影象校正，建立了完善地力评价工作空间。我们对他们技术水平、专业水准、热情的服务感到非常满意。

2. 几点体会

通过肇州县实施测土配方施肥项目的实践，我们有以下几点体会。

（1）集全体技术人员之力，实行整体作战。测土配方施肥项目的实施是一项系统工程，涉及面大，涉及范围广，需要多个学科的专业技术人员。因此，完成好测土配方施肥项目，必须集全体技术人员之力。

（2）要建立严密的规章制度。在实施测土配方施肥的各个环节都要有相应的规章制度做保障，制度中明确工作人员的权利和义务，明确工作内容和工作目标，明确奖惩办法。有了严密的规章制度，才能确保各项工作的顺利完成。

（3）要成立专业的土样采集队伍。实施测土配方施肥项目，要提高测土施肥的准确度，必须高度重视土样采集工作。在测土配方施肥的全过程中，只有土样采集这一环节出现的误差影响最大，所以，在土样采集必须引起高度重视。只有成立专业的土样采集队伍，才能采集到标准土样，提高测土配方施肥的精准程度，使测试结果较好的反应耕地的实际情况。

七、存在的问题与建议

（1）土类面积、耕地面积和养分分级等需做较烦琐的分解和计算，工作量比较大，软件系统有一定的局限性。

（2）原有图件陈旧与现实的生产现状不完全符合，从最新的影像图可以看出。耕地面积和新建立图斑面积有的地方有些出入。

（3）耕地地力评价是一项任务比较艰巨的工作，目前，经费相对不足，势必影响评价质量。

（4）肇州县从事农业技术推广和土壤肥料工作的技术干部，年龄相对较大，对计算机操作技能相对不强。

总之，我们这次的耕地地力调查和评价工作中，由于人员的技术水平、时间有限，经费不足。有很多数据的分析调查上不够全面。但我们决心，在今后的工作中，进一步做好此项工作，为保护肇州县耕地地力、保护土壤生态环境，确保国家粮食安全和农业生产的可持续发展作出新的成绩。

八、肇州县耕地地力评价工作大事记

肇州县耕地地力评价工作大事记，见表1-3。

表1-3　肇州县耕地地力调查与评价工作大事记

时间	内容	参加人	完成情况
2007年4月25日	在肇州县召开测土配方施肥推进会	县政府领导、农委领导、农业中心领导、土肥站、各个乡镇的主管农业领导和农业服务中心主任	会议由农委主任李方岐主持，副县长罗晓滨布置测土配方施肥启动工作和任务
2007年4月26日至4月27日	培训骨干，讲解土样采集方法	县农业技术推广中心技术干部24人	由县农业技术推广中心宋立军主持，土肥站长初丛飞讲解
2007年4月28日至5月20日	土样采集工作	县农业技术推广中心技术干部15人、各乡镇农业中心12人、村组长208人	农业中心人员分成6组，每组负责2个乡镇，共采集土样4 000个
2007年5月21日至6月7日	土样风干晾晒	县农业技术推广中心技术干部15人、化验室7人	完成了土样风干晾晒任务
2007年6月8日至2008年1月20日	土样化验、数据整理录用	县农业技术推广中心15名技术干部化验室7人	形成化验数据32 000个，数据录用56 000个
2008年1月25日至4月10日	学习、培训	县农业技术推广中心技术干部、乡镇农业中心主任	发放资料5 000份
2008年4月11日至5月10日	第二次土样采集	县农业技术推广中心技术干部15人、各乡镇农业中心12人、村组长208人	农业中心人员分成6组，每组负责2个乡镇，采集土样2 000个
2008年5月11日至2009年1月20日	土样化验、耕地地力评价软件学习	县农业技术推广中心技术干部、化验人员	化验土样2 000个，耕地地力软件学习2人

（续表）

时间	内容	参加人	完成情况
2009 年 1 月 22 日至 2 月 10 日	组建"耕地地力评价"工作领导小组	农业技术推广中心与有关单位	成立领导小组，组长由农委主任担任，副组长由农业技术推广中心主任担任，组员由农业中心技术人员组成
2008 年 2 月 11 日至 4 月 5 日	制订耕地地力评价实施方案	农业技术推广中心与有关单位	形成了一个切实可行的实施方案
2009 年 4 月 8 日至 5 月 12 日	第三次采集土样	县农业技术推广中心技术干部 15 人、各乡镇农业中心 12 人、村组长 208 人	采集土样 2 000 个
2009 年 5 月 13 日至 2010 年 2 月 15 日	样品制备土样化验	县农业技术推广中心土肥站人员、化验人员	化验土样 2 000 个
2010 年 2 月 16 日至 3 月 11 日	土地局、统计局、水利局等单位收集有关资料和图件	县农业技术推广中心土肥站人员	收集到行政区划图一张，土地利用图一张，土壤图一张
2010 年 3 月 12—15 日	参加省土肥站组织培训班	县农业技术推广中心土肥站人员	学习地理信息系统和扬州软件
2010 年 3 月 16—3 月 25 日	制订本县地力评价指标	省专家、县农业技术推广中心土肥站人员	确定我县评价指标 9 个
2010 年 3 月 26 日至 4 月 20 日	图件矢量化	技术依托单位	矢量化完成
2010 年 4 月 21 日至 9 月 25 日	土样采集、化验	县农业技术推广中心全体技术人员	采集土样 1 500，扬州学习 1 人
2010 年 9 月 26 日至 10 月 20 日	建我县耕地地力评价工作空间	技术依托单位	完成耕地地力评价工作空间建立
2010 年 9 月 21 日至 12 月 30 日	撰写工作报告、技术报告、各个专题报告	县农业技术推广中心土肥站人员	已经完成、等待验收

第二部分

肇州县耕地地力评价技术报告

肇州县耕地地力评价技术报告

　　肇州县这次耕地地力评价，在省、市、县的领导下，根据《全国耕地地力评价技术规程》，充分利用肇州县全国第二次土壤普查、土地资源详查、基本农田保护区划定、气象统计资料、农业基本情况统计资料等现有成果，结合国家测土配方施肥项目，采用 GPS、GIS、RS、计算机和数学模型集成新技术，进行了这次耕地地力评价。

　　这次耕地地力评价，是在 GIS 支持下，利用土壤图、土地利用现状图叠置划分法确定区域耕地地力评价单元，分别建立了肇州县耕地地力评价指标体系及其模型，运用层次分析法和模糊数学方法对耕地地力进行了综合评价，将全县耕地总面积 135 027.55hm^2 划分为 4 个等级：一级地 16 674.24hm^2，占耕地总面积的 12.35%；二级地 38 205.79hm^2，占耕地总面积的 28.29%；三级地 56 959.06hm^2，占耕地总面积的 36.81%；四级地 23 188.46hm^2，占耕地总面积的 17.17%。一级、二级地属高产田土壤，面积共 54 880.03hm^2，占耕地总面积的 40.64%；三级为中产田土壤，面积为 56 959.06hm^2，占耕地总面积的 36.81%；四级为低产田土壤，面积 23 188.46hm^2，占耕地总面积的 17.17%。归入国家等级后，肇州县只有五等、六等、七等 3 个等级，五等地面积共 54 880.03hm^2，占耕地总面积的 40.64%；六等地面积为 56 959.06hm^2，占耕地总面积的 36.81%；七等地面积 23 188.46hm^2，占耕地总面积的 17.17%。

　　对肇州县耕层土壤主要理化属性及其时空变化特征进行了分析，比较、归纳了各区不同土壤属性的变化规律，发现 26 年间耕地土壤养分变化特征为，全 K 和速效 K 含量呈下降趋势，而土壤有效 P、土壤 OM 则略有上升；通过对 kriging（克吕格）插值法、样条函数法、距离权重倒数法在不同空间尺度下土壤养分含量的插值效果及按不同土壤特性对合理采样密度的分析，发现 kriging 插值法与距离权重倒数法的插值精度要比样条函数法高，插值结果的离散程度比实际测定值小，样条函数法插值结果的离散程度较大；合理的采样密度与土壤利用类型和养分元素含量的变异关系密切。

第一章 自然与农村经济概况

第一节 地理位置与行政区划

肇州县位于黑龙江省西南部,松花江之北,松嫩平原中部。东与肇东市毗邻,南与肇源县接壤,西临大庆市,北与安达市相接。地理位置:东经 124°47′ ~ 125°48′,北纬 45°34′42″ ~ 46°16′10″。海拔高度 130 ~ 228m。全县东西长 77km,南北宽 72km,辖区面积 2 392km²。处在北半球中高纬度,属中温带大陆性季风气候,四季变化显著。冬季较长,在极北大陆性气团控制下,气候寒冷而干燥。夏季较短受副热带海洋气团的影响,温热多雨,降水集中。春季多风,少雨干旱。秋季早霜。境内南北温差不大,光热资源充足,为种植业和畜牧业提供了良好的自然资源。肇州县处于黑龙江省第一积温带。属中温带大陆性季风气候,年均日照时数 2 863.4h,年均气温 4.3℃,≥10℃的有效积温 2 800℃,初霜期大致在 9月 25 日,终霜期大致在翌年 5 月 4 日,全年无霜期 145 天左右,年均降水量 468.2mm,蒸发量 1 733.1mm。

肇州县历史悠久,早在 800 多年前的金代就有肇州建制。据《元史·兵志》记载:"肇州蒙古屯田万户府,农耕有 53 户,后为罪囚发配垦种之地"。"重者发配奴儿干,轻者于肇州,从宫安置,屯种自赡,似为便宜。"光绪二十九年(1903 年)铁路交涉局总办周道免设立蒙荒外局,勘定安字十二井中心(老街基)为肇州县城址。1913 年,将肇州直属厅改为肇州县。1960 年划归绥化地区,1992 年 12 月划归大庆市。全境为冲积平原,地势平坦,自然条件优越,是典型的农业县。2009 年,全县共设有 6 个镇、6 个乡、1 个牧场、1 个良种场、104 个行政村,732 个自然屯,农业户 75 668 户,农业人口 290 613 人,农村劳动力 173 564 人(其中,男 96 282 人,女 77 282 人)。全县拥有耕地 135 027.55 hm²,草原 56 666.7hm²,水域面积 7 200hm²,有林面积 19 066.7hm²。2009 年农业增加值 18.3 亿元,农民人均纯收入 6 564.2元。由于国家对粮食作物实施"一免三补"等惠农补贴政策和粮食收购的保护价政策,极大地鼓舞了广大农民的种粮积极性,粮食种植面积逐年增加。农业基础设施建设得到明显改善。全县机电井保有量 4 060眼,节水灌溉设备 2 953台(套),旱涝保收田面积达到 72 766.7hm²,全县有林面积 19 066.7hm²,增强了抗御自然灾害能力;全县农机具保有量 78 793台(套),农机总动力 45.27 万 kW,田间综合机械化程度达到 82%,作业质量和劳动效率得到提高;全县有林面积 19 066.7hm²,以农防林、经济林为主的网带片相结合的防护林体系初具规模,森林覆被率达 12.8%,改善了农业生态环境;通过养畜造肥、秸秆根茬粉碎还田、测土配方施肥、种植绿肥等措施增加有机肥的投入,改良了土壤结构,培肥了地力。各级农技干部深入田间地头,以科技示范园区建设为核心,通过召开技术现场会、举行技术培训、发放技术资料、现场指导等方式，大力推广了有机肥积造技术、测土配方施肥、玉米膜下滴灌、优良品种选用、病虫草鼠害综合防治、机械化作业等先进实用技术，使良种良法直接到田、技术要领直接到人，促进了现代农业科技成果的快速转化，提高了粮食产量。近年来，肇州县的农业生产发展迅速，粮食产量连续 17 年突破 5 亿 kg，是全国百个产粮大县之一。特别是随着国家对粮食作物的各项支农惠农政策的不断实施，粮食作物生产呈现逐年增长的趋势。2007 年全县粮食作物面积 98 666.7 hm²，总产量 6.4 亿 kg，单产 6 490.5 kg/hm²；2008 年全县粮食作物面积 105 133.3 hm²，总产量 9.05 亿 kg，单产 9 582.45 kg/hm²；2009 年全县粮食作物面积 122 860 hm²，总产量 10.1 亿 kg，单产 8 340 kg/hm²。全县耕地 135 027.55 hm²，人均收入 3 107 元。肇州县是国家重点商品粮基地县、全国粮食生产先进县。

具体分布见肇州县行政区划图（图 2 - 1）。

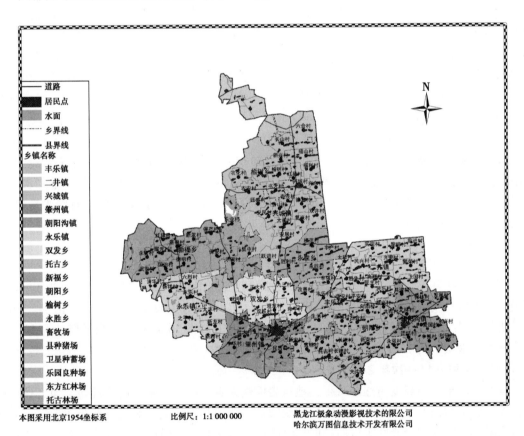

图 2 - 1　肇州县行政区划

第二节　自然与农村经济概况

一、气候

肇州县地处中高纬度属于温带半干旱大陆性季风气候带，四季变化显著。冬季在极北大陆性气团控制下，气候寒冷而干燥。夏季受到热带海洋气团的影响，降水集中。春季多风，少雨干旱有"十年九春旱"之称；夏季较短，温热多雨；秋凉早霜；冬季较长，严寒酷冷。

（一）春季（3—5月）

由于地球的运动，太阳高度角逐渐增高，辐射量逐渐增多，暖空气开始活跃。这个时期的天气特点是回春快，大风多，降水少，易干旱。3月平均气温为 -4.8℃，下旬温度开始回升到零度以上，此时大地化冻 5 ~ 10cm，是小麦播种的时机。4月平均气温为 6.1℃，下旬接近 10℃。4月13日左右，大地化冻 25 ~ 30cm，此时，春耕生产进入大田播种时期。春季降水量较少，平均为 53.1mm，占全年总量的 12.1%。春季风多风大，历年平均大风日数为 21 天，春季虽然有一些降水，由于风力大，土壤水分蒸发快，墒情迅速降低，对播种保苗极为不利，时而造成灾害。

（二）夏季（6—8月）

其特点是：降水多，热量足，平均气温为 21.4℃，其中，7 月最高，平均气温 22.9℃，极端最高温度达到了 38.1℃，有效积温 1 931.0℃，占全年有效积温的 69%。夏季降水也是全年最多的季节，平均降水量 300.3mm，占全年降水量的 69%。其中，7—8 月降水量最大，平均在 100mm 左右。

（三）秋季（9—10月）

秋季气候变化较为急剧，主要表现在气温方面易出现骤升骤降。当寒潮过境时，气温便急剧下降，一次降温幅度可达 10℃ 以上，寒潮过后天气很快变暖。9 月平均气温为 14.4℃，而最低气温可达到 -4.1℃，9 月是出现早霜冻的月份。枯霜一般在 9 月下旬或 10 月上旬出现。历年最早出现枯霜期是 9 月 10 日，最晚出现枯霜期在 10 月 9 日。秋季降水量显著减少，秋季降水量平均 73.1mm，仅占全年降水量的 16.2%。

（四）冬季（11—次年2月）

冬季，由于太阳高度角逐渐减少，地球表面受来自太阳辐射量的能量最弱，加之昼短夜长，地表热量的辐射大于吸收，又因长期受蒙古、西伯利亚冷高压影响，严寒而少雪。冬季平均气温为 -14.1℃，最冷年份的最低气温已达 -36.8℃。一般最冷月份都在 1 月，平均气温 -19.3℃。冬季降水最少，全季 4 个月降水量只有 10.6mm 左右，仅占全年总降水量的 2.5%。

肇州县历年平均气温为 3.6℃，极端最高气温 38.1℃，极端最低气温 -36.8℃。月平均气温较稳定，最冷是 1 月，平均气温 -19.1℃，最热是 7 月，平均气温是 22.9℃。南北气温差异不大，积温从南到北稍有递减。全县≥10℃有效积温平均为 2 796.6℃，最高年份达到了 3 134.1℃。平均日照时数 2 900h，最多 3 038.8h，最少 2 743.7h。全县≥10℃有效积温开始日期平均在 5 月 3 日，结束日期平均在 9 月 28 日。肇州县无霜期较长，每年都在 130

天以上，平均为 143 天，最多可达 156 天，最少仅有 130 天。

　　肇州县降水量少，蒸发量大，十年九春旱。全县平均降水量 434.5mm，平均蒸发量 1 800.4mm，蒸发量是降水量的 4 倍多。作物生长季节的干燥度平均是 1.19。全年平均相对湿度为 62%，最大相对湿度在 8 月平均为 77%，最小相对湿度出现在 4 月为 45%。

二、地形地貌及母质

　　肇州县属于松嫩平原的一部分，地处松嫩平原的腹部，境内无江河，无山丘，除东北角有一块条带状地区属于高平原外，其余皆属于低平原区，地势东北高，西南低。在低洼地上有很多小的古代残留湖泊（水泡）和季节性积水洼地，排水极不通畅，是闭流区。

（一）地形地貌

　　全县按地貌成因分为以下各区。

　　1. 剥蚀波状高平原区

　　在肇州县东北角呈条带状分布，地面海拔高度为 200～220m，地面坡度一般在 10°～20°，由顶部中央向四周倾斜。

　　2. 剥蚀波状低平原区

　　呈斑块状分布在肇州县东部和北部，地面海拔高度为 160～200m。地面坡度一般在 2°～8°，由顶部向西南微倾，地形呈垄岗状微波起伏。

　　3. 堆积平缓低平原区

　　分布在肇州县西南部，地面海拔高度为 130°～160°，地面坡度一般在 1°～4°，向南向西微倾。地势比较平坦，或呈微波状起伏。期间分布有小的古代残留湖泊（水泡子）和季节性积水洼地，无河流，排水不畅，是闭流区，降水汇集，洼地易涝。

　　4. 松花江高漫滩低平原区

　　在肇州县南部呈条带状分布，地面海拔高度在 120～130m，地面坡度在 1°～2°，地势低平，地面湿润，间有季节性积水湿地和小块残留阶地。

（二）成土母质

　　肇州县成土母质比较复杂，多为第四纪沉积母质。

　　一是碳酸盐沉积物。这类母质主要分布在波状平原的平岗地和蝶形洼地的缓坡。碳酸钙的含量在 2%～5%，呈碱性反应，pH 值在 7.8～8.0，代换性盐基总量一般在 170～200mg/kg，矿物质全量组成中钙、镁的含量在 5% 以上，钙多于镁。它发育成的土壤主要是碳酸盐黑钙土、碳酸盐草甸黑钙土和碳酸盐草甸土。

　　二是苏达盐化沉积物。主要分布在波状平原的低洼地。质地比较黏重，以中壤土为主，沙质较少，盐基高度饱和，呈碱性反应，pH 值 8.0～9.8。可溶盐不多，平均在 0.1% 左右，阴离子以碳酸氢根和碳酸根为主，局部地块氯酸根、硫酸根的含量也很高，阳离子组成中的钠离子的含量占 60%～80%；全量组成中钠、钙的成分都较高，而铁、铝含量稍低。

三、植被

　　肇州县天然植被基本上属于蒙古植物分布区，以羊草草甸草原植物为主。在波状平原的平地上以羊草群落为主，混生有柴胡、斜茎紫云英、蒿类、地榆、蔓委陵菜，在平原中较高的地方则有打针毛、兔毛蒿群落，有山杏灌木的分布。由于地形较高和土壤比较干燥，在植被中草原成分较多。在这类植被下常常有碳酸盐黑钙土和碳酸盐草甸黑钙土的分布。在低平地上往往是羊草群落向芦苇沼泽过度植被。混生有：碱蒿、西伯利亚蓼、虎尾草、红眼巴等，这类植被下有碳酸盐草甸土的分布。在低洼地和碱沟四周植被有：小叶草、沼柳、稗草、三棱草、芦苇等喜湿植物，还生有耐盐植物如碱蒿、碱蓬、星星草、剪刀股、扫帚草等，这类植被下则有盐渍化土壤分布。

肇州县草原面积大，植被生长比较繁茂。多年来，由于人类的经济活动和过度放牧，加上气候干旱，自然泡沼干枯，草原退化严重，特别是近几年来，草原面积剧减，草原退化和破坏更为严重，而且加重了盐碱，危害了农田，破坏了资源，破坏了生态系统的平衡，应引起人们足够的重视，采取相应的措施，保护、恢复和改良草原，这是发展畜牧业的当务之急，也是保持农业生产环境的重要举措。

四、水文及水文地质

（一）水文地质

肇州县所处大地构造单元为东北地槽系松辽地块中央拗陷区的南部。其地块广泛覆盖的第四系，主要为河流沉积物，且分布广泛，覆盖层较厚，岩性较为单一。而伏于次层下的第三系，则为河相沉积，由于基床的起伏不平及地块内部升降运动的差异性，使本区陆相沉积不均一，表明第三纪末本区有较强的上升作用。但岩浆作用不发育，摺曲变动极为微弱，显示了相对的稳定性。地壳的上升与下降，高低差异性虽然表现不十分强烈，但分异性还是存在的，这就表现为东高西低，北高南低。东部以波状剥蚀为主，西部以平缓堆积为主，南部为河漫滩。从肇州县第三系地质分布特点来看，其不连续性可能是第三系陆相沉积又被后来的冰川流水所破坏，保持下来块状透镜体分布地段，只是原来地理上的残余部分。并且这种第三系地质的破坏，搬运成为第四系地质沉积的主要来源。

综上所述，肇州县地下水埋藏、储存、运动、补排与化学成分等，均受地质构造、岩性和地貌所控制。因此，在地理地貌、地壳活动、剥蚀作用、分异强度等作用下，就使肇州县的地下水大致呈现出由东到西，第四系地层和第三系地层由深变浅，岩性由单一变为复杂，含水层由薄变厚，地下水由少变多，地下水埋深由深变浅等有规律的变化。而且也决定了肇州县地下水流向与地形大体一致。总的流向是东—西和东北—西南向。

含水层岩组从新到老有：第四系上更新沼泽沉积粉细沙含水层，构成主要潜水层；第四系下更新统冲积物沉积含砾中砂含水层和第三系含砾砂岩含水层，构成主要承压水层。

第四系上更新沼泽沉积含砾中砂承压水含水层：该层在县内广泛分布，含水层岩性上部为黄土状亚黏土或亚砂土，埋藏深度一般距地表下 10~25m。由于含水层岩性不均一，其富水性也不同，单井涌水量 2~5t/h，水质一般，矿化度 0.5~2.0g/L，地下水埋藏深度 3~12m 不等。

第四系下更新统冲积物沉积含砾中砂含水层和第三系含砾砂岩含水层，构成主要承压水层。该层在乐园良种场、新福乡东部线以西地区普遍连续分布，为本区的主要含水层。此线以东地区，呈条带状分布，越往东面积由大变小；耕层由厚变薄。含水层岩性上部为中粗砂夹杂砾石。含水层岩性不均，富水性变化较大，单井涌水量 10~30t/h，水质较好，矿化度 0.5~1.5g/L，地下水承压水埋藏深度 10~30m 不等。

第三系含砾岩承压水含水层：该层在乐园良种场、新福乡东部以东地区广泛分布，只有个别地区呈条块分布。含水层上部为中细砂，中夹薄层黏泥，下部为中粗砂，夹杂砾石。含水层岩性不均，富水性变化较大，单井涌水量 20～40t/h，水质较好，矿化度 0.5～1.5g/L，地下水承压水厚 20～40m 不等。

按水文地质条件，全县共分 4 个区，13 个亚区，各区水文地质特征及地下水开采条件不一。

地下水运动变化，地下水的形成途径有 3 个方面。一是渗透作用：由地表水、大气降水渗透到地下而形成，这是主要形式；二是径流作用：在水头作用下，由区外侧向区内侧径流所形成的地下水；三是冻结作用形成的地下水，即由空气、土壤中的水蒸气，受温差变化的影响而产生的液态水。此种情况不是本县地下水形成的主要条件，但对地下水是补充的一个途径。全县地下水埋深：丰水期为 8.91m，平水期为 7.41m，枯水期为 9.11m。地下水埋深变幅：平水期—丰水期为 1.50m，枯水期—平水期为 1.70m，枯水期—丰水期为 3.20m。

地下水单井出水量，10～30t/h 不等，渗透系数为 8.6m/日。

（二）水资源

肇州县水资源比较充足，总储量达 53.15 亿多 m³，其中，地下水资源量 52.55 亿 m³，地表水资源 0.6 亿 m³。在水资源中，共开发利用的补给量为 2.11 亿 m³，其中，地下水资源量 1.86 亿 m³，地表水资源量为 0.25 亿 m³。

降水量：肇州县多年平均降水量为 435mm，折合降水量 10.2 亿 m³。年降水量大致变化在 290～700mm，各月降水量变化在 1.6～139.7mm。

蒸发：全县多年平均蒸发强度为 1 800.6mm，大致变化在 1 506～2 000mm。

径流：全县多年平均径流深为 25.2mm，折合径流量 0.6 亿 m³。年径流量大致变化在 0.054 亿～2.178 亿 m³。径流量的年内分布极不均匀，夏季连续 4 个月径流量 0.48 亿 m³，占年径流量的 80%；春灌期间径流量 0.08 亿 m³，占 13%；封冻期径流量 0.04 亿 m³，占 7%。

干燥指数：全县多年平均干燥指数为 4.44（蒸发量与降水量的比值），年干燥指数大致变化在 3～6，干旱趋势是：由西向东，逐渐干旱。

地表水资源总量：多年平均径流量 0.6 亿 m³，通常称为地表水资源量。不能保证率的地表水资源（WP）分别为：WP20% = 0.99 亿 m³，WP50% = 0.35 亿 m³，WP75% = 0.11 亿 m³，WP95% = 0.01 亿 m³。

地下水资源量：肇州县属于平原区，地下水属孔隙水类型。按地下水开采条件分区，进行估算地下水资源。经调查，全县地下水储存量为 50.4 亿 m³，年补给量为 2.15 亿 m³，年可开采量 1.86 亿 m³。

储存量：储存量是指水位变动带以下的重力水体积，包括净储量和弹性储量两种，因开采量极小，故弹性储量也极小。根据水位地质资料，水位地质分区面积是：其中Ⅰ区为 5.7 亿 m³，Ⅱ区 12.5 亿 m³，Ⅲ区 4.4 亿 m³，Ⅳ区 1.4 亿 m³。含水层厚度具体是其中：Ⅰ区为 7m，Ⅱ区 10m，Ⅲ区和Ⅳ区 15m。

补给量：地下水资源天然补给量，主要指大气降水、区外侧向补给、越层补给 3 种形式。其中，以大气降水补给为主。地下水资源人工补给量主要为灌溉回归水，其次为水库两岸地表水补给地下水。全县均属于旱田灌溉，因灌溉量小，只湿润土壤层，满足农作物用水，对地下水补给量极少，此外，地表水补给地下水区域很小。根据水文地质资料查得：含水层垂直地下水流向的宽度：Ⅰ区为25km，Ⅱ区65km，Ⅲ区20km，Ⅳ区10km。

可开采量：是指在一定的技术条件下，采用合理开采方案和合理开采动态下允许开采的最大水量。根据水文地质资料记载，单井涌水量：Ⅰ区为25t/h，Ⅱ区、Ⅲ区、Ⅳ区35t/h。开采时间，Ⅰ区取40天，Ⅱ区、Ⅲ区、Ⅳ各取30天。

五、农村经济概况

近年来，由于国家对粮食作物实施"一免三补"等惠农补贴政策和粮食收购的保护价政策，极大地鼓舞了广大农民的种粮积极性，粮食种植面积逐年增加。农业基础设施建设得到明显改善。全县机电井保有量4 060眼，节水灌溉设备2 953台套，旱涝保收田面积达到72 766.7hm²，增强了抗御自然灾害能力；全县农机具保有量78 793台（套），农机总动力45.27万kW，田间综合机械化程度达到82%，作业质量和劳动效率得到提高；全县有林面积19 066.7hm²，以农防林、经济林为主的网带片相结合的防护林体系初具规模，森林覆被率达12.8%，改善了农业生态环境；秸秆根茬粉碎还田、测土配方施肥和增施有机肥等措施，改良了土壤结构，培肥了地力。各级农技干部深入田间地头，以科技示范园区建设为核心，通过召开技术现场会、举行技术培训、发放技术资料、现场指导等方式，大力推广了测土配方施肥、玉米膜下滴灌、优良品种选用、病虫草鼠害综合防治、机械化作业等先进实用技术，使良种良法直接到田、技术要领直接到人，促进了现代农业科技成果的快速转化，提高了粮食产量。近年来，肇州县的农业生产发展迅速，粮食产量连续17年突破5亿kg，是全国百个产粮大县之一。特别是随着国家对粮食作物的各项支农惠农政策的不断实施，粮食作物生产呈现逐年增长的趋势。

全县到2009年年末，农村基本住房砖瓦化达到90%以上，肇州县交通十分便利，境内有绥肇公路、大广公路、明沈公路、宋朝公路等交通干线，乡乡通柏油公路，村村通白色路面、红砖路面，农村道路已经全部硬化，通信信息达到100%，农业机械占有量达到80%以上。2009年农业增加值18.3亿元，农民人均纯收入6 564.2元。

第三节　农业生产概况

肇州县耕地比较瘠薄，旱、涝、风、雹、病虫等灾害比较频繁。粮食产量近几年由于种植业结构调整和农业技术推广应用，粮食生产成为了国家粮食生产先进县，是全国粮食产量百强县之一。2007年全县粮食作物面积98 666.7hm²，总产量6.4亿kg，单产6 490.5kg/hm²；2008年全县粮食作物面积105 133.3hm²，总产量9.05亿kg，单产9 582.45kg/hm²；2009年全县粮食作物面积122 860hm²，总产量10.1亿kg，单产8 340kg/hm²。全县耕地135 027.55hm²，人均收入3 107元。肇州县2009年播种面积，见图2-2。

一、肇州县农业生产发展史

（一）土地开发

土地开发始于元朝。元贞元年（1295年）建立肇州屯田万户府，有布鲁古赤220户，水达达80户，归属军300户，续增渐丁52户。在此开垦土地，以后荒芜，直至清朝重新垦

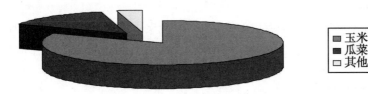

图 2 - 2　2009 年肇州县播种面积

荒开放。大致经历了 3 个时期。第一时期自清朝康熙二十三年（1684 年）设置黑龙江将军以来至咸丰十一年（1861 年），为屯垦时期；第二时期自同治元年（1862 年）至光绪三十年（1904 年）为部分开放时期；第三时期，自光绪三十一年（1905 年）以来至民国初为全体开放时期。

1. 屯垦时期（1684—1861 年）

自康熙二十三年（1684 年）正月命部统公瓦山与萨布素共论攻取罗刹（沙皇俄国）雅克萨城，在沿途设有驿站开荒种地。上下站关防领催 2 名，每站领催 1 名，壮丁 26 名，唯卜魁站多 3 名。又卜魁站设马匹 10 匹，牛 30 头，特木德赫至肇州茂兴七站，每站马 26 匹，塔哈尔至黑龙江城 12 站，每站马 20 匹，茂兴等 19 站，牛 27 头，又称茂兴与古鲁两站间有乌兰诺尔一站，原系雍正五年将军富尔丹增设，故有新站之称。站官领催皆支薪饷，壮丁均耕恳自给，此为开垦之始。

2. 部分垦荒时期（1862—1904 年）

光绪二十五年（1899 年），黑龙江将军恩泽奏放此地蒙荒。光绪二十七年（1901 年）出放郭尔罗斯后旗荒地，由将军萨保派道员铁路交涉局总办周免办理。至光绪三十四年（1908 年），新任铁路交涉局总办宋小濂和行局提调张樾，清理出放荒地，结果是共放 18 井 29 万余 hm^2（即每井 1 620hm^2）。

3. 垦荒全体开放时期（1905—1918 年）

这时期共分为 3 次开放。第一次：光绪三十年（1904 年）九月，经程德全将军奏准哲里木盟长同意，籍地安民，始派理刑主事庆山再次出放铁路以西黄段，俗称 24 万 hm^2，至光绪三十一年（1905 年）实际出放毛荒 15 万余 hm^2，也叫"和、乐、安、平"段。同年又出放签字段毛荒 44 000 余 hm^2。第二次：光绪三十二年（1906 年），新任巡防局委员崇绥出放沿江段，换字段毛荒 14 000 余 hm^2。沿江东北段毛荒 17 161hm^2。沿江东南段毛荒 19 741 hm^2。沿江西北段毛荒 10 088hm^2，沿江西南段毛荒 16 827hm^2。原放熟地 42 926hm^2。又放莲花泡老虎背 14 580hm^2，此次共放荒地 76 000 余 hm^2。第三次：经将军程德全奏准出放扎萨克蒙荒，光绪三十三年（1907 年）派呼兰副都统都尔苏出放荒地，由于都尔苏有渔利之疑，遂派甘井子蒙务局总理何玉朴出任放荒北大段，俗称伊顺招段，经过清查出放荒地，至光绪三十四年（1908 年）春季，共放荒地 13 万余 hm^2。前后共放 632 179hm^2。

到民国三年（1914 年）总耕地面积为 752 110hm^2，内有熟地 301 500hm^2，约占全县总土地面积的 2/5，其中，上等地 202 529hm^2，中等地 53 014hm^2，下等地 41 957hm^2。民国十二年（1923 年），垦熟面积已有 30 余万 hm^2。民国十九年（1930 年）后，由于事变及水灾、匪害等原因，熟地变荒地不下 10 万余 hm^2。伪满康德二年（1935 年）后，土地逐年恢复。

新中国成立后，土地得到大量开发和利用，由于行政区域的变更，到 2009 年全县共有耕地 135 027.55hm²。

新中国成立前，农作物以高粱、谷子、玉米为大宗，大豆、小麦次之，大麦、荞麦、燕麦、吉豆、苏子、青麻、线麻、蓖麻等又次之。新中国成立后，作物种植结构发生很大变化。

（二）粮食作物产量

新中国成立以后肇州县粮食产量情况：1949 年平均产量 967.5kg/hm²；"一五"、"二五" 10 年平均产量 1 042.5kg/hm²；"四五"期间平均产量 1 702.5kg/hm²；1970 年以前，单产不高，总产不稳，一直是在 1 500kg/hm² 以下，1971 年产量突破 1 500kg/hm²，1978 年狠抓高产作物创高产，压缩了谷子、小麦等低产作物面积，扩大了高粱、玉米面积，产量由 1977 年的 1 687.5kg/hm²，提高到 2 212.5kg/hm²，1979 年产量突破 2 250kg/hm²，1984 年实现了 2 887.5kg/hm²。1985 年内涝严重，产量达 2 512.5kg/hm²。近年来，肇州县的农业生产发展迅速，粮食产量连续 17 年突破 2.5 亿 kg，是全国百个产粮大县之一。特别是随着国家对粮食作物的各项支农惠农政策的不断实施，粮食作物生产呈现逐年增长的趋势。2007 年全县粮食作物面积 98 666.7hm²，总产量 6.4 亿 kg，单产 6 490.5kg/hm²；2008 年全县粮食作物面积 105 133.3hm²，总产量 9.05 亿 kg，单产 9 582.45kg/hm²；2009 年全县粮食作物面积 122 860hm²，总产量 10.1 亿 kg，单产 8 340kg/hm²。全县耕地 135 027.55hm²，人均收入 3 107元。是国家重点商品粮基地县、全国粮食生产先进县。

（三）经济作物

新中国成立前肇州县经济作物面积仅有 1 000hm² 左右，占农作物的 0.8%，面积小，种类少。只是各家各户种些苏子、芝麻也有的在大豆地里或地头地边种些线麻。

新中国成立后，把经济作物生产纳入了国民经济计划，经济作物生产得到不断发展。1958 年经济作物种植面积达到了 2 933.3hm²，比新中国成立初期增加 2 倍。从 1959 年到 1975 年由于把经济作物当做资本主义来批判，使经济作物生产发展缓慢，产量忽高忽低，收益不显著。1976 年"文化大革命"结束后，纠正了经营单一，"粮食一口咬"的错误倾向，经济作物生产有了新发展。1976 年经济作物面积扩大到 11 400hm²；1977 年增加到 15 266.7hm²。党的十一届三中全会后，农村各项经济政策得到了进一步落实，经济作物面积有计划的不断扩大，到 1981 年发展到 29 192.1hm²，占农作物面积的 23.3%。

经济作物的品种有苏子、芝麻、向日葵、线麻籽、蓖麻等小油料作物。麻类有线麻、青麻、亚麻等，另外还有甜菜、烟、药材等十几种。其中，向日葵、甜菜、亚麻生产发展很快，面积大，产量高，这 3 种作物占经济作物面积的 96% 以上。

1. 向日葵

新中国成立初只有 113.3hm²，1958 年发展到 666.7hm²。1959 年中共肇州县委为了增加农业收入，号召大面积种植向日葵，种植面积增加到 20 000hm²，一度有葵花县之称。但由于种植面积过大，管理跟不上去，叶枯病、炭疽病等病害发生，公顷产量由 997.5kg 下降到 300kg。加之 1960 年以后，粮食产量低，农民口粮不足，葵花生产骤然下降。1961 年，向日葵种植面积仅有 920hm²，特别是"文化大革命"期间，社员不敢多种植经济作物，向日葵面积只有 24.7hm²。从 1977 年开始，向日葵生产有了好转，种植面积达 5 533.3hm²，以后逐年增加。1981 年种植面积 14 300.3hm²。1985 年种植面积达 16 878.9hm²。由于加强了技术指导和科学管理，使向日葵 hm² 产量稳定在 825kg 左右。

2. 甜菜

1958 年时不到 7hm²，1970 年种植面积达 3 200hm²。1971 年本县建立了糖厂，为了保证制糖需要，种植面积有所增加。1971—1979 年种植面积稳定在 4 000～5 333.3hm²。1980 年又建立了丰乐糖厂，甜菜种植面积达 8 933.3hm²，hm² 产量达 12 180kg。

3. 亚麻

亚麻生产是从 1965 年在兴城公社福山大队（现在的兴城镇福山村）开始试种。当年种植面积仅有 1hm²，第二年种植 39.5hm²，并在福山大队（现在的福山村）创建了第一个亚麻原料加工厂。1970 年丰乐成立了亚麻原料厂，亚麻种植面积增加到 234.7hm²。1973 年县亚麻原料厂上马，全县各公社（现在乡镇）都有计划的种植亚麻，面积达到了 1 066.7hm²，到 1981 年种植面积达到了 3 000hm²，公顷产量 2 242.5kg，1985 年种植面积 1 767.9hm²，公顷产量 2 685kg。1987 年以后肇州县不再种植亚麻。

1981 年全县种植经济作物平均亩收入 70 元，经济作物产值占全县农作物产值的 39.6%，比 1949 年的 2.1% 提高了 19 倍。1981 年经济作物人均收入达 89 元，比 1949 年 14.40 元增加了 74.60 元，提高了 5 倍多。1984 年全县经济作物面积达 352 331 亩，产值达 37 414 000 元，占农作物产值的 32.8%。1985 年全县经济作物面积 43 769.5hm²，产值 39 925 000 元，占农作物产值的 36.7%。

（四）蔬菜

新中国成立前，肇州和丰乐两个镇内有 39 个个体户种植蔬菜，面积约 27hm² 左右，其中，20% 的菜地有土井，用人工提水灌溉。当时由于生产条件差，蔬菜品种不全，又缺乏技术指导，生产产量很低，上市又晚，供应不及时，居民吃菜往往到外地去买。

1956 年高级农业生产合作社成立后，肇州镇多数生产队内成立了蔬菜组，开始集体生产蔬菜，但面积仍然很小，仅占耕地面积的 10% 左右。从 1958—1971 年，蔬菜生产发展很快，由原来的 216.7hm² 增加到 365.13hm²，占耕地面积的 50%，多数队有温室、温床，做到了育苗移栽。茄子、柿子、辣椒、黄瓜、角瓜等由原来的直播改为育苗移栽，增加了产量，早成熟，早上市。原来的大土井人工提水，改为马拉水车到 1971 年全部改为机电井，基本上实现了菜园水利化。蔬菜品种也有更新。1971 年引进了营口长茄、紫长茄、姜县长茄，巴彦大辣椒和三道筋辣椒。柿子有强力米寿、罗成一号等新品种，黄瓜推广了津研一、二号和长春密刺。其他蔬菜也有了更新品种这些优良品种不但产量高品质好，而且成熟早、抗灾强。1972—1981 年，随着城镇人口的增长，人民生活水平的提高，蔬菜需要量也不断增加，蔬菜种植面积也随之扩大，到 1981 年蔬菜面积达到了 441.5hm²，总产 12 185 000kg，是历史最高的一年。在温室、温床育苗的基础上，从 1973 年开始利用塑料大棚生产蔬菜，当年扣 4 个塑料大棚，共 2 000m²。到 1981 年达到了队队有塑料大棚，有的生产队多达 3 个。全镇共有塑料大棚 23 个，面积为 21 840m²。丰乐镇内，从 1978 年开始，不仅生产队有塑料大棚，有的个体户在院内也扣了大棚、小棚。当时丰乐镇有 20 多户在院内扣棚。肇州县当时扣塑料大棚以种植黄瓜为主，韭菜、芹菜等春菜也有一部分。这些春菜比大田早熟 2～3 个月，每年在 4 月下旬就可以在市场上买到黄瓜、韭菜。塑料大棚生产蔬菜产量高，黄瓜公顷产量可达到 112 500～150 000kg，比一般地块高出很多。几年来，由于多种形式的生产，蔬菜上市量达到了 80%。社员增产增收，城镇居民也比较满意。从 1978—1981 年，肇州镇菜农仅蔬菜一项每年人均收入达 130 元以上。比 1977 年以前增收 30%。到 2009 年全县蔬菜生产基地有：肇州镇、丰乐镇、兴城镇、朝阳沟镇、永乐镇、双发乡、托古乡、榆树乡、新福乡、永胜乡、二井镇、朝阳乡等12个乡镇都有大面积的温室蔬菜生产基地。此外，各个乡镇都有自己的瓜菜品牌。

二、肇州县农业生产概况

肇州县近30年来农业发展较快，粮食产量成倍增长，这些成绩的取得与农业科技成果推广应用密不可分。具体体现在以下几个方面。

（1）化肥的大量应用，极大地提高了单位面积的粮食产量。目前，肇州县的二铵、尿素、硫酸钾、各种复混肥和微量元素肥料，每年使用89 700t，平均每公顷使用化肥0.65t左右。与20世纪70年代比，施用化肥平均可增产粮食40%以上。

（2）作物新品种的应用，大大提高了单产。肇州县从1984年开始试验"吉字号"玉米杂交种，1985年推广玉米高产攻关技术，通过良种、良法的配套应用，使全县玉米每公顷产量首次突破7 500kg。据试验分析，新品种的更换平均可提高粮食产量25%～40%。

（3）农机具的应用提高了劳动效率和作业质量。肇州县所有的粮食作物全部实现了机灭茬、机播种，所有耕地实现了机整地，部分瓜菜田实现了机翻地。现在肇州县小型农机具拥有量6万余台（套），大型农机具200余台（套），为肇州县农业生产的机械化作业提供了有力保障。

（4）植保技术的应用，保证了农作物稳产、高产。20世纪80年代末至今，肇州县在植物保护方面做了大量工作，植物保护技术不断提高，植物保护手段不断加强，植物保护方法不断丰富，植物保护的设施不断改进。具体体现在：一是在设施上由原来的笤帚弹药，到人工背负式喷雾器，发展到现在的机械喷雾。二是在防治方法上由原来的高残留农药防治，到大量的化学农药，发展到现在的物理防治和生物防治等。由于防治手段和防治技术的不断完善，使肇州县农作物没有遭受严重的病、虫、草、鼠为害。

（5）栽培措施的改进，提高了单产。肇州县农作物全部实现合理密植、配方施肥。玉米推广了膜下滴灌技术、化学除草技术、生物防虫技术；蔬菜采用育苗移栽技术、地膜覆盖技术、膜下滴灌技术、复种复栽技术、棚室生产技术等，使我县粮食和蔬菜产量得到了大幅度提高。

（6）农田基础设施得到明显改善。通过抗旱保收田建设、标准农田建设，使肇州县基本农田的设施得到了明显提高，实现了旱能灌、涝能排、田成方、林成网的目标。

三、肇州县目前农业生产存在的主要问题

肇州县农业生产概括地说有以下几点：一是单位产出低。肇州县地处松嫩平原，属于黑龙江省的第一积温带，有比较丰富的农业生产资源，但中低产田占62.32%，还有相当大的潜力可挖。二是农业生态有失衡趋势。据调查，肇州县部分耕地有机质含量每年正以0.01%的速度下降（20世纪60—80年代），有机肥施入多，化肥用量少，增产作用不明显，20世纪80年代后，化肥用量不断增加，单产、总产大幅度提高，同时，农作物种类单一、品种单一，不能合理轮作，也是导致土壤养分失衡的另一重要因素。另外，农药、化肥的大量应用，不同程度地造成了农业生产环境的污染。三是良种少。肇州县大面积推广玉米膜下滴灌技术已经有两年的时间了，截至目前，仍然没有非常适合的玉米品种，瓜菜没有革命性

品种，产量、质量在国际市场上都没有竞争力。四是农田基础设施薄弱，排涝抗旱能力差，风蚀、水蚀也比较严重。五是机械化水平低。高质量农田作业和土地整理面积很小，秸秆还田能力还很差。六是农业整体应对市场能力差。农产品数量、质量、信息以及市场组织能力等方面都很落后。七是农技服务能力低。农业科技力量、服务手段以及管理都满足不了生产的需要。八是农民科技素质、法律意识和市场意识有待提高和加强。九是盐碱、干旱一直是制约肇州县农业生产发展的重要因素。十是一家一户的经营模式已经制约了农业生产的发展。

第四节　耕地利用与生产现状

一、耕地利用情况

耕地是人类赖以生存的基本资源和条件。从第二次土壤普查以来，人口不断增多，耕地逐渐减少，人民生活水平不断提高，保持农业可持续发展首先要确保耕地的数量和质量。肇州县现有耕地总面积为 135 027.55hm^2，人均耕地 0.28hm^2。近几年来，肇州县土地政策稳定，加大了政策扶持力度和资金投入，提高了农民的生产积极性，使耕地利用情况日趋合理。表现在以下几个方面：一是耕地产出率高。肇州县人均粮食产量 867kg，比国际公认的人均粮食安全警戒线高 497kg。二是耕地利用率高。随着新品种的不断推广，间作、套作等耕作方式的合理运用，大棚生产快速发展，耕地复种指数不断提高。三是产业结构日趋合理。21 世纪以来，县委、县政府多次调整种植结构，使肇州县的粮、经、饲作物的种植比例更加合理。四是农田基础设施进一步改善、水利化程度大幅度提高。近几年来，肇州县加大了农田基本建设力度，结合抗旱保收田项目、国家优质粮食产业工程项目的实施，使肇州县农田机电井、喷灌设备、排水工程都有了大幅度的提高，使肇州县多数农田基本达到了旱能灌，涝能排，田成方，林成网，路相通的高产稳产农田。按照肇州县十二个 5 年规划的要求，在国家第十二个 5 年计划内，完成"引嫩"、"引松"等大型引水工程建设；还将实行中低产田改造，盐碱地综合治理等一系列工程措施。

二、耕作制度的变迁

农业耕作制度的改革，从开发初期到 2009 年可分为 3 个时期。

（一）旧耕作制度时期

中华人民共和国成立前，主要农具是木制弯勾犁和耱耙。栽培方法为垄作，耕作方法为一扣二耱三搅地，压外犁眼和靠山耱等方式。轮作形式为玉米或大豆—高粱—谷子的 3 年轮作制，施肥为 3 年一茬粪，3 年耕翻一次。垄作栽培，增加土壤表面积，提高地温，便于灭草、排水、防涝。这种耕作制度一直延续到 1958 年。旧耕作制度时期，粮食产量基本是一低二稳。1949—1958 年，10 年间公顷产量平均为 1 128kg。

（二）新旧耕作制度交替变革时期（1958—1973 年）

这个时期，由于新式农具和拖拉机的使用，改变了原来的垄作方法，机械整地逐步代替了蓄力整地，出现了平翻平作，垄平交替和垄平结合的方法。作物栽培方法不断改革，玉米由原来的大犁搅种，出现了平翻扣种、"羊拉稀"，发展为顶浆起垄刨埯种、踩埯种，后来又发展为等距刨埯、催芽坐水埯种、一埯双株或单株密植以及机械平播和引墒播种；高粱由原来的穬种，发展为大垄扣种、压大沟、穬趟、耢趟、垄上双条播，埯种一埯多株，直到机械窄行平播；谷子由原来的穬种，发展为穬种加宽苗眼，穬趟耢趟种，压沟种、三刀穬和垄上机播，直到全部机械平播；小麦由原来的大垄搅种，发展为大垄加宽，大垄压小沟、三犁川、马拉农具15cm平播和机械7.5cm平播；大豆由原来的一犁挤，发展为大垄扣种、满垄灌、穬趟和窄行平播。

从1971年开始推广化肥的使用技术，由单纯施用磷肥，发展到氮、磷配合施用，无机肥和有机肥混合施用。为抗春旱，确保一次播种抓全苗，采用了坐水种和旱田灌溉等措施，推广使用两杂种子，使产量明显提高。但在新旧交替的改革过程中，由于当时经验不足，春天不合理的耕作措施，造成土壤水分大量散失；超密度的密植，搞间、混、套、复、川，"二加一不等于三"等掠夺式的种植方法，破坏了土壤的用养结合，失去了地下与地上的平衡；一刀切的栽培方法，违背了因地种植的原则，打乱了作物的轮作和合理布局；形式主义的满地满肥，造成了粪肥质量低劣，使用分散，降低了肥效。这个时期的产量幅度较大，产量最低的1960年产量只有802.5kg/hm²。1959—1973年平均产量1 158.75kg/hm²。

（三）新耕作制度的形成与完善时期

1974年以来，总结了以前的经验和教训，采取和应用了以抗旱保墒为中心，以机械耕作为主体，实行翻、耙、松相结合的土壤耕作制；垄作和平播相结合的栽培制；粮食、油料、糖料相结合的三轮、五轮、七轮作制等一整套综合耕作栽培制。

近几年来，肇州县在玉米种植上又创造了立体通透、两垄一平台、并垄宽窄行和玉米膜下滴灌等一系列综合耕作模式，使玉米产量得到了大幅度提高。

三、粮食作物栽培技术的演变

（一）谷子（糜子）

1949—1978年，30年平均470.625kg/hm²，1961年谷子产量只有615kg/hm²。1979年摘掉了谷子低产帽子，改进了栽培方法，由过去的穬种逐渐改为垄上3刀（条播）和15cm、30cm机械平播。加上选用良种、双肥下地，合理密植，单株管理等措施。1979年谷子产量达到了1 950kg/hm²，谷草产量增加2 250kg/hm²。

2008年以来，通过引进新品种，开展测土配方施肥，垄上机械精播等综合配套技术，使肇州县谷子产量达到了5 250kg/hm²以上。与1979年相比亩产增加了2倍多。

（二）高粱

1957年前高粱播种多数采用穬种、耢趟种，后来发展为埯种、双行拐子苗。到1958年有小面积平播高粱。1960—1983年的20多年间，主要应用老品种，单位面积产量一直不高。到20世纪80年代中后期，高粱采用垄上机械播种，合理密植，引进优良杂交品种，使高粱的单位面积产量大幅度提高。

（三）玉米

从合作化以来，玉米播种方法，大体经历了5次变革。合作化时期采用大垄扣种，玉米和大豆、杂豆混作。人民公社时期改为小垄（45~55cm）栽培。20世纪70年代初期改为大垄坐水埯种，一埯双株，玉米、大豆间作。80年代初期由一埯双株改为单株密植，由间作改为清种，坐水种改为机械播种。90 年代至今玉米种植方法主要是机械整地施肥，机械开沟滤水，机械播种覆土，并垄宽窄行栽培，推广高产耐密品种，玉米膜下滴灌，测土施肥，生物防治等多项综合措施。

（四）大豆

1977 年前大豆播种方式为人工扣种，产量只有 802.5kg/hm²。1978 年开始推广大豆机械窄行平播技术，使大豆产量提高到 1 057.5kg/hm²。20 世纪 80—90 年代初，由于引进大豆优良品种和配套综合高产栽培技术，使大豆产量达到了 2 250kg/hm² 左右。现阶段肇州县已经没有清种大豆的地块，种植大豆多数与地膜甜瓜、双膜拱棚西瓜套种，平均产量达到了 2 250kg/hm² 以上。

（五）小麦

新中国成立初期至 20 世纪 80 年代后期，肇州县小麦面积较大，主要采用大垄扣种，后来发展到机械平播。小麦产量由早期的 765kg，增长到 80 年代末的 4 500kg/hm² 左右。但是现在，肇州县已经不再种植小麦。

四、肇州县耕地利用存在问题

目前，肇州县在耕地利用方面存在的主要问题：一是作物布局有待于进一步调整，实现粮、经、饲种植面积合理分配；二是耕作制度有待于进一步完善，实行有效的轮作、间作、套种和复种；三是地块分散，不能很好地发挥大型农业机械的作用。一家一户的经营模式耕地面积小，不适合现代农业的发展要求；四是种植业区划有待于进一步细化，真正实行因地种植，因土种植，选种适合土壤种植的农作物品种。

第五节　耕作保育管理回顾

一、耕地土壤保护方面的主要工作

肇州县在土地保育方面主要做了以下几个方面工作。

（一）土壤耕作

土壤耕作是人类从事农事活动中对土壤影响深刻的农业技术措施。通过翻耙、中耕松土，熟化了土壤，造就了一个耕作层，为作物生长创造了一个适宜的生长环境条件，发挥了土壤的生产潜力。通过土壤耕作造就的耕层，疏松多孔隙，通气透水好，保水能力强，水热条件好，促进了有益微生物的繁殖与活动，促进了养分的转化和释放，提高了土壤的保肥性。一句话就是耕作层水肥气热协调一致，提高土壤的生产力。肇州县 1955 年以前主要用大犁进行土壤耕作，翻的浅，耕作层薄仅 10～12cm，犁底层厚，且呈锯齿形，影响土壤生产力的发挥。1955 年以后，大量推广和使用了新农具，并且逐渐使用了机引农具进行耕作，打破了犁底层，加深了耕作层。达到 18～20cm。20 世纪 70 年代末，开始实现深松，深度达 25～27cm，从而进一步发挥了土壤的生产潜力。

（二）施肥

施肥是养地、提高土壤生产力，增加作物产量的关键措施之一。1958 年前农民用旧的积肥方法，既"夏季杂土打底（大土堆），秋季黄粪带帽，冬季烧火发发酵，春季就送地里了"。当时粪肥的养分含量低，粪肥质量差。肇州县从 1958 年以来，县委根据土壤瘠薄的自然条件，开展全年积肥，大兴"五有三勤"（五有是：猪羊有圈，牛马有棚，鸡鸭有架，家家有厕所，户户有灰仓；三勤是：勤起、勤垫、勤打扫）积肥建设。到 1963 年全县 1 217 个生产队有 797 个队建立了常年积肥专业队伍，固定积肥员 1 327 人，积肥车 797 台。随着畜牧业的发展，在巩固健全"五有三勤"积肥制度的基础上，又普遍推广了朝阳养猪积肥和托古乡德生一队"四畜六圈"的积肥经验，开展养猪积肥。通过种植绿肥、过圈粪和高温造肥，使有机肥的品种扩大，粪肥质量提高，数量增加，有效的培肥了耕地地力。到 1981 年全县农家肥总积造量达 42.5 亿 kg，平均亩施用农家肥数量达 2 250kg。1960 年开始施用化肥，1964 年前农民普遍使用磷肥。1964 年全县施用 20t 氮肥，6t 磷肥；20 世纪 70 年代每年施用氮、磷化肥 9 741～19 128t；80 年代每年施用化肥 22 000～24 000t；90 年代每年施用化肥 50 000～60 000t；进入 21 世纪每年施用化肥 60 000～90 000t。在施肥方法上实行底肥、口肥和追肥相结合，有机肥和无机肥相混合，大量和微量元素肥料搭配；在施肥方式上改分散施肥为集中施肥，改浅施为深施，改一次施肥为分层、分期施肥。

（三）水利工程

肇州县境内无江无河，地表水资源贫乏，地下水资源分布不均，是黑龙江省西部干旱县之一。肇州县十年九春旱，夏旱伏旱和秋旱也时常发生。春季种地难，抓苗难，产量很不稳定。为改变这种状况，从 1945 年以来，通过人工打大土井 1 177 眼，修干渠 661 条 28km，支渠 785 条 26km，修建中型水库 1 座，挖排水灌渠 32 条长 213km。1965—1975 年，修建 9 处提水泵站。截至到现在，全县共打配机电井 4 060 眼。基本解决了种地难，抓苗难的问题。同时，积极推广沟浸灌、喷灌、滴灌等灌溉节水新技术。通过灌溉新技术的大面积推广，使土壤水分得到了改善，生产潜力得以充分发挥。

（四）防治风害、保护水土

肇州县地处黑龙江省西南部，春季气候干旱少雨，风多风大。岗地土壤抗风蚀能力差，风蚀严重，每年都有不同程度的风灾。春播阶段，大风造成部分耕地表土层被刮走、种子裸露，夏秋两季大风造成农作物倒伏，严重地危害了农业生产，破坏地力，影响人民生活。植树造林是防治风害、保护水土、改良土壤，促进农业增产、增收的重要措施之一。1952 年开始，积极开展了以农田防护林为中心的群众性植树造林运动，1978 年肇州县被列为国家"三北"防护林重点县。近几年来，根据国家"三北"防护林建设的规划要求和国家退耕还林政策，大量营造了新的防护林和用材林，并有计划改造了部分旧的防护林。目前，全县林地面积达到 42.7 万亩，已起到了防风固沙，保持水土保护农田的作用。

二、耕地质量保护建议及对策

耕地质量保护是关系到农业生产可持续发展和国计民生的大事，必须引起高度重视。因此，对耕地质量保护工作提出如下建议。

（一）县级成立耕地质量建设与管理专门机构

耕地质量建设与管理机构设主任 1 名，副主任 1 人，工作人员 5 名。主任负责耕地质量建设的全面工作，对所管辖的业务负总责。副主任对主任负责，管理日常工作，协调工作人员的分工与合作。工作人员负责地方行政法规、规章、计划、文件和标准的起草工作，负责对相关法律的解释、把握法律的执行程序和有关法律的咨询工作，负责耕地质量建设与管理的具体事宜，包括耕地质量评价方法、标准的制订，耕地质量建设内容规划的起草，召集有关技术人员的评估论证和宣传、培训等工作。办公室应隶属于县人民政府，人员应该由农业局、国土局、司法局、农业技术推广中心等单位抽调，属于财政拨款的事业单位，要配备先进的办公设备和必要的交通工具。

（二）建立严格的耕地质量建设与管理机制

实行严格的耕地保护制度，确保粮食生产能力。要贯彻执行《中华人民共和国土地管理法》和《基本农田管理条例》，采用行政、经济和法律的多种手段，切实加强用地管理，严格控制各类建设用地占用基本农田，以确保粮食生产能力。保证粮食安全，核心是要保护好粮食的综合生产能力。从保证人们食物供给有效性和安全性的农业发展观出发，加大对耕地保护宣传和耕地培肥技术的推广，正确引导农户用好地，做到用地和养地相结合，保持土壤持续肥力，保护好有限的耕地资源。

在开展耕地质量建设与管理过程中，应做好以下几方面工作。一是在每年召开春季播种现场会时，把增加农家肥的投入作为重点内容进行展示。以此推动耕地有机肥的投入数量，提高基本农田的耕地质量。二是县政府把保护基本农田，提高基本农田的质量建设纳入乡镇目标责任制，按照基本农田农家肥和有机肥的投入量，作为乡镇年终考核的指标之一。三是在耕地质量建设工作中推广秋整地、秋施肥技术、测土配方施肥技术等一系列提高耕地质量的措施。四是在耕地质量评价过程中，土壤、农学等方面的专家与国土资源局技术人员一道对评价耕地进行详细的分析、论证，拿出客观、准确的评价依据和评价意见。

（三）合理制订耕地利用规划

在制订耕地利用规划时，要综合考虑作物布局、耕地地力水平及土壤类型的差异性，尽量少占用高产田，多征用中低产田。因为高产田是经过长期的耕作改良和地力培育，使土壤水、肥、气、热等诸多因素都处于较好的水平上，一般农田改造成为高产田要投入很大的财力、物力。应纳入基本农田保护区域实行重点保护。规划时优先考虑中低产田；要保持耕地地力不下降，必须在政策法规指引下，坚持不懈的对耕地进行合理的保护。

（四）发展区域经济种植

因地制宜，调整农业种植业结构布局，科学合理利用好耕地。首先要推广粮食作物优质高产高效栽培技术，运用现代手段全面提高粮食作物产量和质量。其次，搞好经济作物与粮食作物的合理布局，根据这次耕地评价情况，制定出各乡镇农业结构生产的合理布局。适合粮食作物生产的耕地一定要以发展粮食生产为主；适合经济作物和瓜、菜生产的地块积极发展经济作物和瓜菜的生产。同时，搞好粮、经作物轮作，粮食与瓜菜的轮作，经济作物与瓜菜的合理轮作。通过采取合理的栽培模式，充分保护土壤耕作层，大力发展经济作物种植区，实现集中连片发展经济作物。充分利用中低产田改造和盐碱地改良的契机，规划和调节粮食作物、经济作物、瓜菜作物、果树和林地种植的种植区域，切实做到因土、因地种植作物，从而合理保护好耕地生态环境。

（五）建立耕地保障体系

耕地数量和质量保护是长期的工作，需要社会的关注和支持。结合乡、镇、村行政区划调整和土地整理补充耕地，进一步加大对各类零星工业点的淘汰、转移和归并力度，加快形成以都市型农业为主的配套现代化农业产业生产链。通过查清基本农田数量等工作，加强基本农田的保护制度建设，建立健全基本农田保护责任制、用途管理制、质量保护制，采用严格审批与补充、乡规民约等一整套基本农田保护制度，政府、部门逐级签订目标责任书，形成由政府一把手负总责的基本农田保护责任保障体系。

肇州县耕地质量建设与管理办公室积极与肇州县国土资源局配合，主动参与基本农田的保护工作。肇州县地下资源丰富，石油和天然气储量大，分布范围广，石油井和天然气井在耕地中的面积较大。按照国家规定永久性占用基本农田的，要在非基本农田保护区的耕地中划归出相应的耕地，列入基本农田，并加以保护。在此项工作中，办公室与县国土资源局一起，确定补充基本农田的位置和面积，评价耕地质量。平均每年参与基本农田保护的案例5起以上，补充合格基本农田面积在133hm^{2}左右。

（六）确保耕地不流失

要实现农业生产的又快又好的发展目标，首先要做到必须确保耕地面积。近年来，在各级政府的领导下，采取了一系列政府补贴政策，提高农民种粮的积极性，减少农资投入，提高经济效益，提高了农民开荒、利用零散地块种植的积极性，切实保证耕地数量不减少，严禁抛荒现象发生。同时，要保护好现有耕地的粮食生产能力，合理进行农业结构调整，调整粮食作物和经济作物比例，保持粮食作物的种植面积。在保证现有耕地面积的同时，不断探索农作物高产高效栽培模式，积极推广高产优质栽培技术，提高农作物单位面积产量，保证粮食安全，稳定居民菜篮子，为人民生活提供丰富的食品。同时，可以为以农产品为原材料的加工业、医药业的快速发展提供强有力的物资保障。

第二章　耕地地力调查

第一节　调查方法与内容

一、调查方法

本次调查工作采取的方法是内业调查与外业调查相结合的方法。内业调查主要包括图件资料的收集、文字资料的收集；外业调查包括耕地的土壤调查、环境调查和农业生产情况的调查。

（一）内业调查

1. 基础资料准备

包括图件资料、文件资料和数字资料3种。

图件资料：主要包括第二次土壤普查编绘的1:5万的《肇州县土壤图》、1:5万的《肇州县土地利用现状图》和1:10万的《肇州县行政区划图》。数字资料：主要采用肇州县统计局2007年的统计数据资料。肇州县耕地总面积采用的是TM遥感数据1:10万的图件，包括农田防护林和田间道路以及部分农场地块，与实际耕地面积有一些出入。

文件资料：包括第二次土壤普查编写的《肇州县土壤》《肇州县年鉴》《肇州县志》《肇州县土壤普查报告》《肇州县综合农业区划报告》等。

2. 补充调查资料准备

对上述资料记载不够详尽、或因时间推移利用现状发生变化的资料等，进行了专项的补充调查。主要包括：近年来农业技术推广概况，如良种推广、测土配方施肥技术的推广、病虫鼠害防治等；耕作机械的种类、数量、应用效果等；水田和蔬菜的种植面积、生产状况、产量等补充调查。

（二）外业调查

外业调查包括土壤调查、环境调查和农户生产情况调查。主要方法如下。

1. 布点

肇州县这次耕地地力评价布点是调查工作的重要一环，正确的布点能保证获取信息的典型性和代表性；能提高耕地地力评价成果的准确性和可靠性；能提高工作效率，节省人力和资金。

（1）布点原则。代表性、兼顾均匀性：布点首先考虑到全县耕地的典型土壤类型和土地利用类型；其次要考虑耕地地力调查布点要与土壤环境调查布点相结合。

典型性：样本的采集必须能够正确反应样点的土壤肥力变化和土地利用方式的变化。采样点应具有典型性。

比较性：尽可能在第二次土壤普查的采样点上布点，以反映第二次土壤普查以来的耕地地力和土壤质量的变化。

均匀性：同一土类、同一土壤利用类型在不同区域内应保证点位的均匀性。

肇州县这次耕地地力评价公布 1 927 个点，这些点次分布在全县 12 个乡镇，104 个行政村。涵盖了肇州县耕地土壤的所有土种。

（2）布点方法。依据以上布点原则，确定调查的采样点。具体方法如下。

修订土壤分类系统：为了便于以后全国耕地地力调查工作的汇总和这次评价工作的实际需要，我们把肇州县第二次土壤普查确定土壤分类系统归并到国家级分类系统。肇州县原有的分类系统为 4 个土类、8 个亚类、12 个土属，33 个土种。现归并为 2 个土纲（钙层土和半水成土），2 个亚纲（半湿温钙层土和暗半水成土），2 个土类（黑钙土和草甸土），6 个亚类（石灰性黑钙土、草甸黑钙土、石灰性草甸土、盐化草甸土、碱化草甸土和潜育草甸土），7 个土属（黄土质石灰性黑钙土、石灰性草甸黑钙土、黏壤质石灰性草甸土、壤质石灰性草甸土、苏打盐化草甸土、苏打碱化草甸土和石灰性潜育草甸土），14 个土种（薄层黄土质石灰性黑钙土、中层黄土质石灰性黑钙土、厚层黄土质石灰性黑钙土、薄层石灰性草甸黑钙土、中层石灰性草甸黑钙土、厚层石灰性草甸黑钙土、薄层黏壤质石灰性草甸土、中层黏壤质石灰性草甸土、厚层黏壤质石灰性草甸土、轻度苏打盐化草甸土、中度苏打盐化草甸土、重度苏打盐化草甸土、浅位苏打碱化草甸土和中层石灰性潜育草甸土）。

确定调查点数和布点：按照每个点代表面积的要求，确定布点数量。布点过程中，充分考虑了各土壤类型所占耕地总面积的比例、耕地类型以及点位的均匀性。其次考虑将《土地利用现状图》和《肇州县土壤图》叠加，确定调查点位。

2. 采样

（1）采样时间。一般在春季整地前或秋后收获后。

（2）野外采样田块确定。根据点位图，到点位所在的村屯，确定具有代表性的田块。田块面积要求在 2hm² 以上，依据田块的准确方位修正点位图上的点位位置，并用 GPS 定位仪进行定位。

（3）调查、取样。向已确定采样田块的户主，按调查表格的内容逐项进行调查填写。在该田块中按旱田 0~20cm 土层采样；采用"S"法，均匀随机采取 15 个采样点，充分混合后，四分法留取 1kg 土样（图 2 – 3）。

二、调查内容及步骤

（一）调查内容

肇州县按照《规程》的要求，对《规程》中所列的项目，如立地条件、土壤属性、农田基础设施条件、栽培管理、灌溉保证率等情况进行了详细调查。对附表未涉及，但对当地耕地地力评价又起着重要作用的一些因素，在表中附加，并将相应的填写标准在表后注明。调查内容分为：基本情况、化肥使用情况、农药使用情况等，进行了翔实的调查。

（二）调查步骤

肇州县耕地地力评价工作大体分为 2 个阶段。

第一阶段：准备阶段。

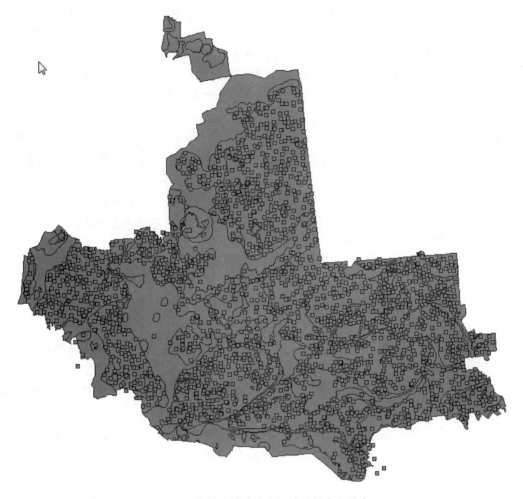

图 2 - 3　肇州县耕地地力评价采样点位分布

2010 年 1—4 月，此阶段主要工作是收集、整理、分析资料。具体内容包括：

（1）统一野外编号。全县共 12 个乡（镇），104 个村。按照国家要求的地力评价调查点实行国内统一编号、县内编号、调查类型等。

（2）确定调查点数和布点。全县确定调查点位 1 927 个。依据这些点位所在的乡（镇）、村、屯为单位，填写了《调查点登记表》，主要说明调查点的地理位置、野外编号和土壤名称，为外业做好准备工作。

（3）外业准备。在土壤化冻（土壤化冻 20cm）前对被确定调查的地块（采样点）进行实地确认，同时对地块所属农户的基本情况等进行详细调查。按照《规程》中所规定的调查项目，设计制订了野外调查表格，统一项目，统一标准进行调查记载。在土壤化冻后（4月中、下旬）进行采集土样，填写土样登记表，并用 GPS 卫星定位系统进行准确定位，同时补充测土配方项目在具体实施时遗漏的内容。

第二阶段：（2010 年 4—12 月）分 4 步进行。

第一步，组建外业调查组。选择一些比较有经验的，事业心比较强人员组成外业调查组。我县共组织成立了 6 个野外调查组，每个调查组负责 2 个乡镇的耕地地力评价调查任务。在进行野外调查时与各个调查组规定任务、完成质量等内容，进行严格评定，达不到要求的一律返工。

第二步，培训和试点。对外业组成员进行技术培训。培训内容是调查表格填写，土壤采集方法等。我们将肇州县参加野外调查的全体人员进行了全面系统的培训，在培训的基础上，又集中到托古乡宜林村进行现场演示，使全体工作人员都能熟练地掌握耕地质量调查这项技术。

第三步，全面调查。全面调查是以 1：10 万各乡（镇）土壤图为工作底图，确定了被调查的具体地块及所属农户的基本情况，填写了乡（镇）、村、屯、户为单位的《调查点登记表》。

第四步，审核调查。在第一次外业入户调查任务完成后，对各组填报的各种表格及调查登记表进行了统一汇总，并逐一做了审核，对完成质量不高的必须重新调查。

第二节　样品分析化验质量控制

实验室的检测分析数据质量客观的反映出了测试人员素质能力及工作态度，分析方法的科学性、实验室质量体系的有效性和符合性及实验室管理水平。耕地土样在检测过程中，测定的结果与土壤养分含量符合程度主要受下列因素的影响：①被检测样品（均匀性、代表性）；②测量方法（检测条件、检测程序）；③测量仪器（本身的分辨率）；④测量环境（湿度、温度）；⑤测量人员（分辨能力、习惯）⑥检测水平等。我们在检测过程中主要是：估计误差的大小，采取适当的、有效的、可行的措施加以控制，尽量使分析结果与客观实际相接近。只有采取科学的数据处理方法，才能获得满意的效果。

要保证分析化验质量控制，首先要严格按照《测土配方施肥技术规范》所规定的化验室面积、布局、环境、仪器和人员素质的要求。我们主要抓了加强化验室的基础设施建设，配置化验仪器设备，严格培训化验人员，建立各项操作规程，严密化验室管理的规章制度。做好化验室环境条件的控制、人力资源的控制、计量器具的控制。按照规范做好标准物质和参比物质的购买、制备和保存。

一、实验室检测质量控制

（一）检测前

（1）样品确认（确保样品的唯一性、安全性）。

（2）检测方法确认（当同一项目有几种检测方法时）。

（3）检测环境确认（温度、湿度及其他干扰）。

（4）检测用仪器设备的状况确认（标志、使用记录）。

（二）检测中

（1）严格执行标准或规程或规范。

（2）坚持重复试验，控制精密度。在检测过程中，随机误差是无法避免的，但根据统计学原理，通过增加测定次数可减少随机误差，提高平均值的精密度。在批量样品测定中，每个项目首次分析时需做 100% 的重复试验，结果稳定后，重复次数可减少，但最少须做

10% ~15%重复样。5个样品以下的，增加为100%的平行。重复测定结果的误差在规定允许范围内者为合格，否则应对该批样品增加重复测定比率进行复查，直至满足要求为止。

（3）坚持带标准样或参比样，判断检测结果是否存在系统误差。在重复测定的精密度（用极差、平均偏差、标准偏差、方差、变异系数表示）合格的前提下，标准样的测定值落在（X=2α）（涵盖了全部测定值的95.5%）范围之内，则表示分析正常。

（4）标准加入法。当选测的项目无标准物质或参比样时，可用加标回收试验来检查测定准确度。NY/T395—2000规定，加标量视被测组分的含量而定，含量高的加入测组分的含量0.5~1.0倍，含量低的加2~3倍，但加标后被测组分的总量不得超过方法的测定上限。

（5）注意空白试验。空白试验即在不加试样的情况下，按照分析试样完全相同的操作步骤和条件进行的试验。得到的结果称为空白值。它包括了试剂、蒸馏水中杂质带来的干扰。从待测试样的测定值中扣除，可消除上述因素带来的系统误差。

（6）做好校准曲线。为消除温度和其他因素影响，每批样品均需做校准曲线，与样品同条件操作。标准系列应设置6个以上浓度点，根据浓度和吸光值绘制校准曲线或求出一元线性回归方程。计算其相关系数。当相关系数大于0.999时为通过。

（7）用标准物质校核实验室的标准溶液、标准滴定溶液。

（三）检测后

加强原始记录校核、审核、确保数据准确无误。原始记录的校核、审核，主要是核查：检验方法、计量单位、检验结果是否正确，重复试验结果是否超差、控制样的测定值是否准确、空白试验是否正常、校准曲线是否达到要求、检测条件是否满足、记录是否齐全、记录更改是否符合程序等。发现问题及时研究、解决或召开质量分析会议，达成共识。同时，进行异常值处理和复查等。

二、地力评价土壤化验项目

土壤样品分析项目：pH值、有机质、全氮、有效氮、有效磷、速效钾、有效铁、有效锌、有效锰、有效铜、容重分析方法，见表2-1。

表2-1　土壤样本化验项目及方法

分析项目	分析方法
pH值	酸度计法
有机质	油浴加热重铬酸钾氧化—容量法
全氮	凯氏定氮法
碱解氮	碱解扩散法
有效磷	碳酸氢钠提取—钼锑抗比色法
速效钾	乙酸铵浸提—原子吸收分光光度法
有效锌	DTPA浸提—原子吸收分光光度法

（续表）

分析项目	分析方法
有效铁	DTPA 浸提—原子吸收分光光度法
有效锰	DTPA 浸提—原子吸收分光光度法
容重	环刀法
有效铜	DTPA 浸提—原子吸收分光光度法
全盐量	电位计法
全磷	氢氧化钠熔融—钼锑抗比色法
全钾	氢氧化钠熔融—原子吸收分光光度法

第三节　数据质量控制

一、田间调查取样数据质量控制

按照《测土配方施肥技术规程》的要求，填写调查表格。抽取 5% ~ 10% 的调查采样点进行审核。对调查内容或程序不符合规程要求，抽查合格率低于 80% 的，重新调查取样。

二、数据审核

数据录入前仔细审核。对不同类型的数据。审核重点各有侧重。

（1）数值型资料。注意量纲、上下限、小数点位数、数据长度等。

（2）地名。注意汉字多音字、繁简体、简全称等问题。

（3）土壤类型、地形地貌、成土母质等。注意相关名称的规范性，避免同一土壤类型、地形地貌或成土母质出现不同的表达。

（4）土壤和植株检测数据。注意对可疑数据的筛选和剔除。根据当地耕地养分状况、种植类型和施肥情况。确定检测数据与录入的调查信息是否吻合。结合对 5% ~ 10% 的数据重点审查的原则。确定审查检测数据大值和小值的界限。对于超出界限的数据进行重点审核。经审核可信的数据保留。对检测数据明显偏高或偏低、不符合实际情况的数据，一是剔除；二是返回检验室重新测定。若检验分析后，检测结果仍不符合实际的。可能是该点在采样等其他环节出现问题。应予以作废。

三、数据录入

采用规范的数据格式，按照统一的录入软件录入。我们在具体的数据录入过程中，一是培训数据录入人员，提高录入人员的素质。二是由于时间紧，任务重，我们在单位建立了局域网，共分 4 组进行数据录入工作。三是采取二次录入进行数据核对。

第四节　资料的收集和整理

耕地是自然环境和人类活动的历史综合体，同时，也是重要的农业生产资料。因此，耕地地力与自然环境条件和人类生产活动有着密切的关系。进行耕地地力评价，首先必须调查研究耕地的一些可度量或可测定的属性。这些属性概括起来有两大类型，即自然属性和社会属性。自然属性包括气候、地形地貌、水文地质、植被等自然成土因素和土壤剖面形态等；社会属性包括地理交通条件、农业经济条件、农业生产技术条件和开垦利用年限等。这些属性数据的获得，可通过多种方式来完成。一种是野外实际调查及测定；一种是收集和分析相关学科已有的调查成果和文献资料。

耕地地力评价主要经过以下几个阶段。

一、资料收集与整理的流程

资料收集与整理的流程，见图 2 – 4。

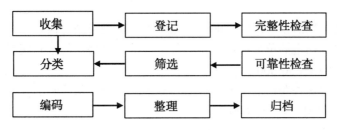

图 2 – 4　资料收集与整理流程

二、资料收集与整理方法

1. 收集

在调研的基础上广泛收集相关资料。同一类资料不同时间、不同来源、不同版本、不同介质都进行收集，以便将来相互检查、相互补充、相互佐证。

2. 登记

对收集到的资料进行登记，记载资料名称、内容、来源、页（幅）数、收集时间、密级、是否要求归还、保管人等；对图件资料进行记载比例尺、坐标系、高程系等有关技术参数；对数据产品还应记载介质类型、数据格式、打开工具等。

3. 完整性检查

资料的完整性至关重要，一套分幅图中如果缺少一幅，则整个一套图无法使用；一套统计数据如果不完全，这些数据也只能作为辅助数据，无法实现与现有数据的完整性比较。

4. 可靠性检查

资料只有翔实可靠，才有使用价值，否则，只能是一堆文字垃圾。必须检查资料或数据产生的时间、数据产生的背景等信息。来源不清的资料或数据不能使用。

5. 筛选

通过以上几个步骤的检查可基本确定哪些是有用的资料，在这些资料里还可能存在重复、冗余或过于陈旧的资料，应作进一步的筛选。有用的留下，没有用的作适当的处理，该退回的退回，该销毁的销毁。

6. 分类

按图件、报表、文档、图片、视频等资料类型或资料涉及内容进行分类。

7. 编码

为便于管理和使用，所有资料我们进行统一编码成册。

8. 整理

对已经编码的资料，按照耕地地力评价的内容，如评价因素、成果资料要求的内容进行针对性的、进一步的整理，珍贵资料采取适当的保护措施。

9. 归档

对已整理的所有资料建立了管理和查阅使用制度，防止资料散失。

三、图件资料的收集

收集的图件资料包括：行政区划图、土地利用现状图、土壤图、第二次土壤普查成果图等专业图、卫星照片以及数字化矢量和栅格图。

1. 土壤图（1∶50 000）

在进行调查和采样点位确定时，通过土壤图了解土壤类型等信息。另外，土壤图也是进行耕地地力评价单元确定的重要图件，还是各类评价成果展示的基础底图。

2. 土壤养分图（1∶50 000）

包括第二次土壤普查获得的土壤养分图及测土配方施肥新绘制的土壤养分图。

3. 土地利用现状图（1∶10 000）

近几年来，土地管理部门开展了土地利用现状调查工作，并绘制了土地利用现状图，这些图件可为耕地地力评价及其成果报告的分析与编写提供基础资料。

4. 农田水利分区图（1∶50 000）

通过将农田水利分区图和采样点位图叠加，可以得到每个采样和调查点的水源条件、排水能力和灌溉能力等信息，是采样和调查点基本情况调查的重要内容。通过建立农田水利分区图可以大大降低调查时的工作量，并提高相关信息获取的准确度。

5. 行政区划图（1∶50 000）

由于近年来撤乡并镇工作的开展，致使部分地区行政区域变化较大，因此，我们收集了最新行政区划图（到行政村）。

四、数据及文本资料的收集

1. 数据资料的收集

数据资料的收集内容包括：县级农村及农业生产基本情况资料，土地利用现状资料、土壤肥力监测资料等，具体包括以下内容。

（1）近3年粮食单产、总产、种植面积统计资料。

（2）近3年肥料用量统计表及测土配方施肥获得的农户施肥情况调查表。

（3）土地利用地块登记表。

（4）土壤普查农化数据资料。

（5）历年土壤肥力监测化验资料。

（6）测土配方施肥农户调查表。

（7）测土配方施肥土壤样品化验结果表：包括土壤有机质、大量元素、中量元素、微量元素及 pH 值、容重、含盐量、代换量等土壤理化性状化验资料。

（8）测土配方施肥田间试验、技术示范相关资料。

（9）县、乡、村编码表。

2. 文本资料的收集

具体包括以下几种。

（1）农村及农业基本情况资料。

（2）农业气象资料。

（3）第二次土壤普查的土壤志、土种志及专题报告。

（4）土地利用现状调查报告及基本农田保护区划定报告。

（5）近 3 年农业生产统计文本资料。

（6）土壤肥力监测及田间试验示范资料。

（7）其他文本资料。如水土保持、土壤改良、生态环境建设等资料。

五、其他资料的收集

包括照片、录像、多媒体等资料，内容涉及以下几个方面。

（1）土壤典型剖面。

（2）土壤肥力监测点景观。

（3）当地农业生产基地典型景观。

（4）特色农产品介绍。

具体有以下几项。

成土母质：母质是风化过程的产物，是形成土壤的特质基础，是土壤发生性状、肥力性状和某些障碍性状的重要影响因素，是耕地地力评价的主要因素之一。资料的整理以全国第二次土壤普查资料为依据，整理包括肇县域内所有耕地土壤的母质类型。

水文及水文地质：耕地资源的水文条件，包括地表水资源和地下水文地质。

地表水也称陆地水，它的多少、分布及其季节变化与耕地资源的特性及其利用密切相关。地表水资料的整理包括对河流、湖泊和沼泽等水体资料的整理。

地下水是土壤水分补充的一个主要方面，且对水成或半水成土壤的形成有显著影响，因此，在耕地地力评价中我们重视了地下水资料的整理，包括地下水的埋藏条件、含水层情况、供水与排水水质及水位线等水文地质图表资料。

土壤属性资料的整理：土壤属性是指成土因素共同作用下形成的土壤内在性质和外在形态的综合表现，是成土过程的客观记录，是耕地地力评价的核心内容。土壤属性包括土壤剖面构型、土壤形态特征、土壤自然形态、土壤侵蚀情况、土壤排水状况、土壤化学性状等。

剖面构型：剖面构型是土壤剖面中各种土层组合的总称。剖面构型资料的整理包括对土壤发生层次、土壤质地层次、土壤障碍层次等资料的整理。

土壤形态特征：与耕地地力有关的土壤形态特征包括土层厚度、土壤质地。两者对土壤的水、肥、气、热状况有明显的影响，我们注重其资料的整理。

土壤自然形态：土壤自然形态是指那些在田间表现很不稳定、极易受气候变化和耕地措施等因素影响而变化的土壤性质，其与农业生产密切相关。土壤自然形态资料整理包括土壤干湿度、土壤结持性、土壤孔隙度、容重等资料的整理。

土壤侵蚀情况：土壤侵蚀是指土壤或土体在外营力（水力、风力、冻融或重力）作用下发生冲刷、剥蚀和吹蚀的现象，它是影响耕地地力的主要因素。土壤侵蚀资料的整理包括侵蚀方式、侵蚀形态、侵蚀强度及其危资料的整理。

土壤排水状况：整理包括地形所影响的排水条件和土壤质地与土壤剖面层次所形成的土体内排水条件两个方面的资料，并依据水分在土体中移动的快慢及保持的时间划分为排水稍过量、排水良好、排水不畅、排水极差5种情况。

土壤化学性状：土壤化学性状是耕地地力的重要组成部分。土壤化学性状的整理包括土壤有机质及氮、磷、钾、锌、硼、锰、钼、铜、铁等养分的含量与分级状况以及土壤可溶性盐、pH值等化学性状的含量与分级状况。土壤化学性状的分级参考全国第二次土壤普查的分级标准，结合我县的近年来的实际进行适当调整，并细化划分等级。

耕地利用：由于受自然、经济和社会条件的影响，不同地域的耕地资源具有不同的生产利用方式和结构特征。耕地利用资料的整理包括对作物布局、种植方式及熟制等种植制度及日光温室、塑料大棚等不同设施栽培类型资料的整理。

土地整理：土地整理是农田基本建设水平的反映。土地整理资料包括对地面平整度、灌溉水源类型、输水方式、灌溉方式、灌溉保证率、排涝能力等农田基础设施方面资料的整理。

栽培管理水平：栽培管理水平是耕地土壤培肥水平的反映。其主要内容包括秸秆还田情况、有机肥与化肥施用情况及影响耕层厚度的耕作方式及深度，如翻耕、深松耕、旋耕、耙地、耱地、中耕、镇压、起垄等。

其他：其他资料包括肇州县粮食生产情况、社会经济状况、耕地土壤改良利用措施、特色农产品生产情况等。

第五节　耕地资源管理信息系统建立

一、属性数据库的建立

属性数据库的建立实际上包括两大部分内容。一是相关历史数据的标准化和数据库的建立；二是测土配方施肥项目产生的大量属性数据的录入和数据库的建立。

（一）历史数据的标准化及数据库的建立

1. 数据内容

历史属性数据主要包括县域内主要河流、湖泊基本情况统计表、灌溉渠道及农田水利综合分区统计表、公路网基本情况统计表、县、乡、村行政编码及农业基本情况统计表、土地利用现状分类统计表、土壤分类系统表、各土种典型剖面理化性状统计表、土壤农化数据表、基本农田保护登记表、基本农田保护区基本情况统计表（村）、地貌类型属性表、土壤肥力监测点基本情况统计表等。

2. 数据分类与编码

数据的分类编码是对数据资料进行有效管理的重要依据。编码的主要目的是节省计算机内契空间，便于用户理解使用。地理属性进入数据库之前进行编码是必要的，只有进行了正确的编码，才能使空间数据库与属性数据正确连接。

编码格式有英文字母、字母数字组合等形式。我们主要采用数字表示的层次型分类编码体系，它能反映专题要素分类体系的基本特征。

3. 建立编码字典

数据字典是数据应用的重要内容，是描述数据库中各类数据及其组合的数据集合，也称元数据。地理数据库的数据字典主要用于描述属性数据，它本身是一个特殊用途的文件，在数据库整个生命周期里都起着重要的作用。它避免重复数据项的出现，并提供了查询数据的唯一入口。

（二）测土配方施肥项目产生的大量属性数据的录入和数据库的建立

测土配方施肥属性数据主要包括 3 个方面的内容，一是田间试验和示范数据；二是调查数据；三是土壤检测数据。

测土配方施肥属性数据库建立必须规范，我们按照数据字典进行认真填写，规范了数据项的名称、数据类型、量钢、数据长度、小数点、取值范围（极大值、极小值）等属性。

（三）数据录入与审核

数据录入前仔细审核，数值型资料注意量纲、上下限；地名注意汉字、多音字、繁简体、简全称等问题，审核定稿后再录入。录入后还应仔细检查，经过二次录入相互对照方法，保证数据录入无误后，将数据库转为规定的格式（DBASE 的 DBF 格式文件），再根据数据字典中的文件名编码命名后保存在子目录下。

另外，文本资料以 TXT 格式命名，声音、音乐以 WAV 或 MID 文件保存，超文本以 HTML 格式保存，图片以 BMP 或 JPG 格式保存，视频以 AVI 或 MPG 格式保存，动画以 GIF 格式保存。这些文件分别保存在相应的子目录下，其相对路径和文件名录入相应的属性数据库中。

二、空间数据库的建立

将纸图扫描后，校准地理坐标，然后采用鼠标数字化的方法将纸图矢量化，建立空间数据库。图件扫描的分辨率为 300dpi，彩色图用 24 位真彩，单色图用黑白格式。数字化图件包括：土地利用现状图、土壤图、地形图、行政区划图等。

图件数字化的软件采用 SUPERMAP GIS，坐标系为北京 1954 大地坐标系，高斯投影。比例尺为 1:5 万和 1:10 万。评价单元图件的叠加、调查点点位图的生成、评价单元克里格插值是使用软件平台为 ArcM ap 软件，文件保存格式为 .shp 格式（表 2-2）。

表 2-2 采用矢量化方法，主要图层配置表

序号	图层名称	图层属性	连接属性表
1	土地利用现状图	多边形	土地利用现状属性数据
2	行政区划图	线层	行政区化

（续表）

序号	图层名称	图层属性	连接属性表
3	土壤图	多边形	土种属性数据表
4	土壤采样点位图	点层	土壤样品分析化验结果数据表

三、空间数据库与属性数据库连接

ACR/INFO 系统采用不同的数据模型分别对属性数据和空间数据进行存储管理，属性数据采用关系模型，空间数据采用网状模型。两种数据的连接非常重要。在一个图幅工作单元 Coverage 中，每个图形单元由一个标识码来唯一确定。同时，一个 Coverage 中可以有若干个关系数据库文件即要素属性表，用以完成对 Coverage 的地理要素的属性描述。图形单元标识码是要素属性表中的一个关键字段，空间数据与属性数据以此字段形成关联，完成对地图的模拟。这种关联使 ACR/INFO 的两种数据模型连成一体，可以方便地从空间数据检索属性数据或者从属性数据检索空间数据。

对属性数据与空间数据的连接有 4 种不同的途径。

一是用数字化仪数字化多边形标志点，记录标识码与要素属性，建立多边形编码表，用关系数据库软件 FOXPRO 输入多边形属性。

二是用屏幕鼠标采取屏幕地图对照的方式实现上述步骤。

三是利用 ACR/INFO 的编辑模块对同种要素一次添加标志点再同时输入属性编码。

四是自动生成标志点，对照地图输入属性。

第六节　图件编制

一、耕地地力评价单元图斑的生成

耕地地力评价单元图斑是在矢量化土壤图、土地利用现状图的基础上，在 ArcMap 中利用矢量图的叠加分析功能，将以上两个图件叠加，生成评价单元图斑。

二、采样点位图的生成

采样点位的坐标用 GPS 进行野外采集，在 ArcInfo 中将采集的点位坐标转换成与矢量图一致的北京 1954 坐标。将转换后的点位图转换成可以与 ArcView 进行交换的 .shp shp 格式。

三、专题图的编制

采样点位图在 ARCMAP 中利用地理统计分析子模块中的克立格插值法进行空间插值完成各种养分的空间分布图。其中，包括有机质、有效磷、速效钾、有效锌、耕层厚度、全氮、pH 值等专题图。坡度、坡向图由地形图的等高线转换成 Arc 文件，再插值生成栅格文件生成，土壤图、土地利用图和区划图都是矢量化以后生成专题图。

四、耕地地力等级图的编制

首先利用 ARCMAP 的空间分析子模块的区域统计方法，将生成的专题图件与评价单元图挂接。在耕地资源管理信息系统中根据专家打分、层次分析模型与隶属函数模型进行耕地生产潜力评价，生成耕地地力等级图。

第七节　耕地地力评价基本原理

耕地地力是耕地自然要素相互作用所表现出来的潜在生产能力。耕地地力评价大体可分为以气候要素为主的潜力评价和以土壤要素为主的潜力评价。在一个较小的区域范围内（县域），气候要素相对一致，耕地地力评价可以根据所在区域的地形地貌、成土母质、土壤理化性状、农田基础设施等要素相互作用表现出来的综合特征，揭示耕地综合生产力的高低。

耕地地力评价可用两种表达方法：一是用单位面积产量来表示，其关系式为：

$$Y = b_0 + b_1x_1 + b_2x_2 + \cdots + b_nx_n$$

式中：Y = 单位面积产量；

x_1 = 耕地自然属性（参评因素）；

b_1 = 该属性对耕地地力的贡献率（解多元回归方程求得）。

单位面积产量表示法的优点是一旦上述函数关系建立，就可以根据调查点自然属性的数值直接估算要素，单位面积产量还因农民的技术水平、经济能力的差异而产生很大的变化。如果耕种者技术水平比较低或者主要精力放在外出务工，肥沃的耕地实际量不一定高；如果耕种者具有较高的技术水平，并采用精耕细作的农事措施，自然条件较差的耕地上仍然可获得较高的产量。因此，上述关系理论上成立，实践上却难以做到。

耕地地力评价的另一种表达方法，是用耕地自然要素评价的指数来表示，其关系式为：

$$IFI = b_1x_1 + b_2x_2 + \cdots + b_nx_n$$

式中：IFI = 耕地地力指数；

x_1 = 耕地自然属性（参评因素）；

b_1 = 该属性对耕地地力的贡献率（层次分析方法或专家直接评估求得）。

根据 IFI 的大小及其组成，不仅可以了解耕地地力的高低，而且可以揭示影响耕地地力的障碍因素及其影响程度。采用合适的方法，也可以将 IFI 值转换为单位面积产量，更直观地反映耕地的地力。

第八节　耕地地力评价的原则和依据

本次耕地地力评价是一种一般性的目的的评价，根据所在地区特定气候区域以及地形地貌、成土母质、土壤理化性状、农田基础设施等要素相互作用表现出来的综合特征，揭示耕地潜在生产能力的高低。通过耕地地力评价，可以全面了解肇州县的耕地质量现状，合理调整农业结构；生产无公害农产品、绿色食品、有机食品；针对耕地土壤存在的障碍因素，改造中低产田，保护耕地质量，提高耕地的综合生产能力；建立耕地资源数据网络，对耕地质量实行有效的管理等提供科学依据。

耕地地力的评价是对耕地的基础地力及其生产能力的全面鉴定，因此，在评价时我们遵循3个原则。

一、综合因素研究与主导因素分析相结合的原则

耕地地力是各类要素的综合体现，综合因素研究是对地形地貌、土壤理化性状以及相关的社会经济因素进行综合研究、分析与评价，全面了解耕地地力状况。主导因素是指对耕地地力起决定作用的，相对稳定的因子，在评价中要着重对其进行研究分析。

二、定性与定量相结合的原则

影响耕地地力有定性的和定量的因素，评价时必须把定量和定性评价结合起来。可定量的评价因子按其数值参与计算评价；对非数量化的定性因子要充分应用专家知识，先进行数值化处理，再进行计算评价。

三、采用 GIS 支持的自动化评价方法的原则

充分应用计算机技术，通过建立数据库、评价模型，实现评价流程的全部数字化、自动化。

第九节　耕地地力评价技术路线

通过 GIS 系统平台，采用 ARCVIEW 软件对调查的数据和图件进行数值化处理，最后利用扬州土肥站开发的《全国耕地地力评价软件系统 V2.0》进行耕地地力评价。其简要技术流程如下。

第一步：利用3S 技术，收集整理所有相关历史数据资料和测土配方施肥数据资料，采用多种方法和技术手段，以肇州县为单位建立耕地资源基础数据库。

第二步：从国家耕地地力评价指标体系中，在省级专家技术组的主持下，吸收肇州县专家参加，结合肇州县实际，确定肇州县的耕地地力评价9项指标。

第三步：利用数据化的、标准化的肇州县土壤图和土地利用现状图。确定评价单元。评价单元不宜过细过多，要进行综合取舍和其他技术处理。肇州县共形成评价单元2 481个。

第四步：建立县域耕地资源管理信息系统。全国将统一提供系统平台软件，我们按照统一要求，将第二次土壤普查及相关的图件和数据资料数字化，建立规范的数据库，并将空间数据库和属性数据库建立连接，用统一提供的平台软件进行管理。

第五步：对每个评价单元进行赋值、标准化和计算每个因素的权重。利用隶属函数法，层次分析法确定每个因素的权重。

第六步：进行综合评价并纳入到国家耕地地力等级体系中去（图2－5）。

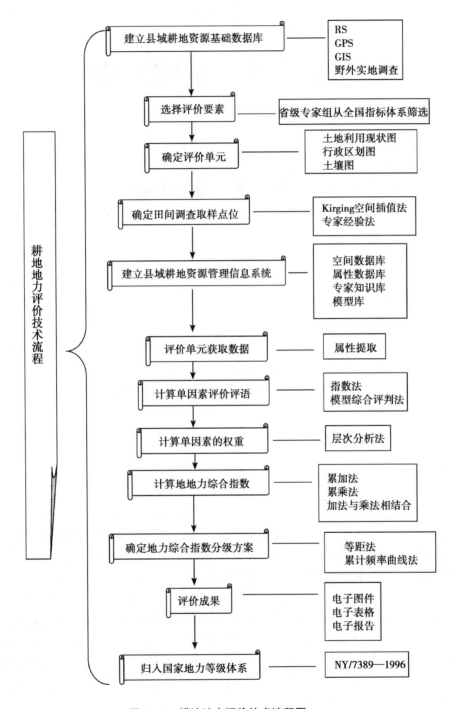

图 2 - 5　耕地地力评价技术流程图

第三章　土壤概况

第一节　成土过程

土壤是在成土因素综合作用下，通过一定的成土过程形成的。这些成土因素包括母质、气候、生物、地形、时间和人为因素。因此，它的发展与自然条件密切相关，同时，人类的生产活动对它又产生广泛而深刻的影响。土壤不仅是历史自然体，也是劳动的产物。农业生产活动对土壤的理化、生物学特性和肥力性状的影响是很大的。我县开垦年限较早，人为生产活动对我县耕地土壤的形成有着重要影响。科学的农业生产活动，会不断地改变土壤不良性质，提高土壤肥力和土地生产能力，促进农作物高产稳产。违背自然规律的农业生产活动，则会导致土壤肥力下降，土壤的理化性状变坏，难以获得高产。

肇州县地形、母质、水文和水文地质情况都很复杂，因此，土壤的成土过程不一。主要有以下几个成土过程。

一、总的成土过程

（一）有机质积累过程

有机质积累过程是土壤形成的重要过程。由于植物的生长，尤其是强大的根系在土层中发育。死后其遗体就遗留在地表和土层中，成为土壤中的有机质。虽然，土壤微生物对有机质分解，但积累大于分解，故土壤中有机质数量越来越多，土壤的肥力也随之越高，这就是有机质的积累过程。不同的生物气候、水文和水文地质条件下，有机质的积累数量、速度形式是不同的。肇州县平地地下水位高，夏季温暖多雨，土壤水分充足，土性凉，有机质分解速度较慢，而且冬季时间长，有机质分解速度更是缓慢，因此，有机质在土壤中积累较多。肇州县岗地地下水位低，虽然夏季温暖多雨，植物生长又较繁茂，根系又比较发达，但因土壤水分条件差，好气性分解较旺盛，故有机质积累数量不如平地多。肇州县洼地地下水位很高，季节性或常年积水，生长着非常茂盛的小叶草、苔草、三棱草和芦苇等沼泽植被。由于水分过多，不利于好气性微生物活动，嫌气性微生物活动占优势，有机质大量积累，表层形成一个分解或未分解的草根层。

（二）碳酸盐的淋溶和淀积过程

碳酸盐是比较容易淋溶和迁移的物质，其淋溶程度与当地的气候、植被类型和母质有关。肇州县土壤成土母质多数都含有碳酸盐，有的含量很多，由于气候干旱少雨，碳酸盐的淋溶程度较少。有的土壤表层碳酸盐基本全部淋失，有的没有全部淋失，仍有石灰反应。碳酸盐的淋溶与积聚过程是：植物残体在被微生物分解过程中产生大量二氧化碳，溶于水中形成碳酸，碳酸与土壤表层的碳酸钙作用，形成重碳酸钙。重碳酸钙溶解度较碳酸钙大，溶于水中的重碳酸钙随下降水流，由土壤表层向下移动。向下移动中随水分的减少，重碳酸钙又变为碳酸钙而淀积于土层中下部，年复一年的淀积而使土壤中下部形成一个碳酸钙聚积层。因碳酸钙含量和土壤类型的不同，有的为假菌丝体，有的为眼状石灰斑或层状。淀积层的厚度和出现部位因土壤类型不同而异，也和母质中原来含碳酸盐多少有重要关系。

（三）草甸化与沼泽化过程

草甸化过程包括潜育化和有机质积累两个过程。潜育化过程就是土体下部水分过多，而且经常处于上升下降的移动状态，也就是土体下部经常发生干湿交替、好气嫌气、氧化还原交替过程，使土体中铁锰等元素，有时被还原而移动，有时被氧化而沉积，使土体构造上呈现出锈斑、铁锰结核以及灰蓝色斑块。我县平地地下水位较高，夏季草甸植被生长繁茂根系密集，有机质在土壤表层积累较多，形成良好的团粒结构。夏季降水多，使地下水位抬高，使土体下部，甚至中部受地下浸润，呈嫌气状态，土壤中的三价氧化物又被还原成二价氧化物。干旱季节，地下水位下降，土体下部又呈好气状态。二价氧化物又被氧化为三价氧化物。在这种干湿交替情况下，土壤中铁、锰氧化物发生移动和局部沉积，使土层中出现铁锈斑和铁锰结核，从而形成了肇州县的草甸土。在多雨年份，尤其是秋季多雨，春季地表化冻后，土体冻层之上可积聚一个水层，即冻层滞水，造成冻层上土层过湿，这对土壤草甸化过程也起一定作用。

沼泽化过程包括有机质积累和潜育化两个过程，由于土体长期渍水氧气缺乏处于嫌气状态，沼泽植物生长繁茂，因此，土壤表层进行强烈的有机质积累过程，形成一个草根层，表层以下进行着潜育化过程，即在还原条件下，土壤中的铁、锰等高价氧化物还原为低价氧化物，使土体变为灰蓝色的潜育层。肇州县南部低洼地和部分泡沼地区，由于常年或季节性积水，土壤过湿，呈嫌气状态，地面生长着繁茂的小叶草、芦苇等草甸沼泽植被，因而进行着草甸沼泽化过程，形成肇州县的草甸沼泽土。

（四）苏打盐渍化过程

盐渍化过程就是盐分在土体中的积聚过程，肇州县南部积水地带和岗地以外，平地和低洼地普遍存在苏打盐渍化过程，有的已成为苏打盐渍化土壤，如苏打盐化草甸土等。碳酸盐草甸土等非盐渍化土壤，土体中也多少含有苏打等可溶性盐分，证明也有较弱的盐渍化过程。

肇州县土壤盐分来源及苏打盐渍化的成因有以下几点：①成土母质多少含有苏打；②地下水矿化度较大，达 $0.5 \sim 3g/L$，而其组成以 $HCO_3^- + CO_3^{2-} - N_a^+$ 型为主；③地下水位高，处于临界水位；④气候干旱，蒸发量大，尤其是春秋两季；⑤江堤隔绝了外水，也堵塞了洪水冲洗盐碱的作用；⑥草原退化，覆盖率低，变水分主要由叶面蒸腾为地面蒸发，加重了盐分在土壤表层的积累。农田由于地面缺覆盖层，加上耕作管理不善，土地不平整，灌排工程不配套，而加重了盐渍化。因此，肇州县平地土壤有盐渍化扩大和土壤盐分加重的趋势。

盐随水来，盐存水走，是土壤盐分运动的规律，肇州县土壤盐分有明显的季节性变化，这是肇州县的气候特点所决定的。春末夏初（3月末至6月中旬）是土壤表层的主要积盐季节。此时，正是干旱季节，冻层聚积的盐分随毛管水上升至土壤表层，水分蒸发而盐分聚积起来。肇州县有些土壤地下水位在临界水位以下，仍有盐渍化过程，这是由于冻层接力积盐的作用所致。其积盐过程大致是：地下水位较低，毛管水上升，只能升到土壤中下层。冬季气温降到零下以后，土壤表层开始结冻，土壤空气上部绝对湿度降低，下部湿度仍然很高。土层上下部分形成一个水蒸气压差梯度，即上部水气压低，下部高，故水蒸气通过土壤孔隙不断扩散到冻层，而又不断凝聚冻解，使土壤上层冻层水分不断地增加，这样毛管水不断蒸发而又不断的补充，盐分因而也就不断的积聚在土层中下部，一直到冻层不断加深冻结为止。春季开始解冻，地表到冻层毛管水全部接通，地表水分不断蒸发，毛管水就不断把水运送到土壤表层，盐分也随之在表层中积聚起来。这就是土壤冻层接力积盐的过程。夏末秋初（6月下旬至9月上旬）雨水较大，土壤表层盐分随水下渗，这是我县的主要脱盐季节。秋末冬初（9月中旬至11月初），降雨减少，有较明显的积盐过程。冬季土壤结冻，土层上部盐分基本处于稳定状态，下部土层仍继续积盐，这是春季土壤表层积盐的盐源。总的看肇州县平地土壤盐分积累大于淋溶，积盐是主要过程。

（五）土壤的熟化过程

开垦耕种之后，土壤不仅受自然成土因素的影响，又受人类活动的影响。人类活动的这种影响，随着社会生产力的发展，农业科学技术的进步而日益加深加强。人类通过不断的耕作、施肥、灌溉、排水和其他改良措施，充分利用土壤的有利方面，克服和改造不利方面，从而使土壤在土体构造、理化性状和肥力特性上发生很大变化。肇州县开垦历史不长，但人们从事农事活动对土壤的影响也是很深刻的，耕作土壤的变化也是很大的，其表现：一是土体构造上，通过耕作土体上部出现了两个新的层次。表层为疏松多孔，通气透水好，物质转化快，水分养分供应较多的耕作层。其下为通气透水性差，坚硬的犁底层。随着农业机械广泛使用，旧犁底层被打破，耕作层加厚，其下又形成新的犁底层。二是理化性状和肥力水平有很大改变。土壤开垦以后，人们的农事活动如耕作等主要在耕作层上进行，因此，此层土质疏松，土壤好气性微生物活动旺盛，加速了有机质的分解和养分的释放，不断供应农作物生长发育的需要。实行垄作、排水和施热性肥料，从而提高了地温，使土壤变为热潮。黏性土掺沙改良，改善了土壤耕性，增强了通气透水性能。沙性土掺黏性土，增强了土壤的保水保肥能力。总之，通过耕作、施肥、排水和客土改良等农业技术措施，改变了自然土壤有机质多，土性生、冷、湿、黏、沙等特性，变为热潮、耕性好、松紧适宜、结构好、保水保肥强和供肥能力强的肥沃土壤。

二、肇州县土壤的形成过程

（一）黑钙土

肇州县气候干旱，自然植被长势较差，土壤的腐殖化过程弱，钙积化过程强，是黑钙土形成的基本特点。

在肇州县东部昌五台地的局部缓岗和波状低平原的平岗地，是黄土状成土母质，地势较高，排水条件好，地下水埋深一般 8～10m，矿化度较低，水质属钙质重碳酸盐类，土壤形成不受地下水活动的直接影响，由于气候干旱，土体中的石灰淋溶较弱，大部分钙与植物残体分解过程中产生的碳酸结合成碳酸钙呈白色假菌丝状在心土或心土层以下的土层中淀积，形成一个明显的碳酸钙聚积层。自表层就有石灰反应。土壤发育具有明显的碳酸盐黑钙土特征。

在昌五台地末端和低平原，地势平缓处，地下水位较高一般在 4～6m，地下水对碳酸盐黑钙土底部有不同程度的影响。而现代成土过程。主要是地下水周期性升降活动，使底土发生明显的氧化还原作用，形成锈斑和铁锰结核。土壤在进行明显的钙积化过程同时，又复加草甸化过程，草甸便发育成了碳酸盐草甸黑钙土。

（二）草甸土

在肇州县低平原的缓坡处和碟形洼地，由于地势低洼，土壤中地下水位高，一般在 2～4m，因此，地下水直接参与土壤形成过程，有明显的草甸化作用。在降水季节，地下水抬高，使受地下水浸润的底层土壤，氧化还原电位低，处于嫌气状态，三价氧化物还原成二价氧化物；在干旱季节，地下水位下降，二价氧化物又氧化成三价氧化物。在土壤干湿交替状态下，使土壤中铁、锰化合物时常发生移动或局部淀积，在土壤剖面中出现锈斑和铁锰结核。在低洼地区的地下水也承受了附近高地携带来的风化与成土作用的溶解性产物，除土壤中积聚铁锰等化合物外，也有较多数量的硅酸和微量元素的累积。在土壤剖面中的融冻水也参加了土壤的形成过程。因冻层上部融化后，受下部冻层的阻隔，使土层上部积聚一临时滞水层，在交替的土壤氧化还原状况下，使土层的上部也出现铁子。

草甸土由于地势低洼，土壤水分充足，草甸草原植物生长旺盛，有明显的腐殖化过程。

肇州县低平原缓坡处的草甸土，与碳酸盐草甸黑钙土呈复区，在碳酸盐的影响下，土体中含有碳酸盐，因而发育成为碳酸盐草甸土；在碟形洼地中的草甸土，与草甸盐土、草甸碱土呈复区。随着地下水的矿化度提高和通过土壤的强烈蒸发作用，土壤剖面中开始累积盐分，出现盐渍化过程，形成了盐渍化草甸土——盐化草甸土或碱化草甸土。

1. 盐化、碱化草甸土成土条件与过程

肇州县地形特点是低平原闭流区，大雨后产生地表径流除部分水流入坑泡外，大部分汇聚于碟形洼地中，这些水分主要通过蒸发，进行散失。由于强烈的蒸发浓缩作用的结果，水中含有大量的盐分，促进土壤中的盐分累积。

肇州县碟形洼地的成土母质为苏打盐化淤积物，质地较黏，渗透性差，为盐分累积创造了条件；地下水矿化度较高，一般为 0.5～2.0g/kg，盐分组成较为复杂，在阴离子中除富含碳酸根外，氯和硫酸根也有一定累积，在阳离子中缺钙富钠，形成 $HCO_3 - NaCl - HCO_3 - Na$ 或 $SO_4 - HCO_3 - Na$ 型水。局部低洼地还有高矿化度的 Na 型水。深层地下水（白垩纪层）矿化度较高，一般为 3.0～8.0g/kg，最高 20～30g/kg，阴离子以 Cl^-、HCO_3、CO_3 及 CO_3^- 占优势，SO_4 最少，阳离子以 Na^+ 最高，Ca^+、Mg^+ 较少，这对本区的土壤的苏打盐渍化的形成过程颇有关系。在碟形洼地上，分布着碱蓬群丛、星星草群丛和芦苇群丛，覆盖度较小，土壤表层有大量盐分累积，形成盐土；在小地形稍高处，土壤表层脱盐化，而形成了碱土。

2. 盐分的来源、累积的移动

（1）盐分的来源。苏打是本区的主要盐分组成。苏打的来源主要有两个方面。

一是岩石风化过程形成的苏打。在火成岩中含有长石的岩石，都含有 $NaAlO_2—NaSiO_3$ 和 $NaHSiO_3$，与水和碳酸盐作用形成苏打，其反应式：

$$NaAlO_2 + H_2O + H_2CO_3 \rightarrow Al(OH)_3 + NaHCO_3$$

$$Na_2SiO_3 + H_2CO_3 \rightleftharpoons Na_2CO_3 + SiO_2 \cdot H_2O$$

二是受深层承压水的影响，深层地下水（白垩纪层）以苏打占优势。可见本区是以苏打盐化为主，但在低洼地，也有氯化物和硫酸盐类。

（2）地形对盐分累积与迁移的影响。盐分的迁移与累积是随地表水和地下水由高向低汇集的，微域地形起伏能导致土壤水分盐分重新分配，形成各种类型的盐渍土。如碟形洼地有3种盐渍化土壤，稍高处分布着苏打浅位柱状碱土或苏打碱化草甸土，平缓处为苏打草甸盐土或苏打盐化草甸土。微域地形不仅影响土壤盐分累积，而且也影响地下水的盐化状况。如洼池地边缘土下的地下水矿化度大，而洼地盐化草甸土下的地下水矿化度较小（表2－3）。

表2－3　微域地形对地下水矿化度的影响

微域地形部位	海拔高度（m）	深度（m）	蒸发残渣（％）	各离子含量（g/kg）						
				CO_3	HCO_3	D	SO	（mg）	ca	Na^+k^+
微域地形顶部	160.70	3.45	0.68	0.049	0.559	0.009	0.006	0.021	0.011	0.204
微域地形封闭洼地边缘	160.29	2.70	1.088	0.134	0.889	0.006	0.013	0.039	0.017	0.356
封闭洼地最低部	160.00	2.60	0.871	无	0.939	0.008	0.016	0.042	0.031	0.250

第二节　肇州县土壤分类系统

肇州县土壤分类的原则与依据，按《黑龙江省土壤分类方案》（第二次土壤普查）全县土壤共分为4个土类，8个亚类，12个土属，33个土种。分类系统，见表2－4。

表2－4　肇州县土壤分类系统表（二次土壤普查）

土类	亚类	土属	土种	地形	植枝	地下水	成土过程	备注
黑钙土	碳酸盐黑钙土	碳酸盐黑钙土	按黑土层厚度划分：薄层<20cm 中层20～40cm 厚层>40cm	波状平原中高岗地	长芒羽毛西伯利亚蒿群落	10～12m	腐残质积累过程，钙的积累过程，B层钙聚积明显	
	草甸黑钙土	碳酸盐草甸黑钙土	按黑土层厚度划分：薄层<20cm 中层20～40cm 厚层>40cm	波状平原中低岗地，或平岗地	同上	5～8m	腐殖质积累过程，钙的移动和聚积过程。复加草甸化过程	

（续表）

土类	亚类	土属	土种	地形	植枝	地下水	成土过程	备注
	碱化草甸土	苏打碱化草甸土	按黑土层厚度和碱化层厚度划分： 薄层 <25cm 中层 25~40cm 厚层 >40cm 高位：B1 层 0~20cm 中位：B1 层 20~40cm 深位：B1 层 >40cm	波状平原低洼地稍高处或湖岸缓坡稍高处	星星草、羊草群落	1~1.5m	草甸化和碱化过程	
草甸土	盐化草甸土	苏打盐化草甸土	按黑土层厚度和含盐量划分： 薄层：<15cm 中层：15~25cm 厚层：>25cm 0~40cm 土层总盐量： 轻度：0.1%~0.15% 中度：0.15%~0.2% 重度：0.2%~0.4%	波状平原低洼地。	羊草群落	1~2m	同上	0~40cm 土层中苏打含量：百克土 1~4mg 当量
		硫酸盐化草甸土	同上		同上	同上	同上	0~40cm 土层中硫酸根含量：百克土 4mg 当量
		氯化物盐化草甸土	同上	同上	星星草、三棱草群落	同上	同上	0~40cm 土层中，百克土氯化物含量在 1~4mg 当量

（续表）

土类	亚类	土属	土种	地形	植枝	地下水	成土过程	备注
草甸土	碳酸盐草甸土	碟形洼地碳酸盐草甸土	按黑土属厚度划分：薄层<25cm 中层25～40cm 厚层>40cm	波状平原低洼地缓坡处或蝶形洼地缓坡处	杂草群落	3～5m	草甸化过程复加碳酸盐聚积过程	0～40cm土层中水溶性盐类总量>10%
碱土	草甸碱土	苏打草甸碱土	按碱化层出现的部位划分：结皮苏打化甸碱土盐结皮1～2cm，下为碱化层 浅位柱状苏打化甸碱土草根层2～5cm，下为碱化层	波状平原稍高处	碱草，虎尾草群落	2～4m	碱化过程	
盐土	草甸盐土	苏打草甸盐土	按0～40cm土层中总盐量划分：轻度0.5%～1%；中度1%～1.5%；强度>1.5%	波状平原低洼地缓坡处	光板地，边缘有碱蓬和星星草	2～3m	盐化过程	水溶性盐类，阳离子中 $Na^+ > Ca$ 阴离子中Ca^->40%
		硫酸盐草甸盐土	按0～40cm土层中总盐量划分：轻度0.5%～1%；中度1%～1.5%；强度>1.5%	同上	光板地	同上	同上	水溶性盐类，阳离子中 $Na^+ > Ca$ 阴离子中SO_4^{2-}<40%
		氯化物草甸盐土	按0～40cm土层中总盐量划分：轻度0.5%～1%；中度1%～1.5%；强度>1.5%	湖漫滩	同上	1～2m	同上	水溶性盐类，阳离子中 $Na^+ > Ca$ 阴离子中Cl^->40%
		沼泽苏打盐	积水沼泽化苏打盐土	内陆湖边缘	三棱草苇子群落	地表积水	盐化和沼泽化过程	水溶性盐类总量0.5%～0.7%；pH值8.5～9

肇州县按照现行的土壤分类标准，肇州县的土壤共分为2个土纲（钙层土和半水成土），2个亚纲（半湿温钙层土和暗半水成土），2个土类（黑钙土和草甸土），6个亚类（石灰性黑钙土、草甸黑钙土、石灰性草甸土、盐化草甸土、碱化草甸土和潜育草甸土），7

个土属（黄土质石灰性黑钙土、石灰性草甸黑钙土、黏壤质石灰性草甸土、壤质石灰性草甸土、苏打盐化草甸土、苏打碱化草甸土、和石灰性潜育草甸土），14个土种（薄层黄土质石灰性黑钙土、中层黄土质石灰性黑钙土、厚层黄土质石灰性黑钙土、薄层石灰性草甸黑钙土、中层石灰性草甸黑钙土、厚层石灰性草甸黑钙土、薄层黏壤质石灰性草甸土、中层黏壤质石灰性草甸土、厚层黏壤质石灰性草甸土、轻度苏打盐化草甸土、中度苏打盐化草甸土、重度苏打盐化草甸土、浅位苏打碱化草甸土、和中层石灰性潜育草甸土）（表2-5）。

表2-5　肇州县土壤分类系统表

土纲	亚纲	土类		亚类		土属		原土种（二次普查时）		新土种（地力评价时）	
		代码	名称	代码	名称	代码	名称	原代码	原名称	新代码	新名称
钙层土	半湿温钙层土	6	黑钙土	603	石灰性黑钙土	60303	黄土质石灰性黑钙土	$I_{1\sim101}$	薄层碳酸盐黑钙土	6030303	薄层黄土质石灰性黑钙土
								$I_{1\sim102}$	中层碳酸盐黑钙土	6030302	中层黄土质石灰性黑钙土
								$I_{1\sim103}$	厚层碳酸盐黑钙土	6030301	厚层黄土质石灰性黑钙土
				604	草甸黑钙土	60404	石灰性草甸黑钙土	$I_{2\sim101}$	薄层碳酸盐草甸黑钙土	6040403	薄层石灰性草甸黑钙土
								$I_{2\sim102}$	中层碳酸盐草甸黑钙土	6040402	中层石灰性草甸黑钙土
								$I_{2\sim103}$	厚层碳酸盐草甸黑钙土	6040401	厚层石灰性草甸黑钙土

（续表）

土纲	亚纲	土类代码	土类名称	亚类代码	亚类名称	土属代码	土属名称	原土种（二次普查时）		新土种（地力评价时）	
								原代码	原名称	新代码	新名称
半水成土	暗半水成土	8	草甸土	802	石灰性草甸土	80203	黏壤质石灰性草甸土	IV$_{1\sim101}$	浅位苏打碱化草甸土	8020303	薄层黏壤质石灰性草甸土
								IV$_{1\sim102}$	中位苏打碱化草甸土	8020302	中层黏壤质石灰性草甸土
								IV$_{1\sim103}$	深位苏打碱化草甸土	8020301	厚层黏壤质石灰性草甸土
							壤质石灰性草甸土	IV$_{3\sim101}$	薄层碳酸盐草甸土	8020303	薄层黏壤质石灰性草甸土
								IV$_{3\sim102}$	中层碳酸盐草甸土	8020302	中层黏壤质石灰性草甸土
								IV$_{3\sim103}$	厚层碳酸盐草甸土	8020301	厚层黏壤质石灰性草甸土
				806	碱化草甸土	80601	苏打碱化草甸土	II$_{1\sim101}$	浅位柱状苏打草甸碱土	8060103	浅位苏打碱化草甸土
								II$_{1\sim102}$	结皮苏打草甸碱土	8060103	浅位苏打碱化草甸土
				805	盐化草甸土	80501	苏打盐化草甸土	IV$_{2\sim101}$	轻度苏打盐化草甸土	8050101	轻度苏打盐化草甸土
								IV$_{2\sim102}$	中度苏打盐化草甸土	8050102	中度苏打盐化草甸土
								IV$_{2\sim103}$	重度苏打盐化草甸土	8050103	重度苏打盐化草甸土
								III$_{1\sim101}$	轻度苏打草甸盐土	8050101	轻度苏打盐化草甸土
								III$_{1\sim102}$	中度苏打草甸盐土	8050102	中度苏打盐化草甸土
								III$_{1\sim103}$	强度苏打草甸盐土	8050103	重度苏打盐化草甸土
								III$_{1\sim201}$	轻度硫酸盐草甸盐土	8050101	轻度苏打盐化草甸土
								III$_{1\sim202}$	中度硫酸盐草甸盐土	8050102	中度苏打盐化草甸土
								III$_{1\sim203}$	强度硫酸盐草甸盐土	8050103	重度苏打盐化草甸土
								III$_{1\sim301}$	轻度氯化物草甸盐土	8050101	轻度苏打盐化草甸土
								III$_{1\sim302}$	中度氯化物草甸盐土	8050102	中度苏打盐化草甸土
								III$_{1\sim303}$	强度氯化物草甸盐土	8050103	重度苏打盐化草甸土
				804	潜育草甸土	80403	石灰性潜育草甸土	III$_{2\sim101}$	积水沼泽化苏打盐土	8040302	中层石灰性潜育草甸土

第三节 土壤分布规律

肇州县土壤是黑土与栗钙土之间的过渡地带土壤。各类土壤多呈复区分布，但复区界线较为明显，石灰性黑钙土与石灰性草甸黑钙土复区分布在波伏平原的平岗地与缓坡处；平岗地与低洼地之间的缓坡末端是石灰性草甸土、盐渍化草甸土复区；在碟形洼地中分布着石灰性草甸土与盐渍化土壤的复区。肇州县的土壤分布以复区为主，如群众所说，是一步三换土的地区（图2－6至图2－9，表2－6、表2－7）。

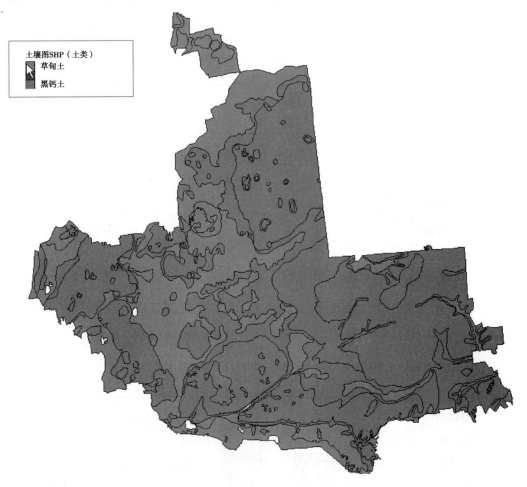

图2－6 肇州县土壤分布示意图

表 2 - 6　肇州县各类土壤面积及利用统计（二次土壤普查）

土壤名称	面积（亩）	耕地		林地面积（亩）	草原面积（亩）	其他面积（亩）
		面积（亩）	占农用地（%）			
碳酸盐黑钙土	1 938 983.27	1 579 951.21	73.4	115 106.91	6 303.19	237 621.96
碳酸盐草甸黑钙土	510 597.79	416 523.33	19.4	26 061.39	6 090.67	61 922.4
碳酸盐草甸土	237 077.51	99 773.34	4.6	1 448.5	126 055.36	2 769.31
苏打盐化草甸土	202 264.82			250	202 062.50	199.82
苏打碱化草甸土	459 343.95	490.56	0.02	42.86	456 819.55	1 996.98
沼泽化苏打盐土	56 893.14				56 893.14	
草甸盐土	127 290.73	34 003.37	1.5	7.42	149 599.72	573.66
草甸碱土	151 284.22	21 257.16	0.09	10.37	129 801.42	215.07

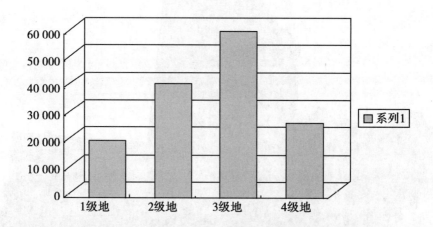

图 2 - 7　肇州县各级耕地等级柱状图

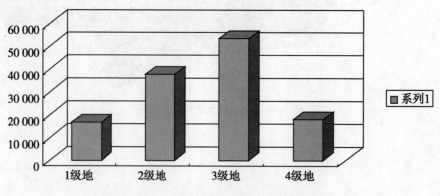

图 2 - 8　肇州县黑钙土耕地等级柱状图

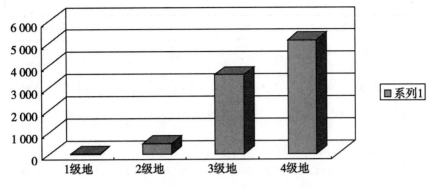

图 2 - 9　肇州县草甸土地力等级示意图

表 2 - 7　各类土壤面积及利用统计表

肇州县耕地土壤地力等级统计表

（单位：hm²）

土类、亚类、土属和土种名称	等级1		等级2		等级3		等级4		合计
	面积	占总面积（%）	面积	占总面积（%）	面积	占总面积（%）	面积	占总面积（%）	
	16 674.24	12.35	38 205.79	28.29	56 959.06	42.18	23 188.46	17.17	135 027.55
一、黑钙土	16 660.31	12.34	37 728.53	27.94	53 388.02	39.54	18 059.69	13.37	125 836.55
（一）草甸黑钙土亚类	32.25	0.02	160.21	0.12	10 952.32	8.11	15 978.01	11.83	27 122.79
石灰性草甸黑钙土土属	32.25	0.02	160.21	0.12	10 952.32	8.11	15 978.01	11.83	27 122.79
（1）薄层石灰性草甸黑钙土	0.00	0.00	18.43	0.01	5 229.01	3.87	7 680.77	5.69	12 928.21
（2）中层石灰性草甸黑钙土	32.25	0.02	141.78	0.11	4 776.49	3.54	7 902.52	5.85	12 853.04
（3）厚层石灰性草甸黑钙土	0.00	0.00	0.00	0.00	946.82	0.70	394.72	0.29	1 341.54
（二）石灰性黑钙土亚类	16 628.06	12.31	37 568.32	27.82	42 435.70	31.43	2 081.68	1.54	98 713.76
黄土质石灰性黑钙土土属	16 628.06	12.31	37 568.32	27.82	42 435.70	31.43	2 081.68	1.54	98 713.76
（1）薄层黄土质石灰性黑钙土	3 883.80	2.88	12 532.81	9.28	18 930.92	14.02	1 410.90	1.04	36 758.43
（2）中层黄土质石灰性黑钙土	6 511.65	4.82	17 606.27	13.04	21 323.80	15.79	428.60	0.32	45 870.32
（3）厚层黄土质石灰性黑钙土	6 232.61	4.62	7 429.24	5.50	2 180.98	1.62	242.18	0.18	16 085.01

（续表）

土类、亚类、土属和土种名称	等级1		等级2		等级3		等级4		合计
	面积	占总面积（%）	面积	占总面积（%）	面积	占总面积（%）	面积	占总面积（%）	
二、草甸土类	13.93	0.01	477.26	0.35	3 571.04	2.64	5 128.77	3.80	9 191.00
（一）石灰性草甸土亚类	13.93	0.01	477.26	0.35	3 568.05	2.64	5 125.67	3.80	9 184.91
黏壤质石灰性草甸土土属	13.93	0.01	477.26	0.35	3 568.05	2.64	5 125.67	3.80	9 184.91
（1）薄层黏壤质石灰性草甸土	0.00	0.00	92.48	0.07	2 219.80	1.64	4 406.78	3.26	6 719.06
（2）中层黏壤质石灰性草甸土	13.93	0.01	384.78	0.28	1 348.25	1.00	718.89	0.53	2 465.85
（二）潜育草甸土亚类	0.00	0.00	0.00	0.00	2.99	0.00	3.10	0.00	6.09
石灰性潜育草甸土土属	0.00	0.00	0.00	0.00	2.99	0.00	3.10	0.00	6.09
中层石灰性潜育草甸土	0.00	0.00	0.00	0.00	2.99	0.00	3.10	0.00	6.09

第四节　土壤类型概述

一、黑钙土的形态特征

肇州县的黑钙土是发育在富含石灰的黄土状母质上的地带性土壤，所占面积较大，是我县的主要耕地土壤。按土壤的形成条件，形成过程及属性，本县黑钙土划分为石灰性黑钙土和石灰性草甸黑钙土2个亚类。

（一）石灰性黑钙土

肇州县的石灰性黑钙土面积为 129 265.5 hm²，其中，耕地面积 105 330.1 hm²，占81.5%。主要分布在平岗地，海拔 160~220m。由于局部地势较高，地下水位低，成土过程已脱离地下水的影响，故有一定的淋溶作用，游离碳酸钙有不同程度的淀积于过渡层和B层，而使这两个层次中的假菌丝体，特别是B层中多而明显。

肇州县的石灰性黑钙土的黑土层薄厚不一，又可分为灌、中、厚3个土种。下面仅以薄层石灰性黑钙土为例，详述其剖面特征。

A层0~15cm，浅棕灰色，粒状结构，中壤土，根系较多，土体稍紧，有石灰反应，向下逐渐过渡。

AB 层 15～45cm，灰棕色，团块状结构土体稍紧，重壤土，有少量根系和假菌丝体，有强石灰反应，向下逐渐过渡。

B 层 45～90cm，浅黄棕色，小核块——核块状结构，土体稍紧实，为重壤土，有大量的假菌丝，有强石灰反应，向下逐渐过渡。

BC 层 90～125cm，棕色，核块状结构，土体紧实，为重壤土，有大量假菌丝体，有强石灰反应，向下逐渐过渡。

C 层 125～143cm，棕黄色，层状结构，碎时成块状，土体坚实，为黏壤土，有假菌丝体，有强石灰反应。

（此剖面采于二井镇民主村南 500m 处）

由于肇州县气候干旱，自然植被生长较差，碳酸盐黑钙土腐殖层厚度较薄，一般在15～25cm，有机质含量在2%左右。表土颜色较浅，自表层开始就有石灰反应。局部高岗地风蚀严重。

薄、中厚层石灰性黑钙土的机械组成、物理性状，土壤养分储量化验结果，见表2-8至表2-16。

表2-8 薄层石灰性黑钙土机械分析

取土地点	土层号	取土深度（cm）	土壤各粒含级含量（%）				粒径（mm）		
			0.25/0.05	0.05/0.01	0.01/0.005	0.005/0.001	<0.001	物理黏粒	物理沙粒
丰林乡民主村北	A	5～15	24.5	37.2	7.5	12.7	18.1	38.3	61.7
	Ag	20～23	21.1	36.2	6.4	13.9	22.4	42.7	57.3
	AB	30～40	18.1	37.2	7.5	13.8	23.4	44.7	55.3
	B	80～90	21.7	38.1	6.4	10.5	23.3	40.2	59.8
	C	150～160	27.0	39.2	5.2	7.4	21.2	33.8	66.2

表2-9 薄层石灰性黑钙土的物理性状

取土地点	土层号	取土深度（cm）	容重（g/cm³）	总孔隙度（%）	田间持水量（%）	毛管孔隙度（%）	通气孔隙度
丰林民主村北	A	0～20	1.29	52.22	43.55	43.70	8.5
	AB	20～50	1.26	53.37	47.15	44.57	8.8
	B	50～120	1.35	48.05	44.36	40.75	7.3
	C	120～170	1.42	43.20	45.08	38.00	5.2

表 2 – 10　薄层石灰性黑钙土的养分含量

取地地点	土层号	取土深度（cm）	有机质（%）	酸碱度（pH值）	盐基总量	全氮（%）	全磷（%）	速效磷（mg/kg）	碱解氮（mg/kg）	代换量（1Me/100g）
丰林乡民主村北	A	5～15	2.17	8.4	0.0075	0.15	0.072	7	194.3	20.88
	Ag	20～23	2.3	8.3	0.006	0.18	0.076	5	194.3	20.11
	AB	30～40	1.64	8.4	0.007	0.145	0.072	8	115.9	
	B	80～90	0.56	8.5	0.006	0.046	0.060	5	71.6	
	C	150～160	0.43	8.8	0.0045	0.04	0.056	5	57.9	16.28

表 2 – 11　中层石灰性黑钙土机械分析

取土地点	土层号	取土深度（cm）	土壤各粒含级含量（%）				粒径（mm）		
			0.25/0.05	0.05/0.01	0.01/0.005	0.005/0.001	<0.001	物理黏粒	物理沙粒
	A	10～15	25.58	34.58	4.59	14.67	20.33	39.24	60.41
	AB	30～40	22.45	33.30	6.95	11.83	25.39	44.17	55.83
	B	80～90	18.87	33.51	6.95	25.31	15.32	47.58	52.42
	C	130～140	21.62	22.41	5.99	6.97	42.93	55.89	44.11

表 2 – 12　中层石灰性黑钙土的物理性状

取土地点	土层号	取土深度（cm）	容重（g/cm³）	总孔隙度（%）	田间持水量（%）	毛管孔隙度（%）	通气孔隙度
	A	0～30	1.27	53.00	46.52	45.29	7.71
	AB	30～75	1.32	50.19	51.73	42.83	7.36
	B	75～165	1.38	47.00	45.64	40.13	6.87
	C	165	1.44	45.06	40.21	39.71	5.95

表 2 – 13　中层石灰性黑钙土的养分含量

取地地点	土层号	取土深度（cm）	有机质（%）	酸碱度（pH值）	盐基总量	全氮（%）	全磷（%）	速效磷（mg/kg）	碱解氮（mg/kg）	代换量（1Me/100g）
	A	10～15	2.164	8.5	0.006	0.142	0.075	2.6	141.5	
	AB	30～40	1.08	8.5	0.025	0.083	0.055	2.1	69.1	
	B	80～90	0.446	8.5	0.007	0.046	0.079	3.5	39.9	
	C	130～140	0.376	8.5	0.007	0.036	0.078	3.1	4.01	

表 2 – 14 厚层石灰性黑钙土机械分析

取土地点	土层号	取土深度（cm）	土壤各粒含级含量（%）				粒径（mm）		
			0.25/0.05	0.05/0.01	0.01/0.005	0.005/0.001	<0.001	物理黏粒	物理沙粒
	A	0～10	21.08	40.57	6.93	8.96	22.17	38.06	61.94
	AB	50～60	15.56	37.73	5.98	19.48	21.15	46.61	53.39
	B	110～120	9.98	40.00	6.56	27.91	15.49	49.96	50.04
	C	150～160	22.42	32.73	6.88	22.74	15.17	44.79	55.21

表 2 – 15 厚层石灰性黑钙土的物理性状

取土地点	土层号	取土深度（cm）	容重（g/cm³）	总孔隙度（%）	田间持水量（%）	毛管孔隙度（%）	通气孔隙度
	A	0～45	1.23	50.19	48.65	42.36	7.83
	AB	45～90	1.33	49.81	47.78	42.22	7.59
	B	90～110	1.25	54.00	35.86	45.17	8.83
	C	110～170	1.46	44.91	40.19	38.23	6.68

表 2 – 16 厚层石灰性黑钙土的养分含量

取土地点	土层号	取土深度（cm）	有机质（%）	酸碱度（pH值）	盐基总量	全氮（%）	全磷（%）	速效磷（mg/kg）	碱解氮（mg/kg）	代换量（1Me/100g）
	A	0～10	1.799	8.3	0.007	0.123	0.091	6.1	174.0	
	AB	50～60	0.991	8.2	0.005	0.042	0.072	4.2	60.2	
	B	11～120	0.282	8.2	0.005	0.031	0.042	6	39.2	
	C	150～160	0.413	8.6	0.005	0.091	0.090	1.3	30.7	

从表 2 – 8 至表 2 – 16 中可见，石灰性黑钙土是壤土类型，全剖面的土壤容重在 1.3g/cm³ 左右，土壤坚实度为适中；土壤总孔隙较大，但田间持水量不高，容易干旱，特别在肇州县春季降雨少，气温高，风多风大的气候条件下，常常难抓苗。

石灰性黑钙土的耕地，虽然有机质和全氮含量不高，但碱解氮和速效钾含量还较多。全磷和速效磷不足，在施肥上应着重补磷。

（二）石灰性草甸黑钙土

肇州县的石灰性草甸黑钙土面积为 34 039.8hm²，其中，耕地 27 768.2hm²，占 81.5%，主要分布在低平地上，常与盐渍化土壤呈复区。由于地势较低，地下水位较高，地下水参与了成土过程，心土层以下土体含水量尚高，可为深根作物作用，故抗旱能力比石灰性黑钙土强。地下水位 5m 左右，春季有局部石灰性草甸黑钙土返盐霜，不利于耐盐弱的作物抓苗。

肇州县的石灰性草甸黑钙土按黑土层厚度，可以分为薄、中、厚 3 个土种。但厚层石灰性草甸黑钙土面积较小，下面详述薄，中层两个土种的形态和性质（表 2 – 17 至表 2 – 25）。

表 2-17　薄层石灰性草甸黑钙土机械组成分析

取土地点	土层号	取土深度（cm）	土壤各粒含级含量（%）					粒径（mm）		
			1/0.25	0.25/0.05	0.05/0.01	0.01/0.005	0.005/0.001	<0.001	物理黏粒	物理沙粒
	A	0~10	29.36	30.87	16.30	2.79	5.18	15.5	23.47	76.53
	AB	30~40	20.40	53.22	10.37	1.08	3.50	11.43	16.01	83.99
	B	60~70	11.20	82.77	2.69	0.58	0.40	2.36	3.34	96.66
	C	110~120	3.84	74.94	9.22	1.15	2.59	8.27	12.01	87.99

表 2-18　薄层石灰性草甸黑钙土物理性状

取土地点	土层号	取土深度（cm）	容重（g/cm³）	自然含水量（%）	毛管含水量（%）	田间持水量（%）	毛管孔隙度（%）	非毛管孔隙度（%）	总孔隙度（%）
	A	0~20	1.19	15.41	41.3	45.64	48.91	6.99	55.90
	AB	20~80	1.36	16.74	32.9	41.53	41.73	6.27	48.00
	B	80~130	1.53	17.19	26.1	38.91	35.81	6.19	42.00
	C	130~170	1.56	21.96	25.1	38.97	35.35	5.78	41.13

表 2-19　薄层石灰性草甸黑钙土的养分含量

取土地点	土层号	取土深度（cm）	有机质（%）	酸碱度（PH）	盐基总量	全氮（%）	全磷（%）	速效磷（mg/kg）	碱解氮（mg/kg）	代换量（1Me/100g）
	A	0~10	2.432	8.5	0.006	0.144	0.081	5.5	150.8	19.51
	AB	30~40	1.086	8.4	0.005	0.49	0.048	2.5	38.5	21.15
	B	60~70	0.521	8.5	0.007	0.023	0.06	3.5	22.4	
	C	110~120	0.304	9.0	0.0185	0.019	0.044	4.0	25.6	

表 2-20　中层石灰性草甸黑钙土机械组成分析

取土地点	土层号	取土深度（cm）	土壤各粒含级含量（%）				粒径（mm）		
			0.25/0.05	0.05/0.01	0.01/0.005	0.005/0.001	<0.001	物理黏粒	物理沙粒
托古乡长发火车头	A	5~15	30.0	33.9	6.4	8.5	21.2	36.1	63.9
	Ag	17~26	28.1	34.9	6.3	13.8	16.9	37.0	63.0
	AB	40~50	25.8	35.0	6.3	13.8	19.1	39.2	60.8
	B	120~130	24.1	37.9	7.4	11.6	19.0	38.0	62.0
	C	160~170	28.3	35.8	4.3	18.9	12.7	35.9	64.1

表 2 – 21 中层石灰性草甸黑钙土水分物理性状

取土地点	土层号	取土深度（cm）	容重（g/cm³）	自然含水量（%）	毛管含水量（%）	田间持水量（%）	毛管孔隙度（%）	非毛管孔隙度（%）	总孔隙度（%）
托古乡火车头	A	0 ~ 25	1.21	19.55	40.2	40.20	47.40	8.6	56.00
	AB	25 ~ 100	1.47	19.53	28.3	42.47	36.75	7.78	44.53
	B	100 ~ 140	1.43	21.96	29.9	45.72	36.78	8.22	45.0
	C	140 ~ 170	1.47	22.45	28.3	44.53	37.02	7.51	44.53

表 2 – 22 中层石灰性黑钙土的养分含量

取土地点	土层号	取土深度（cm）	有机质（%）	酸碱度（PH）	盐基总量	全氮（%）	全磷（%）	速效磷（mg/kg）	碱解氮（mg/kg）	代换量（1Me/100g）
托古乡火车头	A	1 ~ 15	2.747	8.8	0.0105	0.144	0.075	9.5	146.6	20.77
	Ag	17.26	2.692	8.8	0.005	0.155	0.079	3.5	139.7	
	AB	40 ~ 50	2.093	8.9	0.006	0.136	0.060	4.0	88.6	
	B	120 ~ 130	1.65	9.5	0.0155	0.068	0.040	0.5	75.0	
	C	160 ~ 170	0.872	9.0	0.005	0.100	0.052	0.5	57.9	

表 2 – 23 厚层石灰性黑钙土机械分析

取土地点	土层号	取土深度（cm）	土壤各粒含级含量（%）				粒径（mm）			
			1/0.25	0.25/0.05	0.05/0.01	0.01/0.005	0.005/0.001	<0.001	物理黏粒	物理沙粒
A		10 ~ 20	0.16	23.26	32.50	4.20	8.66	31.22	44.08	55.92
AB		50 ~ 60	0.25	29.71	25.87	6.42	8.33	29.42	44.17	55.83
B		90 ~ 105	0.08	12.55	36.61	5.65	35.92	9.19	50.76	49.24
C		160 ~ 170	0.06	17.11	37.29	6.38	19.78	19.38	45.54	54.46

表 2 – 24 厚层石灰性草甸黑钙土物理性状

取土地点	土层号	取土深度（cm）	容重（g/cm³）	自然含水量（%）	毛管含水量（%）	田间持水量（%）	毛管孔隙度（%）	非毛管孔隙度（%）	总孔隙度（%）
	A	0 ~ 65	1.19	20.48		46.37	47.06	8.94	56.00
	AB	65 ~ 110	1.32	20.97		51.58	41.51	8.68	50.19
	B	110 ~ 160	1.48	18.12		45.74	35.85	8.30	44.15
	C	160 ~ 170	1.61	20.07		33.53	35.28	3.97	39.25

表 2 – 25　厚层石灰性草甸黑钙土的养分含量

土层号	取土深度 （cm）	有机质 （%）	酸碱度 （pH）	盐基 总量	全氮 （%）	全磷 （%）	速效磷 （mg/kg）	碱解氮 （mg/kg）	代换量 （1Me/100g）
A	10 ~ 20	2.148	8.5	0.009	0.14	0.117	7.6	103.6	
AB	50 ~ 60	1.235	8.9	0.011	0.061	0.080	3.3	58.0	
B	95 ~ 105	1.01	8.7	0.012	0.05	0.086	6.1	48.2	
C	160 ~ 170	0.622	9.0	0.011	0.056	0.070	4.7	49.5	

中层石灰性草甸黑钙土，表土层为棕灰色，团粒结构，有石灰反应；淀积层颜色较浅，棕色夹灰色，核状结构，有的剖面有假菌丝体，有强石灰反应；母质层棕黄色，并有锈色斑纹，石灰反应强烈。根据化验结果，此土壤物理黏粒在 35% ~ 39%，是属中壤土到重壤土呈碱性，土壤容重较大，毛管作用强；有机质含量比石灰性黑钙土高。耕地中，速效氮尚高，但全磷和速效磷极为缺乏。因此，在改良利用上，应以熟化耕层，增施磷肥为主要措施。

薄层石灰性草甸黑钙土成土母质主要是沙壤质碳酸盐沉积物构成。从剖面形态看，黑土层较薄，一般 20cm 以内，颜色较浅，灰棕色；菌丝状石灰积聚在过渡层较多，在母质层不明显。在耕地上，很薄的黑土层下有坚实层状或蒜瓣状的犁底层，各层都是石灰反应，从上向下逐渐加强。从中可见，薄层石灰性草甸黑钙土是中壤土，养分低于中层石灰性草甸黑钙土，耕地中速效氮较高，全氮、全磷、速效磷含量低。由于黑土层薄，不易深翻。

二、草甸土的形态特征

草甸土一般讲不属于地带性土壤，但气候条件对此类土的形成影响较大。肇州县的草甸土是在气候干旱、蒸发量大，淋溶作用弱，碳酸盐母质上发育起来的，呈微碱性反应，属于石灰性草甸土和盐渍化草甸土。面积 685 316hm²，其中，耕地 6 666.7hm²，占 15%。

（一）石灰性草甸土

本县的石灰性草甸土主要分布在低平原和碟形洼地，与石灰性草甸黑钙土和盐渍化土壤呈复区。按黑土层厚度，可分为薄、中、厚 3 个土种。

石灰性草甸土的剖面形态特征：有黑土层、过渡层和母质层，通体有强石灰反应；有明显的钙积层，土体中有铁锰结核，母质层有锈斑。从化验结果看此类土壤是本县有机质含量最高的土壤，一般在 3% 以上，有机质主要分布在表层（20 ~ 30cm）有的稍厚一些，向下急剧减少；土壤养分含量多，全氮量 0.2% 以上，全磷量 0.1% 以上，潜在肥力高。但因春季土壤水分多，土温低，微生物活动弱，养分释放的慢，磷素表现得更明显，种玉米幼苗易"穿红袍"，入伏后土温升高，微生物活动随之旺盛，养分释放也多了，特别是氮素供应多，碱解氮高达 260mg/kg 以上，有时会引起作物贪青晚熟。土壤代换较低，保肥能力强，从剖面分布状况看，自上而下可分为易变层，过渡层和稳定层。易变层 0 ~ 30cm，这层土壤的水分受气候和作物影响明显，变化较大，返浆期水分多，煞浆期水分少；夏秋两季水分多，春季水分偏少；过渡层 30 ~ 80cm，这层的水分受气候和作物影响都比较小；土壤含水量的变化也较小；稳定层 80 ~ 150cm，受气候和作物的影响小，主要受潜水的湿润影响，土壤含水量较高，而且稳定。土壤容重大，毛管作用强，持水性强，透水性差，土质黏重，土温低，土质冷浆，影响苗期生长，并会出现夏涝和秋涝；土壤呈微碱性反应，pH 值 8.0 ~ 8.5，盐基总量在 0.03 ~ 0.160，春季常返盐，一些不耐盐的作物难抓苗。由于此土质地黏重，持水性强，耕种时如不采取培肥和合理耕作，会使土质黏朽和加重盐渍化。

（二）盐化草甸土

肇州县苏打盐化草甸土主要分布在碟形洼地，与草甸盐土和草甸碱土呈复区，面积为 13 484.3hm²，主要是草原，苏打盐化草甸土是在草甸化过程的基础上又发生了盐化过程的结果。由于地势低洼，地下水位高，矿化度较大，土壤表层有盐分积累，盐分类型为苏打为主（表 2 – 26、表 2 – 27、表 2 – 28）。

表 2 – 26 薄层盐化草甸土机械组成分析

土层号	取土深度（cm）	土壤各粒含级含量（%）				粒径（mm）		
		0.25/0.05	0.05/0.01	0.01/0.005	0.005/0.001	<0.001	物理黏粒	物理沙粒
A	5 ~ 15	26.2	35.8	4.3	18.9	12.7	42.2	57.8
Ag	17 ~ 25	29.4	31.6	4.2	12.7	25.3	36.9	63.1
AB	30 ~ 40	22.6	33.7	5.3	8.4	23.2	45.6	54.4
B	130 ~ 140	17.4	37.1	5.3	22.3	18.00	45.5	54.5
C	150 ~ 160	17.4	38.1	8.4	19.1	18.00	45.5	55.5

表 2 – 27 薄层盐化草甸土物理性状

土层号	取土深度（cm）	容重（g/cm³）	自然含水量（%）	毛管含水量（%）	田间持水量（%）	毛管孔隙度（%）	非毛管孔隙度（%）	总孔隙度（%）
A	5 ~ 15	1.19	15.41	41.3	45.44	48.91	6.99	55.9
Ag	20 ~ 80	1.36	16.74	32.9	41.53	33.22	6.27	48.00
B	80 ~ 130	1.53	17.19	26.1	38.91	31.13	6.19	42.00
C	130 ~ 170	1.56	21.96	25.1	38.97	31.18	5.78	41.13

表 2 – 28 薄层盐化草甸土的养分含量

土层号	取土深度（cm）	有机质（%）	酸碱度（pH）	盐基总量	全氮（%）	全磷（%）	速磷（mg/kg）	碱解氮（mg/kg）
A	5 ~ 15	3.505	8.5	0.012	0.230	0.107	11.5	262.5
AB	17 ~ 25	3.286	8.2	0.022	0.235	0.104	5.0	238.6
B	30 ~ 40	0.396	8.4	0.009	0.087	0.064	4.0	58.0
C	130 ~ 140	0.396	9.2	0.011	0.031	0.060	3.0	44.13

A 层为草根层或黑灰色耕作层，团粒结构；

B层为石灰斑，为层状积盐层，小核状结构；

BC层棕黄色，有铁锰结核和钙斑，剖面晒干出现黄褐色盐斑，通体有强石灰反应。

根据盐分含量，可划分为轻度、中度、强度盐化草甸土。

轻度盐化草甸土：表层含量盐为0.1%~0.15%，含量为HCO⁻占阴离子78%~80%，$Na^+ + K^+$占阳离子的70%~80%，一般作物能正常生长，耐盐性较弱的作物，特别是幼苗期要受到抑制。

中度盐化草甸土：表层含盐量0.15%~0.2%，一般作物生长不好。

强度盐化草甸土：表层含盐量0.2%~0.4%，$HCO_3^- + CO_3^{2-}$占阴离子82.7%，$Na^+ + K^+$占阳离子的88.7%，不加改良不能种植作物。

化验结果（表2-29至表2-31）表明，肇州县的苏打盐化草甸土大部分是轻度和中度两个土种，是草原土壤中较好的土壤，表层有机质含量较高，养分尚高，水分充足，有利于牧草生长，是建立人工草场的良好基地。

表2-29 苏打盐化草甸土机械组成分析

土层号	取土深度（cm）	土壤各粒含级含量（%）					粒径（mm）		
		1/0.25	0.25/0.05	0.05/0.01	0.01/0.005	0.005/0.001	<0.001	物理黏粒	物理沙粒
A	0~10	0.42	16.09	36.89	6.54	12.45	27.61	53.40	46.60
AB	10~20	0.25	14.40	35.64	5.54	10.87	33.30	50.29	49.71
B	20~30	0.06	19.32	32.67	5.53	14.80	27.62	52.05	47.95
C	30~40	0.04	20.00	28.75	5.48	14.64	31.09	48.75	51.24

表2-30 苏打盐化草甸土养分含量

地点	土层号	有机质（%）	酸碱度（pH值）	速氮（mg/kg）	速磷（mg/kg）	全磷（%）	全氮	取土深度
	A	3.74	9.2	177.30	8.0	0.239	0.115	0~10
	AB	0.650	9.6	51.70	5.0	0.078	0.060	10~20
	B	0.205	9.75	47.7	3.5	0.037	0.080	20~30
	C	0.432	9.6	54.5	5.5	0.040	0.080	30~40

表2-31 苏打盐化草甸土盐分组成

土层号	取土深度（cm）	HCO_3	CO_3	Cl	SO_4	K^+	Na^+	Ca^-	Mg^-	全盐量（%）
A	0~10	0.935			0.141	0.039	0.744	0.202	0.141	0.134
AB	10~20	0.997	0.297		0.457	0.073	1.385	0.117	0.176	0.183
B	20~30	0.698			0.061	0.019	0.353	0.135	0.246	0.0906
C	30~40	0.726			0.0404	0.022	0.421	0.121	0.202	0.097

（三）碱化草甸土

肇州县碱化草甸土，主要是苏打草甸土。面积为 10 085.6hm²。由于地下水含有苏打，植物的蒸腾作用使盐分主要积累于根系分布层的下部，而不是最初盐分就大量积累在土壤表层。苏打的累积，引起 pH 值显著升高，土壤溶液中大部分钙镁离子转变为不溶性的碳酸盐形态沉淀下来，这就使钠离子代换能力大大提高，继之使土壤胶体中的钙镁离子也被钠离子代换，形成 Na - 胶体，因而使土壤具有高度碱化，这是本县碱土形成的主要过程。苏打草甸碱土与苏打盐化草甸土，苏打草甸土呈复区，分布在碟形洼地的稍高处。高差只有十几厘米，仍有草甸化过程，往往形成浅位柱状草甸碱土。由于人为破坏，逐渐变成结皮柱状草甸碱土。

这类土壤，不利一般植物生长，主要是由于过高的碱性腐蚀毒害植物根系及土壤含有过量的交换性钠而引起的一系列不良的理化性质。湿时膨胀泥泞，干时收缩板结坚硬，通透性和耕作性都很差。盐分在剖面上分布是表层少，下层逐渐增加。以丰乐公社西大桥北 100m，浅位柱状苏打草甸碱土为例，其剖面特征是，通体有强石灰反应。

A_1：0～5cm；浅棕灰色，不明显粒状结构，粉沙壤土，疏松，向下过渡明显。

B_1：5～20cm；黑灰色，柱状结构，轻碱土，紧实，向下逐渐过渡。

B_2：20～36cm；黑灰色，核状结构，轻碱土，紧实，向下逐渐过渡。

B_3：36～69.5cm；棕黄色，核状结构，重壤土，稍紧实，向下逐渐过渡。

B_4：69.5～100.2cm；棕黄色，核块状结构，重壤土，稍紧实，向下逐渐过渡。

Cm：100.2～122cm；黄棕色，核状-核块状结构，重壤土，稍紧实。

肇州县苏打碱化草甸土分布在低平原缓坡处和碟形洼地，是复区土壤。面积为 30 622.9 hm²，耕地面积较少，大部分是草原。

碱化草甸土是在草甸化过程基础上又发生碱化过程的结果。这类土壤的特点是全剖面含盐不高，特别表土更低，但碱化特征明显。B 层有明显的棱块状、深灰色的碱化层，下层有潜育化作用的层次，总的看，这类土壤比较肥沃，群众称为"狗肉地"。虽然春季低温冷浆，返盐，危害幼苗生长，有烧苗现象，只要加以改良，便可种植向日葵、甜菜、糜子等，但种谷子不易抓苗；种大豆产量较低。此类土壤利用方向应积极发展绿肥生产，即可扩大有机质来源，又增加畜牧业的饲料（表 2 - 32 至表 2 - 34）。

表 2 - 32　苏打碱化草甸土机械组成分析

土层号	取土深度（cm）	土壤各粒含级含量（%）				粒径（mm）			
		1/0.25	0.25/0.05	0.05/0.01	0.01/0.005	0.005/0.001	<0.001	物理黏粒	物理沙粒
A	0～10	0.53	15.18	36.31	7.01	19.21	21.77	52.02	47.88
AB	10～20	0.33	13.39	39.88	6.50	6.32	33.58	53.60	46.40
B	20～30	0.21	14.41	35.77	5.53	10.85	33.23	50.39	49.61
C	30～40	0.08	21.62	22.41	5.59	6.97	42.93	44.11	55.89

表 2 - 33　苏打碱化草甸土养分含量

土层号	取土深度	有机质 （％）	酸碱度 （pH 值）	速氮 （mg/kg）	速磷 （mg/kg）	全磷（％）	全氮 （％）
A	0～10	2.171	8.8	105.9	2.5	0.087	0.104
AB	10～20	2.651	8.3	41.9	4.5	0.035	0.079
B	20～30	1.086	8.6	54.5	3.5	0.030	0.056
C	30～40	1.216	9.3	35.3	1.5	0.032	0.040

表 2 - 34　苏打碱化草甸土盐分组成

土层号	取土深度 （cm）	HCO_3^-	CO_3^-	Cl^-	SO_4^-	K^+	Na^+	Ca^-	Mg^-	全盐量 （％）
A	0～10	0.482			1.128	0.081	0.154	0.253	0.192	0.071
AB	10～20	0.784	0.362		0.283	0.051	1.089	0.178	0.105	0.145
B	20～30	0.701			0.093	0.019	0.369	0.149	0.205	0.0926
C	30～40	0.627			0.202	0.015	0.293	0.214	0.307	0.384

（四）潜育化草甸土

全县潜育化草甸土面积 3 792.9 hm²。零星分别在碟形洼地的积水处，多是芦苇沼泽。由于地势低洼，季节性积水，伴随土壤强烈的积盐过程，同时，还有沼泽化过程。因此，土壤除具有作为盐土特征的积盐层外，还具有沼泽化土壤特征。

土体颜色很杂，其原因在于，积水期间，土壤处于嫌气状态，上部土体中铁、锰质等矿物元素脱氧还原成游离态亚铁化合物，并局部迁移，使土体呈蓝灰色。旱季脱水后，部分亚铁化合物又氧化成黄棕色斑淀积于结构表面，形成以蓝灰色土体为主的杂色土体。一般从表层起就有明显的腐殖质累积或潜育化现象。表层有机质含量较高，一般在 4% 左右，而盐分含量较低，以苏打为主，硫酸和氯化物次之，pH 值 9.0～10.0。

第四章　耕地土壤属性

土壤属性是耕地地力调查的核心，对当前的农业生产、管理和规划起着指导作用，也是土肥事业历史的精华。它包括土壤化学性状、物理性状，土壤微生物作用等。

第一节　土壤养分状况

土壤养分（soilnutrient）主要指由（通过）土壤所提供的植物生活所必需的营养元素，是土壤肥力的重要物质基础，植物体内已知的化学元素达 40 余种，按照植物体内的化学元素含量多少，可分为大量元素（macroelement）和微量元素（microelement）两类。目前，已知的大量元素有 C、H、O、N、P、K、Ca、Mg、S 等，微量元素有 Fe、Mn、B、Mo、Cu、Zn 及 Cl 等。植物体内 Fe 含量较其他微量元素多（100mg/kg 左右），所以，也有人把它归于大量元素。

肇州县受自然因素和人为因素的综合影响，土壤肥力在不停地发展和变化着。以土壤有机质为基本特性的土壤肥力，也随之发展和变化。纵观肇州县 26 年来的土壤肥力的演变，总的趋势是土壤肥力向良性发展。下面仅就肇州县土壤养分状况，做以下综述。

一、土壤有机质

土壤有机质是植物养分的主要来源。可改善土壤的物理和化学性质。给微生物提供主要能源。给植物提供一些维生素、刺激素等。

（一）肇州县各个行政区有机质含量情况

这次地力评价土壤化验分析发现，有机质最大值是 55.9g/kg，最小值是 10.1g/kg，平均值 27.5g/kg，比二次土壤普查增加了 3.32g/kg，增幅较大的乡镇依次是朝阳沟镇、丰乐镇、永胜乡、朝阳乡、托古乡、双发乡、肇州镇和二井镇。与第二次土壤普查相比，土壤有机质降低幅度较大的乡镇依次是新福乡、兴城镇、榆树乡和永乐镇。我县土壤有机质发生变化的原因主要有：一是第二次土壤普查（1984 年）时，当时的畜牧业不发达，牲畜饲养量少，全县大牲畜仅有 29 071 头；禽类仅有 83 103 只。2009 年，肇州县的奶牛饲养量 50 000 头，黄牛饲养量 120 000 头，生猪饲养量 1 200 000 头，大鹅饲养量 1 400 000 只，肉鸡、蛋鸡饲养量 1 700 000 只。现在的畜牧业产值占肇州县农业总产值的 51%。因此，随着畜牧业的发展，提供了大量的农家肥源，为肇州县耕地土壤提供了大量的有机质。二是第二次土壤普查（1984 年）时，肇州县农业生产发展慢，不仅粮食产量低，作物秸秆产量也很低，农村燃料严重不足，当时农民流传一句口头禅叫做"锅上不愁，锅下愁"。农民不仅把作物秸秆全部烧掉，并且把作物根茬全部刨回家中做燃料使用。到 1986 年以后随着农业生产的不断发展，不仅粮食产量大幅度提高，而且，玉米秸秆也出现了大量的剩余，为肇州县发展玉米根茬还田和秸秆还田提供了根本保证。肇州县连续18年全部实现玉米根茬还田，连续5年实现部分玉米秸秆还田。因此，为耕地土壤有机质的提高创造了有利条件。三是第二次土壤普查（1984年）时，化验的数据是肇州县所有土壤的平均值，这次耕地地力评价化验的土样全部是耕地土壤。

肇州县各乡镇耕地土壤有机质的含量，详见表2-35。

表2-35　肇州县行政区有机质含量表　　　　　　（单位：g/kg）

乡镇名称	这次地力评价			二次土壤普查		
	最大值	最小值	平均值	最大值	最小值	平均值
全县	55.9	10.1	27.50	—	—	24.2
朝阳乡	48.3	21.5	29.98	—	—	24.5
托古乡	55.2	22.3	29.71	—	—	22.7
丰乐镇	55.8	21.4	39.08	—	—	24.1
双发乡	44.9	18.3	28.45	—	—	22.4
肇州镇	48.3	11.2	27.10	—	—	24.0
朝阳沟镇	55.9	24.0	40.75	—	—	24.5
新福乡	51.2	10.3	17.16	—	—	22.2
榆树乡	44.4	11.1	18.68	—	—	24.4
永乐镇	41.6	10.2	19.60	—	—	24.5
兴城镇	52.2	10.1	17.68	—	—	26.8
永胜乡	55.9	12.7	35.68	—	—	24.6
二井镇	42.6	11.9	26.38	—	—	26.2

（二）肇州县土壤类型有机质情况

肇州县土类这次地力评价土壤有机质与二次土壤普查相比较，耕地土壤有机质呈上升趋势。黑钙土类土壤有机质上升5.2g/kg；草甸土类土壤有机质上升3.6g/kg。详见表2-36。

表2-36　全县土壤类型有机质情况统计表　　　　　　（单位：g/kg）

土类、亚类、土属和土种名称	这次地力评价			1984年土壤普查		
	最大值	最小值	平均值	最大值	最小值	平均值
一、黑钙土	55.9	10.1	26.8	—	—	21.6
（一）草甸黑钙土亚类	54.8	10.6	27.78	—	—	21.3
石灰性草甸黑钙土土属	54.8	10.6	27.8	—	—	21.3
（1）薄层石灰性草甸黑钙土	54.8	10.6	20.4	—	—	23.6
（2）中层石灰性草甸黑钙土	52.2	11.9	30.3	—	—	22.3

（续表）

土类、亚类、土属和土种名称	这次地力评价			1984年土壤普查		
	最大值	最小值	平均值	最大值	最小值	平均值
（3）厚层石灰性草甸黑钙土	51.9	22.3	38.6	—	—	21.9
（二）石灰性黑钙土亚类	55.9	10.1	26.5	—	—	19.3
黄土质石灰性黑钙土土属	55.9	10.1	26.5	—	—	19.3
（1）薄层黄土质石灰性黑钙土	52.2	10.1	19.0	—	—	21.3
（2）中层黄土质石灰性黑钙土	55.2	10.2	27.8	—	—	17.1
（3）厚层黄土质石灰性黑钙土	55.9	11.6	34.9	—	—	19.4
二、草甸土类	54.4	10.1	25.4	—	—	21.8
（一）石灰性草甸土亚类	54.4	10.1	25.4	—	—	21.6
黏壤质石灰性草甸土土属	54.4	10.1	25.4	—	—	21.6
（1）薄层黏壤质石灰性草甸土	48.2	10.1	20.9	—	—	21.2
（2）中层黏壤质石灰性草甸土	54.4	11.9	34.6	—	—	22.2
（二）潜育草甸土亚类	14.5	12.7	13.6	—	—	20.8
石灰性潜育草甸土土属	14.5	12.7	13.6	—	—	20.8
中层石灰性潜育草甸土	14.5	12.7	13.6	—	—	20.6
（三）盐化草甸土亚类						
苏打盐化草甸土土属						
（1）轻度苏打盐化草甸土						
（2）中度苏打盐化草甸土						
（3）重度苏打盐化草甸土						
（四）碱化草甸土亚类						
苏打碱化草甸土土属						
浅位苏打碱化草甸土						

（三）黑龙江省有机质分级指标

黑龙江省有机质分级指标，见表2-37。

表2-37 黑龙江省耕地土壤有机质分级指标 （单位：g/kg）

养分名称	分级 水旱田	1	2	3	4	5	6
有机质	旱田	>60	40~60	30~40	20~30	10~20	<10
	水田	>50	35~50	25~35	15~25	10~15	<10

（四）全县行政区有机质分级面积情况

按照黑龙江省耕地有机质养分分级标准，肇州县土壤有机质养分达到 1 级耕地标准的没有；土壤有机质养分含量达到 2 级耕地标准的耕地面积为 17 020.87hm²，占总耕地面积的 12.61%；土壤有机质养分含量达到 3 级耕地标准的耕地面积 21 867.53hm²，占总耕地面积 16.19%。土壤有机质养分含量达到 4 级耕地标准的耕地面积 49 984.6hm²，占总耕地面积 37.02%。土壤有机质养分含量达到 5 级耕地标准的耕地面积 46 154.55hm²，占总耕地面积 34.18%。肇州县土壤有机质面积分级情况，详见图 2 - 10，表 2 - 38。

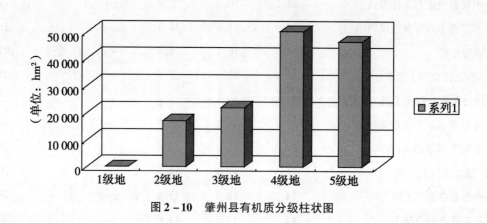

图 2 - 10　肇州县有机质分级柱状图

表2-38　肇州县有机质分级面积统计表

（单位：hm²）

乡镇名称	合计面积	1		2		3		4		5	
		面积	占总面积（%）	面积	占总面积（%）	面积	占总面积（%）	面积	占总面积（%）	面积	占总面积（%）
合计	135 027.55	0	0	17 020.87	12.61	21 867.53	16.19	49 984.6	37.02	46 154.55	34.18
朝阳乡	8 805.04	0	0	315.89	0.23	2 686.56	1.99	5 802.59	4.30	0	0
托古乡	8 337.58	0	0	136.7	0.10	2 747.7	2.03	5 453.18	4.04	0	0
丰乐镇	9 630.76	0	0	4 996.16	3.70	3 178.25	2.35	1 456.35	1.08	0	0
双发乡	11 090.97	0	0	86.19	0.06	2 514.18	1.86	8 462.86	6.27	27.74	0.02
肇州镇	9 534.98	0	0	144.7	0.11	2 004.11	1.48	6 037.93	4.47	1 348.24	1.00
朝阳沟镇	10 151.97	0	0	6 105.75	4.52	1 809.22	1.34	2 237	1.66	0	0
新福乡	14 766.95	0	0	38.73	0.03	249.31	0.18	2 052.26	1.52	12 426.65	9.20
榆树乡	9 567.72	0	0	76.9	0.06	265.36	0.20	1 628.47	1.21	7 596.99	5.63
永乐镇	8 303.64	0	0	84.05	0.06	516.52	0.38	2 461.23	1.82	5 241.84	3.88
兴城镇	18 913.85	0	0	213.55	0.16	565.31	0.42	1 893.15	1.40	16 241.84	12.03
永胜乡	9 551.07	0	0	4 820.21	3.57	2 512	1.86	718.59	0.53	1 500.27	1.11
二井镇	16 373.02	0	0	2.04	0.00	2 819.01	2.09	11 780.99	8.72	1 770.98	1.31

（五）肇州县耕地土壤有机质分级面积情况

按照黑龙江省耕地有机质养分分级标准，肇州县各种土类有机质分级情况如下。

黑钙土类：土壤有机质养分含量达到 1 级的耕地标准的没有分布；土壤有机质养分含量达到 2 级耕地标准的面积 16 157.53hm²，占总耕地面积11.97%；土壤有机质养分含量达到 3 级耕地标准的面积 20 097.28hm²，占总耕地面积 14.88%；土壤有机质养分含量达到 4 级耕地标准的面积 47 163.36hm²，占总耕地面积的 34.93%；土壤有机质养分含量达到 5 级耕地标准的面积 42 418.38hm²，占总耕地面积 31.41%（图 2-10）。

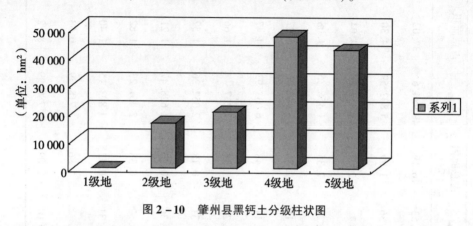

图 2-10　肇州县黑钙土分级柱状图

草甸土类：土壤有机质养分含量达到 1 级的耕地标准的没有分布；土壤有机质养分含量达到 2 级耕地标准的面积 863.34hm²，占总耕地面积0.64%；土壤有机质养分含量达到 3 级耕地标准的面积 1 770.25hm²，占总耕地面积 1.31%；土壤有机质养分含量达到 4 级耕地标准的面积 2 821.24hm²，占总耕地面积的 2.09%；土壤有机质养分含量达到 5 级耕地标准的面积 1 610.57hm²，占总耕地面积的 2.77%（图 2-11）。

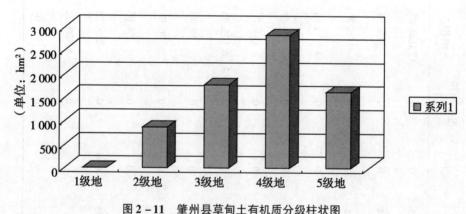

图 2-11　肇州县草甸土有机质分级柱状图

各土壤亚类、土属、土种耕地面积分级，详见表 2-39。

表 2 - 39　耕地土壤有机质分级面积统计表

（单位：hm²）

土类、亚类、土属和土种名称	合计面积	1		2		3		4		5		6	
		面积	占总面积（%）	面积	占总面积（%）	面积	占总面积（%）	面积	占总面积（%）	面积	占总面积（%）	面积	占总面积（%）
合计	135 027.60	0.00	0.00	17 020.87	12.61	21 867.53	16.19	49 984.60	37.02	46 154.55	34.18	0.00	0.00
一、黑钙土	125 836.55	0.00	0.00	16 157.53	11.97	20 097.28	14.88	47 163.36	34.93	42 418.38	31.41	0.00	0.00
（一）草甸黑钙土亚类	27 117.11	0.00	0.00	3 456.95	2.56	4 446.94	3.29	9 454.80	7.00	9 758.42	7.23	0.00	0.00
石灰性草甸黑钙土土属	27 117.11	0.00	0.00	3 456.95	2.56	4 446.94	3.29	9 454.80	7.00	9 758.42	7.23	0.00	0.00
（1）薄层石灰性草甸黑钙土	12 928.21	0.00	0.00	854.98	0.63	1 143.93	0.85	1 987.93	1.47	8 941.37	6.62	0.00	0.00
（2）中层石灰性草甸黑钙土	12 847.36	0.00	0.00	1 984.44	1.47	2 899.11	2.15	7 146.76	5.29	817.05	0.61	0.00	0.00
（3）厚层石灰性草甸黑钙土	1 341.54	0.00	0.00	617.53	0.46	403.90	0.30	320.11	0.24	0.00	0.00	0.00	0.00
（二）石灰性黑钙土亚类	98 713.76	0.00	0.00	12 700.58	8.10	15 644.66	11.59	37 708.56	27.93	32 659.96	24.19	0.00	0.00
黄土质石灰性黑钙土土属	98 713.76	0.00	0.00	12 700.58	9.41	15 644.66	11.59	37 708.56	27.93	32 659.96	24.19	0.00	0.00
（1）薄层黄土质石灰性黑钙土	36 758.43	0.00	0.00	326.83	0.24	1 358.20	1.01	6 989.38	5.18	28 084.02	20.80	0.00	0.00

（续表）

土类、亚类、土属和土种名称	合计面积	1		2		3		4		5		6	
		面积	占总面积(%)	面积	占总面积(%)	面积	占总面积(%)	面积	占总面积(%)	面积	占总面积(%)	面积	占总面积(%)
(2) 中层黄土质石灰性黑钙土	45 870.32	0.00	0.00	3 151.44	2.33	10 557.16	7.82	29 196.35	21.62	2 965.37	2.20	0.00	0.00
(3) 厚层黄土质石灰性黑钙土	16 085.01	0.00	0.00	9 222.31	6.83	3 729.30	2.76	1 522.83	1.13	1 610.57	1.19	0.00	0.00
二、草甸土类	9 191.00	0.00	0.00	863.34	0.64	1 770.25	1.31	2 821.24	2.09	3 736.17	2.77	0.00	0.00
(一) 石灰性草甸土亚类	9 184.91	0.00	0.00	863.34	0.64	1 770.25	1.31	2 821.24	2.09	3 730.08	2.76	0.00	0.00
黏壤质石灰性草甸土土属	9 184.91	0.00	0.00	863.34	0.64	1 770.25	1.31	2 821.24	2.09	3 730.08	2.76	0.00	0.00
(1) 薄层黏壤质石灰性草甸土	6 719.06	0.00	0.00	120.90	0.09	1 002.78	0.74	1 883.31	1.39	3 712.07	2.75	0.00	0.00
(2) 中层黏壤质石灰性草甸土	2 465.85	0.00	0.00	742.44	0.55	767.47	0.57	937.93	0.69	18.01	0.01	0.00	0.00
(二) 潜育草甸土亚类	6.09	0.00	0.00	0.00	0.00	0.00	0.00	0.00	0.00	6.09	0.00	0.00	0.00
石灰性潜育草甸土土属	6.09	0.00	0.00	0.00	0.00	0.00	0.00	0.00	0.00	6.09	0.00	0.00	0.00
中层石灰性潜育草甸土	6.09	0.00	0.00	0.00	0.00	0.00	0.00	0.00	0.00	6.09	0.00	0.00	0.00

二、土壤全氮

土壤全氮包括有机态氮和无机态氮，土壤的全氮含量是耕地土壤肥力评价的一项重要指标之一。

(一) 肇州县行政区全氮含量情况

从这次耕地地力评价的土壤化验分析发现，肇州县耕地土壤全氮最大值 3.75g/kg，最小值是 0.55g/kg，平均值 1.65g/kg，比二次土壤普查平均上升 0.23g/kg。升幅最大是朝阳沟镇。详见表 2-40。

表 2-40　全县行政区全氮含量情况统计表　　　　　　（单位：g/kg）

乡镇名称	这次地力评价			1984 年土壤普查		
	最大值	最小值	平均值	最大值	最小值	平均值
全县	3.75	0.55	1.65	—	—	1.42
朝阳乡	2.65	1.29	1.80	—	—	1.45
托古乡	3.73	1.51	1.99	—	—	1.25
丰乐镇	3.05	1.26	2.16	—	—	1.42
双发乡	2.45	1.08	1.58	—	—	1.18
肇州镇	2.75	0.73	1.74	—	—	1.44
朝阳沟镇	3.75	1.52	2.73	—	—	1.38
新福乡	2.75	0.55	0.92	—	—	1.67
榆树乡	2.42	0.61	1.02	—	—	1.44
永乐镇	2.23	0.55	1.06	—	—	1.54
兴城镇	3.20	0.62	1.08	—	—	1.42
永胜乡	3.35	0.77	2.13	—	—	1.38
二井镇	2.55	0.72	1.58	—	—	1.47

(二) 全县土壤类型全氮情况

肇州县土类这次地力评价全氮与二次土壤普查比呈上升趋势，黑钙土类上升 0.2g/kg，草甸土土类升降幅度不详。详见表 2-41。

表 2-41　全县土壤类型全氮情况统计表　　　　　　（单位：g/kg）

土类、亚类、土属和土种名称	这次地力评价			1984 年土壤普查		
	最大值	最小值	平均值	最大值	最小值	平均值
一、黑钙土	3.75	0.55	1.62	4.49	0.5	1.42
(一) 草甸黑钙土亚类	3.48	0.57	1.66	—	—	—
石灰性草甸黑钙土土属	3.48	0.57	1.66	—	—	—

（续表）

土类、亚类、土属和 土种名称	这次地力评价			1984 年土壤普查		
	最大值	最小值	平均值	最大值	最小值	平均值
（1）薄层石灰性草甸黑钙土	3.28	0.57	1.16	—	—	—
（2）中层石灰性草甸黑钙土	3.11	0.68	1.79	—	—	—
（3）厚层石灰性草甸黑钙土	3.48	1.44	2.54	—	—	—
（二）石灰性黑钙土亚类	3.75	0.55	1.60	—	—	—
黄土质石灰性黑钙土土属：	3.75	0.55	1.60	—	—	—
（1）薄层黄土质石灰性黑钙土	3.21	0.55	1.09	—	—	—
（2）中层黄土质石灰性黑钙土	3.73	0.55	1.69	—	—	—
（3）厚层黄土质石灰性黑钙土	3.75	0.68	2.16	—	—	—
二、草甸土类	3.65	0.62	1.51	—	—	—
（一）石灰性草甸土亚类	3.65	0.62	1.51	—	—	—
黏壤质石灰性草甸土土属：	3.65	0.62	1.51	—	—	—
（1）薄层黏壤质石灰性草甸土	2.77	0.62	1.19	—	—	—
（2）中层黏壤质石灰性草甸土	3.65	0.72	2.15	—	—	—
（二）潜育草甸土亚类	0.78	0.68	0.73	—	—	—
石灰性潜育草甸土土属	0.78	0.68	0.73	—	—	—
中层石灰性潜育草甸土	0.78	0.68	0.73	—	—	—
（三）盐化草甸土亚类						
苏打盐化草甸土土属：						
（1）轻度苏打盐化草甸土						
（2）中度苏打盐化草甸土						
（3）重度苏打盐化草甸土						
（四）碱化草甸土亚类						
苏打碱化草甸土土属：						
浅位苏打碱化草甸土						

（三）黑龙江省全氮分级指标

黑龙江省全氮分级指标，见表2-42。

表2-42　黑龙江省耕地土壤全氮分级指标　　　　　　　　（单位:%）

养分名称	分级 水旱田	1	2	3	4	5
全氮	旱田	>2.5	2~2.5	1.5~2	1~1.5	<1
	水田	>2.5	2~2.5	1.5~2	1~1.5	<1

（四）全县行政区全氮分级面积情况

按照黑龙江省耕地全氮养分分级标准，肇州县耕地土壤全氮养分含量达到1级耕地标准的面积14 635.68 hm²，占总耕地面积10.84%。全氮养分含量达到2级耕地标准的面积13 284.29 hm²，占总耕地面积9.84%，全氮养分含量达到3级耕地标准的面积43 005.49 hm²，占总耕地面积31.85%。全氮养分含量达到4级耕地标准的面积32 187.37 hm²，占总耕地面积23.84%。全氮养分含量达到5级耕地标准的面积31 914.72 hm²，占总耕地面积23.64%（图2-12）。

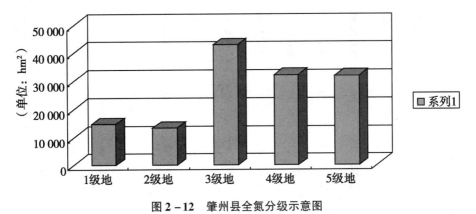

图2-12　肇州县全氮分级示意图

各乡镇分级情况，详见表2-43。

（单位：hm²）

表2-43 肇州县全氮分级面积统计表

乡镇名称	合计面积	1 面积	1 占总面积(%)	2 面积	2 占总面积(%)	3 面积	3 占总面积(%)	4 面积	4 占总面积(%)	5 面积	5 占总面积(%)
合计	135 027.55	14 635.68	10.84	13 284.29	9.84	43 005.49	31.85	32 187.37	23.84	31 914.72	23.64
朝阳乡	8 805.04	233.16	0.17	1 001.35	0.74	5 861.92	4.34	1 708.61	1.27	0.00	0.00
托古乡	8 337.58	289.11	0.21	3 022.56	2.24	5 025.91	3.72	0.00	0.00	0.00	0.00
丰乐镇	9 630.76	2 102.00	1.56	3 732.88	2.76	3 198.69	2.37	597.19	0.44	0.00	0.00
双发乡	11 090.97	0.00	0.00	103.11	0.08	6 024.96	4.46	4 962.90	3.68	0.00	0.00
肇州镇	9 534.98	228.43	0.17	1 514.00	1.12	5 311.50	3.93	2 331.39	1.73	149.66	0.11
朝阳沟镇	10 151.97	7 051.04	5.22	792.26	0.59	2 308.67	1.71	0.00	0.00	0.00	0.00
新福乡	14 766.95	38.73	0.03	0.00	0.00	652.17	0.48	2 986.51	2.21	11 089.54	8.21
榆树乡	9 567.72	0.00	0.00	181.52	0.13	228.89	0.17	4 132.66	3.06	5 024.65	3.72
永乐镇	8 303.64	0.00	0.00	86.40	0.06	824.56	0.61	3 059.89	2.27	4 332.79	3.21
兴城镇	18 913.85	213.55	0.16	88.61	0.07	1 575.78	1.17	7 185.22	5.32	9 850.69	7.30
永胜乡	9 551.07	4 477.62	3.32	2 229.79	1.65	784.18	0.58	1 369.09	1.01	690.39	0.51
二井镇	16 373.02	2.04	0.00	531.81	0.39	11 208.26	8.30	3 853.91	2.85	777.00	0.58

（五）全县耕地土壤全氮分级面积情况

按照黑龙江省耕地全氮养分分级标准，各种土类分级情况如下。

黑钙土类：全氮养分含量达到 1 级耕地标准的面积 13 902.49 hm²，占总耕地面积 10.30%。全氮养分含量达到 2 级耕地标准的面积 5 038.43 hm²，占总耕地面积 3.73%，全氮养分含量达到 3 级耕地标准的面积 40 312.94 hm²，占总耕地面积 29.86%。全氮养分含量达到 4 级耕地标准的面积 30 183.44 hm²，占总耕地面积 22.35%。全氮养分含量达到 5 级耕地标准的面积 29 011.12 hm²，占总耕地面积 21.49%（图 2 - 13）。

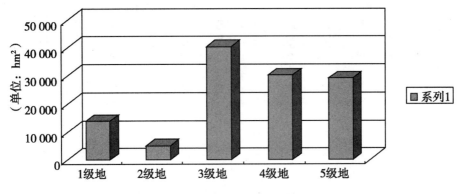

图 2 - 13　肇州县黑钙土全氮分级示意图

草甸土类：全氮养分含量达到 1 级耕地标准的面积 733.19 hm²，占总耕地面积 0.54%。全氮养分含量达到 2 级耕地标准的面积 863.41 hm²，占总耕地面积 0.64%，全氮养分含量达到 3 级耕地标准的面积 2 686.87 hm²，占总耕地面积 1.99%。全氮养分含量达到 4 级耕地标准的面积 2 003.93 hm²，占总耕地面积 1.48%。全氮养分含量达到 5 级耕地标准的面积 2 897.51 hm²，占总耕地面积 2.15%（图 2 - 14）。

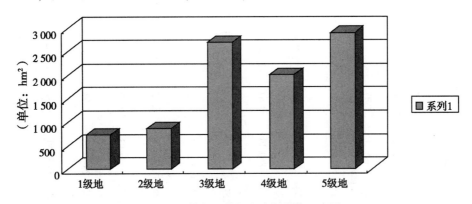

图 2 - 14　肇州县草甸土全氮分级示意图

各土壤亚类、土属、土种分级情况，详见表 2 - 44。

表2-44 肇州县耕地土壤全氮分级面积情况统计表

（单位：hm²）

土类、亚类、土属和土种名称	合计面积	1		2		3		4		5		6	
		面积	占总面积(%)	面积	占总面积(%)	面积	占总面积(%)	面积	占总面积(%)	面积	占总面积(%)	面积	占总面积(%)
合计	135 027.6	14 635.68	10.84	5 901.84	4.37	42 999.81	31.85	32 187.37	23.84	31 908.63	23.63	0.00	0
一、黑钙土	125 836.6	13 902.49	10.30	5 038.43	3.73	40 312.94	29.86	30 183.44	22.35	29 011.12	21.49	0.00	0
（一）草甸黑钙土亚类	27 117.11	2 396.26	1.77	3 594.01	2.66	6 879.55	5.09	7 854.31	5.82	6 392.98	4.73	0.00	0
石灰性草甸黑钙土土属	27 117.11	2 396.26	1.77	3 594.01	2.66	6 879.55	5.09	7 854.31	5.82	6 392.98	4.73	0.00	0
（1）薄层石灰性草甸黑钙土	12 928.21	722.28	0.53	1 109.76	0.82	565.07	0.42	4 594.88	3.40	5 936.22	4.40	0.00	0
（2）中层石灰性草甸黑钙土	12 847.36	860.19	0.64	2 394.82	1.77	5 916.71	4.38	3 218.88	2.38	456.76	0.34	0.00	0
（3）厚层石灰性草甸黑钙土	1 341.54	813.79	0.60	89.43	0.07	397.77	0.29	40.55	0.03	0.00	0.00	0.00	0
（二）石灰性黑钙土亚类	98 713.76	11 506.23	8.52	8 826.87	6.54	33 433.39	24.76	22 329.13	16.54	22 618.14	16.75	0.00	0
黄土质石灰性黑钙土土属	98 713.76	11 506.23	8.52	8 826.87	6.54	33 433.39	24.76	22 329.13	16.54	22 618.14	16.75	0.00	0
（1）薄层黄土质石灰性黑钙土	36 758.43	249.93	0.19	378.98	0.28	4 124.16	3.05	11 766.93	8.71	20 238.43	14.99	0.00	0
（2）中层黄土质石灰性黑钙土	45 870.32	2 606.39	1.93	5 436.28	4.03	27 088.74	20.06	9 180.56	6.80	1 558.35	1.15	0.00	0
（3）厚层黄土质石灰性黑钙土	16 085.01	8 649.91	6.41	3 011.61	2.23	2 220.49	1.64	1 381.64	1.02	821.36	0.61	0.00	0
二、草甸土	9 191	733.19	0.54	863.41	0.64	2 686.87	1.99	2 003.93	1.48	2 897.51	2.15	0.00	0
（一）石灰性草甸土亚类	9 184.91	733.19	0.54	863.41	0.64	2 686.87	1.99	2 003.93	1.48	2 897.51	2.15	0.00	0

（续表）

土类、亚类、土属和土种名称	合计面积	1 面积	1 占总面积（%）	2 面积	2 占总面积（%）	3 面积	3 占总面积（%）	4 面积	4 占总面积（%）	5 面积	5 占总面积（%）	6 面积	6 占总面积（%）
黏壤质石灰性草甸土土属	9 184.91	733.19	0.54	863.41	0.64	2 686.87	1.99	2 003.93	1.48	2 897.51	2.15	0.00	0
（1）薄层黏壤质石灰性草甸土	6 719.06	115.82	0.09	323.79	0.24	1 483.77	1.10	1 901.27	1.41	2 894.41	2.14	0.00	0
（2）中层黏壤质石灰性草甸土	2 465.85	617.37	0.46	539.62	0.40	1 203.10	0.89	102.66	0.08	3.10	0.00	0.00	0
（二）潜育草甸土亚类	6.09	0.00	0.00	0.00	0.00	0.00	0.00	0.00	0.00	6.09	0.00	0.00	0
石灰性潜育草甸土土属	6.09	0.00	0.00	0.00	0.00	0.00	0.00	0.00	0.00	6.09	0.00	0.00	0
中层石灰性潜育草甸土	6.09	0.00	0.00	0.00	0.00	0.00	0.00	0.00	0.00	6.09	0.00	0.00	0
（三）盐化草甸土亚类													
苏打盐化草甸土土属													
（1）轻度苏打盐化草甸土													
（2）中度苏打盐化草甸土													
（3）重度苏打盐化草甸土													
（四）碱化草甸土亚类													
苏打碱化草甸土土属													
浅位苏打碱化草甸土													

三、土壤有效磷

（一）全县行政区有效磷含量情况

这次地力评价土壤化验分析发现，有效磷最大值是 87mg/kg，最小值是 1.2mg/kg，平均值 12.49mg/kg，比二次土壤普查提高 4.7mg/kg。提高幅度最大是双发乡，提高 9.88152mg/kg，提高最小是永乐镇，提高 1.33mg/kg。详见表 2-45。

表 2-45　肇州县行政区有效磷含量情况统计分析表　　　　（单位：mg/kg）

乡镇名称	这次地力评价			1984 年土壤普查		
	最大值	最小值	平均值	最大值	最小值	平均值
全县	87	1.2	12.49	—	—	9.79
朝阳乡	69.1	4.1	14.01	—	—	15.08
托古乡	46.7	2.9	14.75	—	—	10.05
丰乐镇	35.7	3.3	12.93	—	—	11.75
双发乡	82.5	3.1	16.34	—	—	6.46
肇州镇	87	2.8	14.78	—	—	16.48
朝阳沟镇	71.8	4.2	10.81	—	—	4.64
新福乡	70.9	1.7	10.49	—	—	15.08
榆树乡	27.5	2	10.34	—	—	10.32
永乐镇	42.7	2.1	9.87	—	—	8.55
兴城镇	52.2	2.1	13.76	—	—	5.75
永胜乡	34.1	2.4	10.55	—	—	8.19
二井镇	51.8	1.2	11.28	—	—	5.12

（二）全县土壤类型有效磷情况

肇州县土类这次地力评价土壤有效磷与二次土壤普查比呈上升趋势，主要是肇州县农民在种植过程中不断施用磷肥所致（表 2-46）。

表 2-46　全县土壤类型有效磷情况统计表　　　　（单位：mg/kg）

土类、亚类、土属和土种名称	这次地力评价			1984 年土壤普查		
	最大值	最小值	平均值	最大值	最小值	平均值
一、黑钙土	87	1.2	12.46	10	3	7.72
（一）草甸黑钙土亚类	70.90	1.90	11.72	—	—	—
石灰性草甸黑钙土土属	70.9	1.9	11.72	—	—	—
（1）薄层石灰性草甸黑钙土	35.1	1.9	9.85	—	—	—
（2）中层石灰性草甸黑钙土	70.9	3	13.04	—	—	—

（续表）

土类、亚类、土属和 土种名称	这次地力评价			1984 年土壤普查		
	最大值	最小值	平均值	最大值	最小值	平均值
（3）厚层石灰性草甸黑钙土	23.1	5.1	11.47	—	—	—
（二）石灰性黑钙土亚类	87.00	1.20	12.73	—	—	—
黄土质石灰性黑钙土土属	87	1.2	12.73	—	—	—
（1）薄层黄土质石灰性黑钙土	53	2.1	12.31	—	—	—
（2）中层黄土质石灰性黑钙土	87	1.2	13.27	—	—	—
（3）厚层黄土质石灰性黑钙土	41	3.6	12.20	—	—	—
二、草甸土类	71.8	1.7	12.14	—	—	—
（一）石灰性草甸土亚类	71.8	1.7	12.14	—	—	—
黏壤质石灰性草甸土土属	71.8	1.7	12.14	—	—	—
（1）薄层黏壤质石灰性草甸土	70.9	1.7	11.94	—	—	—
（2）中层黏壤质石灰性草甸土	71.8	2.7	12.54	—	—	—
（二）潜育草甸土亚类	14.1	10.2	12.15	—	—	—
石灰性潜育草甸土土属	14.1	10.2	12.2	—	—	—
中层石灰性潜育草甸土	14.1	10.2	12.15	—	—	—
（三）盐化草甸土亚类						
苏打盐化草甸土土属						
（1）轻度苏打盐化草甸土						
（2）中度苏打盐化草甸土						
（3）重度苏打盐化草甸土						
（四）碱化草甸土亚类						
苏打碱化草甸土土属						
浅位苏打碱化草甸土						

（三）黑龙江省有效磷分级指标

黑龙江省有效磷分级指标，见表2－47。

表2－47　黑龙江省耕地土壤有效磷分级指标　　　　　（单位：mg/kg）

分级 养分名称　水旱田		1	2	3	4	5	6
有效磷	旱田	>100	40～100	20～40	10～20	5～10	<5
	水田	>100	40～100	20～40	10～20	5～10	<5

（四）肇州县行政区有效磷分级面积情况

按照黑龙江省耕地有效磷养分分级标准，土壤有效磷养分含量达到1级耕地标准的面积529.29hm²，占总耕地面积的0.39%。土壤有效磷养分含量达到2级耕地标准的面积593.10hm²，占总耕地面积的0.44%。土壤有效磷养分含量达到3级耕地标准的面积12 119.69hm²，占总耕地面积的8.98%。土壤有效磷养分含量达到4级耕地标准的面积66 305.74hm²，占总耕地面积的49.11%。土壤有效磷养分含量达到5级耕地标准的面积47 886.65hm²，占总耕地面积的35.46%。土壤有效磷养分含量达到6级耕地标准的面积7 593.08hm²，占总耕地面积的5.62%（图2－15）。

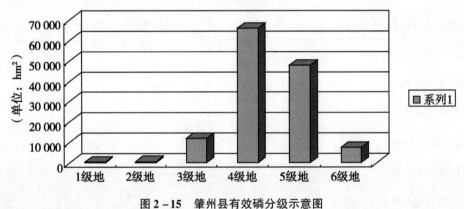

图2－15　肇州县有效磷分级示意图

各乡镇分级情况，详见表2－48。

（单位：mg/kg）

表 2 - 48　肇州县有效磷分级面积统计表

乡镇名称	合计面积	1		2		3		4		5		6	
		面积	占总面积（%）	面积	占总面积（%）	面积	占总面积（%）	面积	占总面积（%）	面积	占总面积（%）	面积	占总面积（%）
合计	135 027.55	529.29	0.39	593.10	0.44	12 119.69	8.98	66 305.74	49.11	47 886.65	35.46	7 593.08	5.62
朝阳乡	8 805.04	82.33	0.06	0.00	0.00	742.08	0.55	4 277.74	3.17	3 618.49	2.68	84.40	0.06
托古乡	8 337.58	0.00	0.00	75.52	0.06	1 282.25	0.95	4 632.96	3.43	2 108.89	1.56	237.96	0.18
丰乐镇	9 630.76	0.00	0.00	0.00	0.00	956.08	0.71	5 766.65	4.27	2 707.94	2.01	200.09	0.15
双发乡	11 090.97	48.34	0.04	0.00	0.00	2 718.58	2.01	6 428.30	4.76	1 470.57	1.09	425.18	0.31
肇州镇	9 534.98	51.39	0.04	113.68	0.08	890.37	0.66	5 633.51	4.17	2 422.60	1.79	423.43	0.31
朝阳沟镇	10 151.97	127.03	0.09	0.00	0.00	175.41	0.13	5 299.02	3.92	4 269.06	3.16	281.45	0.21
新福乡	14 766.95	220.20	0.16	77.80	0.06	1 100.42	0.81	5 349.86	3.96	6 106.19	4.52	1 912.48	1.42
榆树乡	9 567.72	0.00	0.00	0.00	0.00	544.22	0.40	3 555.85	2.63	4 598.66	3.41	868.99	0.64
永乐镇	8 303.64	0.00	0.00	87.81	0.07	353.40	0.26	1 605.59	1.19	5 305.42	3.93	951.42	0.70
兴城镇	18 913.85	0.00	0.00	196.43	0.15	2 182.64	1.62	11 592.75	8.59	4 190.50	3.10	751.53	0.56
永胜乡	9 551.07	0.00	0.00	0.00	0.00	343.54	0.25	5 049.08	3.74	3 928.98	2.91	229.47	0.17
二井镇	16 373.02	0.00	0.00	41.86	0.03	830.70	0.62	7 114.43	5.27	7 159.35	5.30	1 226.68	0.91

（五）肇州县耕地土壤有效磷分级面积情况

肇州县按照黑龙江省耕地有效磷养分分级标准，各种土类情况如下。

黑钙土类：土壤有效磷养分含量达到 1 级耕地标准的面积 184.75hm^2，占总耕地面积的 0.14%。土壤有效磷养分含量达到 2 级耕地标准的面积 578.60hm^2，占总耕地面积的 0.43%。土壤有效磷养分含量达到 3 级耕地标准的面积 11 406.43hm^2，占总耕地面积的 8.45%。土壤有效磷养分含量达到 4 级耕地标准的面积 61 740.61hm^2，占总耕地面积的 45.72%。土壤有效磷养分含量达到 5 级耕地标准的面积 44 983.99hm^2，占总耕地面积的 33.31%。土壤有效磷养分含量达到 6 级耕地标准的面积 6 942.71hm^2，占总耕地面积的 5.14%（图 2－16）。

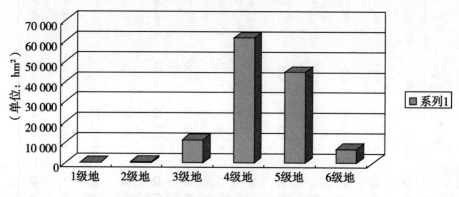

图 2－16　肇州县黑钙土有效磷分级示意图

草甸土类：土壤有效磷养分含量达到 1 级耕地标准的面积 345.08hm^2，占总耕地面积的 0.26%。土壤有效磷养分含量达到 2 级耕地标准的面积 14.50hm^2，占总耕地面积的 0.01%。土壤有效磷养分含量达到 3 级耕地标准的面积 713.26hm^2，占总耕地面积的 0.53%。土壤有效磷养分含量达到 4 级耕地标准的面积 4 559.04hm^2，占总耕地面积的 3.38%。土壤有效磷养分含量达到 5 级耕地标准的面积 2 902.66hm^2，占总耕地面积的 2.15%。土壤有效磷养分含量达到 6 级耕地标准的面积 650.37hm^2，占总耕地面积的 0.48%（图 2－17）。

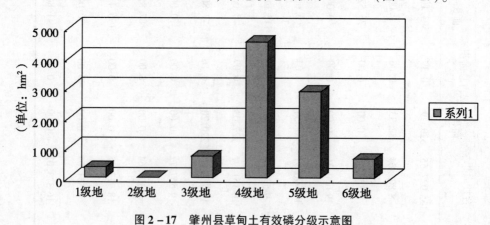

图 2－17　肇州县草甸土有效磷分级示意图

肇州县各土壤亚类、土属、土种分级情况，详见表 2－49。

表2-49 耕地土壤有效磷分级面积统计表

（单位：hm²）

土类、亚类、土属和土种名称	合计面积	1 面积	1 占总面积(%)	2 面积	2 占总面积(%)	3 面积	3 占总面积(%)	4 面积	4 占总面积(%)	5 面积	5 占总面积(%)	6 面积	6 占总面积(%)
合计	135 027.60	529.83	0.39	593.10	0.44	12 119.69	8.98	66 299.65	49.10	47 886.65	35.46	7 593.08	5.62
一、黑钙土	125 836.55	184.75	0.14	578.60	0.43	11 406.43	8.45	61 740.61	45.72	44 983.99	33.31	6 942.71	5.14
（一）草甸黑钙土亚类	27 122.79	2.15	0.00	0.00	0.00	2 137.91	1.58	12 619.53	9.35	10 750.01	7.96	1 613.19	1.19
石灰性草甸黑钙土土属	27 122.79	2.15	0.00	0.00	0.00	2 137.91	1.58	12 619.53	9.35	10 750.01	7.96	1 613.19	1.19
（1）薄层石灰性草甸黑钙土	12 928.21	0	0.00	0	0.00	597.92	0.44	4 609.38	3.41	6 843.53	5.07	877.38	0.65
（2）中层石灰性草甸黑钙土	12 853.04	2.15	0.00	0	0.00	1 523.71	1.13	7 232.72	5.36	3 358.65	2.49	735.81	0.54
（3）厚层石灰性草甸黑钙土	1 341.54	0	0.00	0	0.00	16.28	0.01	777.43	0.58	547.83	0.41	0	0.00
（二）石灰性黑钙土亚类	98 713.76	182.60	0.14	578.60	0.43	9 268.52	6.86	49 121.08	36.38	34 233.98	25.35	5 329.52	3.95
黄土质石灰性黑钙土土属	98 713.76	182.60	0.14	578.60	0.43	9 268.52	6.86	49 121.08	36.38	34 233.98	25.35	5 329.52	3.95
（1）薄层黄土质石灰性黑钙土	36 758.43	0	0.00	389.4	0.29	3 583.74	2.65	17 021.96	12.61	13 156.99	9.74	2 606.34	1.93
（2）中层黄土质石灰性黑钙土	45 870.32	182.06	0.13	173.76	0.13	5 026.93	3.72	23 978.02	17.76	14 276.71	10.57	2 232.84	1.65
（3）厚层黄土质石灰性黑钙土	16 085.01	0	0.00	15.44	0.01	657.85	0.49	8 121.1	6.01	6 800.28	5.04	490.34	0.36
二、草甸土类	9 191.00	345.08	0.26	14.50	0.01	713.26	0.53	4 559.04	3.38	2 902.66	2.15	650.37	0.48
（一）石灰性草甸土亚类	9 184.91	345.08	0.26	14.50	0.01	713.26	0.53	4 559.04	3.38	2 902.66	2.15	650.37	0.48

（续表）

土类、亚类、土属和土种名称	合计面积	1		2		3		4		5		6	
		面积	占总面积（%）	面积	占总面积（%）	面积	占总面积（%）	面积	占总面积（%）	面积	占总面积（%）	面积	占总面积（%）
黏壤质石灰性草甸土土属	9 184.91	345.08	0.26	14.50	0.01	713.26	0.53	4 559.04	3.38	2 902.66	2.15	650.37	0.48
（1）薄层黏壤质石灰性草甸土	6 719.06	218.05	0.16	14.5	0.01	464.94	0.34	3 101.62	2.30	2 338.9	1.73	581.05	0.43
（2）中层黏壤质石灰性草甸土	2 465.85	127.03	0.09	0	0.00	248.32	0.18	1 457.42	1.08	563.76	0.42	69.32	0.05
（二）潜育草甸亚类	6.09	0.00	0.00	0.00	0.00	0.00	0.00	6.09	0.00	0.00	0.00	0.00	0.00
石灰性潜育草甸土土属	6.09	0.00	0.00	0.00	0.00	0.00	0.00	6.09	0.00	0.00	0.00	0.00	0.00
中层石灰性潜育草甸土	6.09	0	0.00	0	0.00	0	0.00	6.09	0.00	0	0.00	0	0.00
（三）盐化草甸亚类													
苏打盐化草甸土土属													
（1）轻度苏打盐化草甸土													
（2）中度苏打盐化草甸土													
（3）重度苏打盐化草甸土													
（四）碱化草甸亚类													
苏打碱化草甸土土属													
浅位苏打碱化草甸土													

四、土壤速效钾

（一）肇州县行政区速效钾含量情况

这次地力评价土壤化验分析发现，速效钾最大值是 467mg/kg，最小值是 45mg/kg，平均值 168.05mg/kg，比二次土壤普查降低 14.1mg/kg。肇州县由于没有第二次土壤普查各乡镇的速效钾的化验数据，各乡镇耕地土壤的速效钾含量的变化情况无法对比分析。具体情况，详见表 2-50。

表 2-50　肇州县行政区速效钾含量情况统计表　（单位：mg/kg）

乡镇名称	这次地力评价			1984 年土壤普查		
	最大值	最小值	平均值	最大值	最小值	平均值
全县	467	45	168.05	—	—	182.15
朝阳乡	299	98	184.59	—	—	—
托古乡	465	94	181.48	—	—	—
丰乐镇	428	146	222.72	—	—	—
双发乡	425	57	164.49	—	—	—
肇州镇	266	100	157.15	—	—	—
朝阳沟镇	385	62	132.16	—	—	—
新福乡	283	67	136.10	—	—	—
榆树乡	440	97	184.66	—	—	—
永乐镇	357	45	138.41	—	—	—
兴城镇	467	84	193.52	—	—	—
永胜乡	431	89	170.70	—	—	—
二井镇	360	66	150.67	—	—	—

（二）全县土壤类型速效钾情况

肇州县土类这次地力评价速效钾与二次土壤普查比速效钾的变幅较宽，最大值比二次土壤普查的大，最小值比二次土壤普查的小，平均值比二次土壤普查的下降较大。黑钙土类下降 17.41mg/kg，草甸土类下降幅度不详。具体速效钾变幅情况，详见表 2-51。

表 2-51　全县土壤类型速效钾情况统计表　（单位：mg/kg）

土类、亚类、土属和土种名称	这次地力评价			1984 年土壤普查		
	最大值	最小值	平均值	最大值	最小值	平均值
一、黑钙土	467	45	164.74	258	116	182.15
（一）草甸黑钙土亚类	440.00	57.00	164.16	—	—	—
石灰性草甸黑钙土土属	440	57	164.16			

（续表）

土类、亚类、土属和 土种名称	这次地力评价			1984 年土壤普查		
	最大值	最小值	平均值	最大值	最小值	平均值
（1）薄层石灰性草甸黑钙土	425	80	170.79	—	—	—
（2）中层石灰性草甸黑钙土	422	57	163.21	—	—	—
（3）厚层石灰性草甸黑钙土	440	80	148.78	—	—	—
（二）石灰性黑钙土亚类	467.00	45.00	164.93	—	—	—
黄土质石灰性黑钙土土属	467	45	164.93	—	—	—
（1）薄层黄土质石灰性黑钙土	440	45	157.23	—	—	—
（2）中层黄土质石灰性黑钙土	467	62	166.94	—	—	—
（3）厚层黄土质石灰性黑钙土	431	62	172.02	—	—	—
二、草甸土类	422	66	166.51	—	—	—
（一）石灰性草甸土亚类	422.00	66.00	166.65	—	—	—
黏壤质石灰性草甸土土属	422	66	166.65	—	—	—
（1）薄层黏壤质石灰性草甸土	422	70	162.87	—	—	—
（2）中层黏壤质石灰性草甸土	385	66	174.36	—	—	—
（二）潜育草甸土亚类	132.00	130.00	131.00	—	—	—
石灰性潜育草甸土土属	132	130	131	—	—	—
中层石灰性潜育草甸土	132	130	131	—	—	—
（三）盐化草甸土亚类						—
苏打盐化草甸土土属						—
（1）轻度苏打盐化草甸土						—
（2）中度苏打盐化草甸土						—
（3）重度苏打盐化草甸土						—
（四）碱化草甸土亚类						—
苏打碱化草甸土土属						—
浅位苏打碱化草甸土						—
						—
						—

（三）黑龙江省速效钾分级指标

黑龙江省速效钾分级指标，见表2-52。

表2-52 黑龙江省耕地土壤速效钾分级指标 （单位：mg/kg）

养分名称	分级 水旱田	1	2	3	4	5	6
速效钾	旱田	>200	150~200	100~150	50~100	30~50	<30
	水田	>60	150~200	100~150	50~100	30~50	<30

（四）全县行政区速效钾分级面积情况

按照黑龙江省耕地速效钾养分分级标准，土壤速效钾养分含量达到1级耕地标准的面积26 085.47hm²，占总耕地面积19.32%。土壤速效钾养分含量达到2级耕地标准的面积48 530.95hm²，占总耕地面积35.94%。土壤速效钾养分含量达到3级耕地标准的面积54 701hm²，占总耕地面积40.51%。土壤速效钾养分含量达到4级耕地标准的面积5 623.79 hm²，占总耕地面积4.16%。土壤速效钾养分含量达到5级耕地标准的面积86.34hm²，占总耕地面积0.06%（图2-18）。

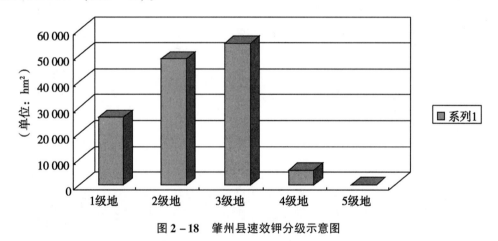

图2-18 肇州县速效钾分级示意图

肇州县各乡镇分级情况，详见表2-53。

表 2-53 肇州县行政区速效钾分级面积统计表

(单位：hm²)

乡镇名称	合计面积	1		2		3		4		5		6	
		面积	占总面积(%)	面积	占总面积(%)	面积	占总面积(%)	面积	占总面积(%)	面积	占总面积(%)	面积	占总面积(%)
合计	135 027.55	26 085.47	19.32	48 530.95	35.94	54 701	40.51	5 623.79	4.16	86.34	0.06	0	0
朝阳乡	8 805.04	2 580.52	1.91	4 601.97	3.41	1 540.22	1.14	82.33	0.06	0	0	0	0
托古乡	8 337.58	1 968.64	1.46	3 077.9	2.28	3 081.62	2.28	209.42	0.16	0	0	0	0
丰乐镇	9 630.76	7 035.54	5.21	2 574.49	1.91	20.73	0.02	0	0	0	0	0	0
双发乡	11 090.97	1 785.21	1.32	5 179.4	3.84	3 593.04	2.66	533.32	0.39	0	0	0	0
肇州镇	9 534.98	703.01	0.52	4 173.4	3.09	4 654.46	3.45	4.11	0.003	0	0	0	0
朝阳沟镇	10 151.97	477.24	0.35	1 544.53	1.14	5 801.74	4.30	2 328.46	1.72	0	0	0	0
新福乡	14 766.95	942.05	0.70	3 937.53	2.92	8 778.03	6.50	1 109.34	0.82	0	0	0	0
榆树乡	9 567.72	2 160.21	1.60	5 508.25	4.08	1 651.15	1.22	248.11	0.18	0	0	0	0
永乐镇	8 303.64	353.82	0.26	1 658.44	1.23	6 003.2	4.45	201.84	0.15	86.34	0.06	0	0
兴城镇	18 913.85	5 929.82	4.39	7 687.14	5.69	4 881.53	3.62	415.36	0.31	0	0	0	0
永胜乡	9 551.07	1 406.53	1.04	3 781.69	2.80	4 277.31	3.17	85.54	0.06	0	0	0	0
二井镇	16 373.02	742.88	0.55	4 806.21	3.56	10 417.97	7.72	405.96	0.30	0	0	0	0

（五）肇州县耕地土壤速效钾分级面积情况

按照黑龙江省耕地速效钾养分分级标准，肇州县各种耕地土类速效钾含量情况如下。

黑钙土类：按照黑龙江省耕地速效钾养分分级标准，肇州县耕地土壤速效钾养分含量达到 1 级耕地标准的面积 24 273.10hm²，占总耕地面积 17.98%。土壤速效钾养分含量达到 2 级耕地标准的面积 45 240.08hm²，占总耕地面积的 33.50%。土壤速效钾养分含量达到 3 级耕地标准的面积 50 916.43hm²，占总耕地面积 37.71%。土壤速效钾养分含量达到 4 级耕地标准的面积 5 320.60hm²，占总耕地面积 3.94%。土壤速效钾养分含量达到 5 级耕地标准的面积 86.34hm²，占总耕地面积的 0.06%（图 2 - 19）。

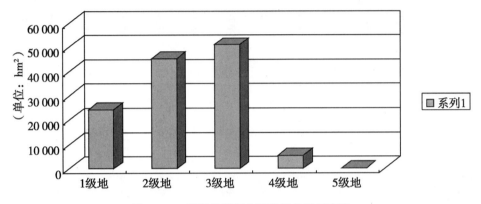

图 2 - 19　肇州县黑钙土速效钾分级示意图

草甸土类：按照黑龙江省耕地速效钾养分分级标准，肇州县耕地土壤速效钾养分含量达到 1 级耕地标准的面积 1 812.37hm²，占总耕地面积的 1.34%。土壤速效钾养分含量达到 2 级耕地标准的面积 3 290.87hm²，占总耕地面积的 2.44%。土壤速效钾养分含量达到 3 级耕地标准的面积 3 784.57hm²，占总耕地面积的 2.8%。土壤速效钾养分含量达到 4 级耕地标准的面积 303.19hm²，占总耕地面积 0.22%（图 2 - 20）。

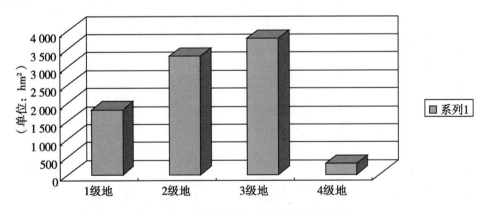

图 2 - 20　肇州县草甸土速效钾分级示意图

肇州县各土壤亚类、土属、土种分级情况，详见表 2 - 54。

表2-54 肇州县耕地土壤速效钾分级面积统计表

（单位：hm²）

土类、亚类、土属和土种名称	合计面积	1		2		3		4		5		6	
		面积	占总面积(%)	面积	占总面积(%)	面积	占总面积(%)	面积	占总面积(%)	面积	占总面积(%)	面积	占总面积(%)
合计	135 027.60	26 085.47	19.32	48 530.95	35.94	54 701.00	40.51	5 623.79	4.16	86.34	0.06	0.00	0.00
一、黑钙土	125 836.55	24 273.10	17.98	45 240.08	33.50	50 916.43	37.71	5 320.60	3.94	86.34	0.06	0.00	0.00
（一）草甸黑钙土亚类	27 122.79	6 507.52	4.82	9 456.96	7.00	9 528.18	7.06	1 630.13	1.21	0.00	0.00	0.00	0.00
石灰性草甸黑钙土土属	27 122.79	6 507.52	4.82	9 456.96	7.00	9 528.18	7.06	1 630.13	1.21	0.00	0.00	0.00	0.00
（1）薄层石灰性草甸黑钙土	12 928.21	3 473.11	2.57	4 668.44	3.46	4 199.75	3.11	586.91	0.43	0.00	0.00	0.00	0.00
（2）中层石灰性草甸黑钙土	12 853.04	2 938.59	2.18	4 648.68	3.44	4 560.68	3.38	705.09	0.52	0.00	0.00	0.00	0.00
（3）厚层石灰性草甸黑钙土	1 341.54	95.82	0.07	139.84	0.10	767.75	0.57	338.13	0.25	0.00	0.00	0.00	0.00
（二）石灰性黑钙土亚类	98 713.76	17 765.58	13.16	35 783.12	26.50	41 388.25	30.65	3 690.47	2.73	86.34	0.06	0.00	0.00
黄土质石灰性黑钙土土属	98 713.76	17 765.58	13.16	35 783.12	26.50	41 388.25	30.65	3 690.47	2.73	86.34	0.06	0.00	0.00
（1）薄层黄土质石灰性黑钙土	36 758.43	5 590.85	4.14	13 134.08	9.73	16 668.18	12.34	1 278.98	0.95	86.34	0.06	0.00	0.00
（2）中层黄土质石灰性黑钙土	45 870.32	7 879.46	5.84	17 213.41	12.75	19 684.25	14.58	1 093.20	0.81	0.00	0.00	0.00	0.00
（3）厚层黄土质石灰性黑钙土	16 085.01	4 295.27	3.18	5 435.63	4.03	5 035.82	3.73	1 318.29	0.98	0.00	0.00	0.00	0.00
二、草甸土类	9 191.00	1 812.37	1.34	3 290.87	2.44	3 784.57	2.80	303.19	0.22	0.00	0.00	0.00	0.00
（一）石灰性草甸土亚类	9 184.91	1 812.37	1.34	3 290.87	2.44	3 778.48	2.80	303.19	0.22	0.00	0.00	0.00	0.00

（续表）

土类、亚类、土属和土种名称	合计面积	1 面积	1 占总面积(%)	2 面积	2 占总面积(%)	3 面积	3 占总面积(%)	4 面积	4 占总面积(%)	5 面积	5 占总面积(%)	6 面积	6 占总面积(%)
黏壤质石灰性草甸土土属	9 184.91	1 812.37	1.34	3 290.87	2.44	3 778.48	2.80	303.19	0.22	0.00	0.00	0.00	0.00
（1）薄层粘壤质石灰性草甸土	6 719.06	1 060.28	0.79	2 154.59	1.60	3 304.47	2.45	199.72	0.15	0.00	0.00	0.00	0.00
（2）中层粘壤质石灰性草甸土	2 465.85	752.09	0.56	1 136.28	0.84	474.01	0.35	103.47	0.08	0.00	0.00	0.00	0.00
（二）潜育草甸土亚类	6.09	0.00	0.00	0.00	0.00	6.09	0.00	0.00	0.00	0.00	0.00	0.00	0.00
石灰性潜育草甸土土属	6.09	0.00	0.00	0.00	0.00	6.09	0.00	0.00	0.00	0.00	0.00	0.00	0.00
中层石灰性潜育草甸土	6.09	0.00	0.00	0.00	0.00	6.09	0.00	0.00	0.00	0.00	0.00	0.00	0.00
（三）盐化草甸土亚类													
苏打盐化草甸土土属													
（1）轻度苏打盐化草甸土													
（2）中度苏打盐化草甸土													
（3）重度苏打盐化草甸土													
（四）碱化草甸土亚类													
苏打碱化草甸土土属													
浅位苏打碱化草甸土													

五、土壤有效锌

土壤有效锌存在的形态主要它包括水溶态、代换态、酸溶态和螯合态。作物以吸收代换态锌为主。影响土壤有效锌的主要因素是 pH 值。它与土壤有效锌呈负相关，当土壤 pH 值 3～4 时，土壤锌主要是锌离子态，pH 值 6～8 时，主要是以氢氧化锌态，是一种难溶性的锌化合物。所以土壤 pH 值 >6 时，土壤就可能发生缺锌。另外，土壤黏粒和碳酸钙的含量都与土壤有效锌呈负相关。土壤黏粒越多，碳酸钙含量越高，有效锌含量越少。

肇州县土壤 pH 值基本上均在 7～8，碳酸钙含量高，平地土壤黏粒含量高，因此，土壤有效锌含量较低，多在 0.3～0.5mg/kg，少数在 0.3mg/kg 以下和 0.5mg/kg 以上。据有关材料介绍，土壤缺锌临界值，中性土壤有效锌为 1mg/kg，石灰性土壤为 0.5mg/kg，以此临界值来衡量，肇州县大部分土壤缺锌，只有少部分土壤在临界值以上，但也不算丰富。

（一）肇州县行政区有效锌含量情况

这次地力评价土壤化验分析发现，肇州县土壤有效锌含量最大值是 7.52mg/kg，最小值是 0.22mg/kg，平均值 1.12mg/kg。由于肇州县二次土壤普查过程中没有土壤有效锌的化验数据，无法进行土壤有效锌含量的变化分析。详见表 2－55。

表 2－55　肇州县行政区有效锌含量情况统计表　　（单位：mg/kg）

乡镇名称	这次地力评价			1984 年土壤普查		
	最大值	最小值	平均值	最大值	最小值	平均值
全县	7.52	0.22	1.12	—	—	—
朝阳乡	2.62	0.7	1.18	—	—	—
托古乡	5.04	0.43	1.28	—	—	—
丰乐镇	5.74	0.87	1.50	—	—	—
双发乡	1.9	0.52	1.02	—	—	—
肇州镇	7.52	0.4	1.62	—	—	—
朝阳沟镇	2.44	0.44	0.88	—	—	—
新福乡	3.2	0.26	0.94	—	—	—
榆树乡	4.76	0.3	1.37	—	—	—
永乐镇	2.05	0.36	0.95	—	—	—
兴城镇	4	0.22	0.90	—	—	—
永胜乡	2.34	0.28	0.86	—	—	—
二井镇	2.8	0.26	0.98	—	—	—

（二）肇州县土壤类型有效锌含量情况

肇州县的耕地土类通过这次地力评价，测试结果：黑钙土类有效锌最大含量 7.52mg/kg，最小含量 0.22mg/kg，平均含量 1.11mg/kg；草甸土土类有效锌最大含量 3.56mg/kg，最小含量 0.26mg/kg，平均含量 1.04mg/kg，详见表 2－56。

表2-56　全县土壤类型有效锌情况统计表　　　　　（单位：mg/kg）

土类、亚类、土属和土种名称	这次地力评价			1984年土壤普查		
	最大值	最小值	平均值	最大值	最小值	平均值
一、黑钙土	7.52	0.22	1.11	—	—	
（一）草甸黑钙土亚类	5.74	0.22	1.04	—	—	
石灰性草甸黑钙土土属	5.74	0.22	1.04	—	—	
（1）薄层石灰性草甸黑钙土	2.95	0.22	0.92	—	—	
（2）中层石灰性草甸黑钙土	5.74	0.40	1.11	—	—	
（3）厚层石灰性草甸黑钙土	2.72	0.62	1.07	—	—	
（二）石灰性黑钙土亚类	7.52	0.26	1.14	—	—	
黄土质石灰性黑钙土土属	7.52	0.26	1.14	—	—	
（1）薄层黄土质石灰性黑钙土	4.00	0.28	1.01	—	—	
（2）中层黄土质石灰性黑钙土	7.52	0.26	1.22	—	—	
（3）厚层黄土质石灰性黑钙土	5.74	0.32	1.16	—	—	
二、草甸土类	3.56	0.26	1.04	—	—	
（一）石灰性草甸土亚类	3.56	0.26	1.04	—	—	
黏壤质石灰性草甸土土属	3.56	0.26	1.04	—	—	
（1）薄层黏壤质石灰性草甸土	3.56	0.26	0.98	—	—	
（2）中层黏壤质石灰性草甸土	2.72	0.34	1.17	—	—	
（二）潜育草甸土亚类	1.21	0.78	1.00	—	—	
石灰性潜育草甸土土属	1.21	0.78	1.00	—	—	
中层石灰性潜育草甸土	1.21	0.78	1.00	—	—	
（三）盐化草甸土亚类						
苏打盐化草甸土土属						
（1）轻度苏打盐化草甸土						
（2）中度苏打盐化草甸土						
（3）重度苏打盐化草甸土						
（四）碱化草甸土亚类						
苏打碱化草甸土土属						
浅位苏打碱化草甸土						

（三）黑龙江省有效锌分级指标

黑龙江省有效锌分级指标，见表2-57。

表 2 - 57   黑龙江省耕地土壤有效锌分级指标   （单位：mg/kg）

1	2	3	4	5
>2	1.5~2	1~1.5	0.5~1	<0.5
>2	1.5~2	1~1.5	0.5~1	<0.5

（四）全县行政区有效锌分级面积情况

按照黑龙江省耕地有效锌养分分级标准，有效锌养分含量达到 1 级耕地标准的面积 6 626.70hm²，占总耕地面积 4.91%。有效锌养分含量达到 2 级耕地标准的面积 13 117.74 hm²，占总耕地面积 9.71%。有效锌养分含量达到 3 级耕地标准的面积 46 015.72hm²，占总耕地面积 34.08%。有效锌养分含量达到 4 级耕地标准的面积 62 903.15hm²，占总耕地面积 46.59%。有效锌养分 5 级耕地面积 6 364.24hm²，占总耕地面积 4.71%。各乡镇分级情况详，见表 2 - 58，图 2 - 21。

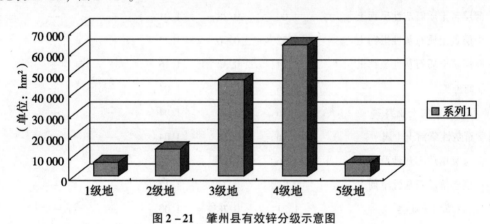

图 2 - 21   肇州县有效锌分级示意图

表 2－58 肇州县行政区有效锌分级面积情况统计表

（单位：hm²）

乡镇名称	合计面积	1		2		3		4		5	
		面积	占总面积（%）	面积	占总面积（%）	面积	占总面积（%）	面积	占总面积（%）	面积	占总面积（%）
合计	135 027.55	6 626.70	4.91	13 117.74	9.71	46 015.72	34.08	62 903.15	46.59	6 364.24	4.71
朝阳乡	8 805.04	514.43	0.38	1 175.93	0.87	3 611.58	2.67	3 503.10	2.59	0.00	0.00
托古乡	8 337.58	351.92	0.26	705.77	0.52	4 857.33	3.60	2 297.89	1.70	124.67	0.09
丰乐镇	9 630.76	1 657.32	1.23	1 993.46	1.48	5 081.83	3.76	898.15	0.67	0.00	0.00
双发乡	11 090.97	0.00	0.00	1 152.03	0.85	4 852.10	3.59	5 086.84	3.77	0.00	0.00
肇州镇	9 534.98	1 629.79	1.21	2 611.57	1.93	3 274.10	2.42	1 875.66	1.39	143.86	0.11
朝阳沟镇	10 151.97	159.28	0.12	248.21	0.18	2 096.58	1.55	7 187.37	5.32	460.53	0.34
新福乡	14 766.95	483.26	0.36	1 078.34	0.80	4 304.77	3.19	7 831.53	5.80	1 069.05	0.79
榆树乡	9 567.72	1 380.70	1.02	2 156.16	1.60	3 480.27	2.58	2 399.96	1.78	150.63	0.11
永乐镇	8 303.64	1.42	0.00	171.73	0.13	2 432.52	1.80	5 240.42	3.88	457.55	0.34
兴城镇	18 913.85	325.61	0.24	876.30	0.65	4 339.21	3.21	10 901.87	8.07	2 470.86	1.83
永胜乡	9 551.07	5.09	0.00	637.19	0.47	2 394.23	1.77	5 679.16	4.21	835.40	0.62
二井镇	16 373.02	117.88	0.09	311.05	0.23	5 291.20	3.92	10 001.20	7.41	651.69	0.48

（五）全县耕地土壤有效锌分级面积情况

按照黑龙江省耕地有效锌养分分级标准，肇州县各种土类有效锌含量分级情况如下。

黑钙土类：土壤有效锌养分含量达到 1 级耕地标准的面积 6 180.02hm²，占总耕地面积 4.58%；土壤有效锌养分含量达到 2 级耕地标准的面积 12 521.07hm²，占总耕地面积 9.27%；土壤有效锌养分含量达到 3 级耕地标准的面积 43 221.16hm²，占总耕地面积 32.01%；土壤有效锌养分含量达到 4 级耕地标准的面积 58 538.89hm²，占总耕地面积 43.35%；土壤有效锌养分含量达到 5 级耕地标准的面积 5 375.42hm²，占总耕地面积 3.98%（图 2－22）。

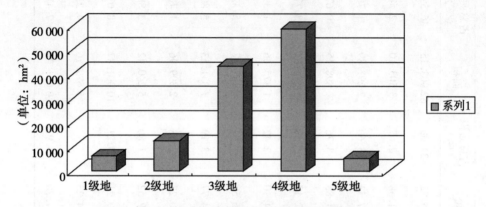

图 2－22　肇州县黑钙土有效锌分级示意图

草甸土类：土壤有效锌养分含量达到 1 级耕地标准的面积 466.69hm²，占总耕地面积 0.33%；土壤有效锌养分含量达到 2 级耕地标准的面积 596.67hm²，占总耕地面积 0.44%；土壤有效锌养分含量达到 3 级耕地标准的面积 2 794.56hm²，占总耕地面积 2.07%；土壤有效锌养分含量达到 4 级耕地标准的面积 4 364.26hm²，占总耕地面积 3.23%；土壤有效锌养分含量达到 5 级耕地标准的面积 988.82hm²，占总耕地面积 0.73%（图 2－23）。

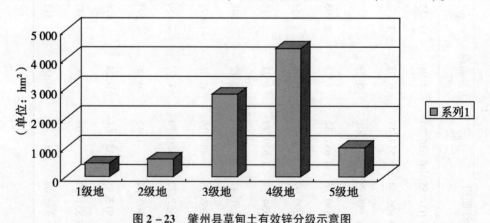

图 2－23　肇州县草甸土有效锌分级示意图

肇州县各土壤亚类、土属、土种面积分级情况，详见表 2－59。

表2-59 耕地土壤有效锌分级面积统计表

（单位：hm²）

土类、亚类、土属和土种名称	合计面积	1 面积	1 占总面积（%）	2 面积	2 占总面积（%）	3 面积	3 占总面积（%）	4 面积	4 占总面积（%）	5 面积	5 占总面积（%）
合计	135 027.60	6 626.71	4.91	13 117.74	9.71	46 015.72	34.08	62 903.15	46.59	6 364.24	4.71
一、黑钙土	125 836.55	6 180.02	4.58	12 521.07	9.27	43 221.16	32.01	58 538.89	43.35	5 375.42	3.98
（一）草甸黑钙土亚类	27 122.79	1 756.89	1.30	3 162.41	2.34	7 455.85	5.52	13 041.65	9.66	1 705.99	1.26
石灰性草甸黑钙土土属	27 122.79	1 756.89	1.30	3 162.41	2.34	7 455.85	5.52	13 041.65	9.66	1 705.99	1.26
（1）薄层石灰草甸黑钙土	12 928.21	872.67	0.65	1 297.49	0.96	1 900.95	1.41	7 337.90	5.43	1 519.20	1.13
（2）中层石灰草甸黑钙土	12 853.04	848.77	0.63	1 758.99	1.30	5 182.82	3.84	4 875.67	3.61	186.79	0.14
（3）厚层石灰草甸黑钙土	1 341.54	35.45	0.03	105.93	0.08	372.08	0.28	828.08	0.61	0.00	0.00
（二）石灰性黑钙土亚类	98 713.76	4 423.13	3.28	9 358.66	6.93	35 765.31	26.49	45 497.24	33.69	3 669.43	2.72
黄土质石灰性黑钙土土属	98 713.76	4 423.13	3.28	9 358.66	6.93	35 765.31	26.49	45 497.24	33.69	3 669.43	2.72
（1）薄层黄土质石灰性黑钙土	36 758.43	1 200.06	0.89	2 665.38	1.97	11 813.80	8.75	19 193.58	14.21	1 885.61	1.40
（2）中层黄土质石灰性黑钙土	45 870.32	2 930.95	2.17	5 043.40	3.74	18 186.87	13.47	18 707.89	13.85	1 001.21	0.74
（3）厚层黄土质石灰性黑钙土	16 085.01	292.11	0.22	1 649.88	1.22	5 764.64	4.27	7 595.77	5.63	782.61	0.58
二、草甸土类	9 191.00	446.69	0.33	596.67	0.44	2 794.56	2.07	4 364.26	3.23	988.82	0.73
（一）石灰性草甸土亚类	9 184.91	446.69	0.33	596.67	0.44	2 791.57	2.07	4 361.16	3.23	988.82	0.73

（续表）

土类、亚类、土属和土种名称	合计面积	1 面积	1 占总面积（%）	2 面积	2 占总面积（%）	3 面积	3 占总面积（%）	4 面积	4 占总面积（%）	5 面积	5 占总面积（%）
黏壤质石灰性草甸土土属	9 184.91	446.69	0.33	596.67	0.44	2 791.57	2.07	4 361.16	3.23	988.82	0.73
（1）薄层黏壤质石灰性草甸土	6 719.06	260.63	0.19	345.88	0.26	1 628.01	1.21	3 558.35	2.64	926.19	0.69
（2）中层黏壤质石灰性草甸土	2 465.85	186.06	0.14	250.79	0.19	1 163.56	0.86	802.81	0.59	62.63	0.05
（二）潜育草甸土亚类	6.09	0.00	0.00	0.00	0.00	2.99	0.00	3.10	0.00	0.00	0.00
石灰性潜育草甸土土属	6.09	0.00	0.00	0.00	0.00	2.99	0.00	3.10	0.00	0.00	0.00
中层石灰性潜育草甸土	6.09	0.00	0.00	0.00	0.00	2.99	0.00	3.10	0.00	0.00	0.00
（三）盐化草甸土亚类											
苏打盐化草甸土土属											
（1）轻度苏打盐化草甸土											
（2）中度苏打盐化草甸土											
（3）重度苏打盐化草甸土											
（四）碱化草甸土亚类											
苏打碱化草甸土土属											
浅位苏打碱化草甸土											

六、土壤酸碱度

土壤酸碱度来源于土壤生物活动产生的二氧化碳，来源于土壤矿物质分解，来源有机质分解。它直接影响土壤营养元素的有效性，影响土壤理化性质，影响植物生长发育，因此，是土壤属性一项重要指标。

通过我县这次耕地地力评价发现：pH 值范围为 6.9 ~ 9.2，平均值 8.27 与二次土壤普查相比降低了 0.37。产生耕地土壤 pH 值变化的原因：一方面由于近来部分耕地土壤大量施用有机肥料；另一方面是化学生理酸性肥料的大量施用所导致。

具体情况，详见表 2 - 60。

表 2 - 60　肇州县土壤 pH 值变化对比表

	二次土壤普查	这次地力评价
平均值	8.64	8.27
最小值	8.3	6.9
最大值	9.2	9.2

七、土壤碱解氮

碱解氮是土壤速效性氮，可直接被植物吸收利用，我县这次地力评价发现碱解氮在提高，最小值为 42mg/kg，最大值为 255.5mg/kg，平均值为 119.6mg/kg。二次土壤普查最小值 1.0mg/kg，最大值 264mg/kg，平均值 100.43mg/kg。这次耕地地力评价，肇州县土壤碱解氮含量的平均值比二次土壤普查提高 19.17mg/kg。

八、土壤有效铁

土壤有效铁一般含量较高，正常情况下土壤不缺铁。但石灰性土壤，pH 值偏高，铁常以难溶性的氢氧化铁等状态存在，使土壤有效铁含量大大降低，易发生缺铁现象。土壤长期过湿，通气不良，大量铁会以亚铁离子状态存在于水溶液中，使植物产生中毒现象。

根据有关资料统计，土壤中含 0.01 ~ 0.3mg/kg 有效铁时，植物缺铁严重。含 0.3 ~ 2.2mg/kg 有效铁时，植物缺铁较轻。含 2.2 ~ 3.2mg/kg 有效铁时，植物无缺铁病。

肇州县这次耕地地力评价的测试结果是：土壤有效铁含量最大值 18.5mg/kg，最小值 1.56mg/kg，平均值 11.11mg/kg。虽然，肇州县耕地土壤有效铁的平均含量相对较高，但是，肇州县耕地土壤 pH 值较高、潜育化成土过程强，地下水位高，易内涝，土壤过湿，通气不良，要注意防止植物铁中毒现象的发生。

九、土壤有效锰

土壤中水溶性锰、交换性锰和易还原态锰为有效锰，前者为供应能力，后者是供应容量，并处于动态平衡中。这种平衡受各种因素影响，尤其受土壤 pH 值影响更大，pH 值越高，锰的有效性越低。因此，它的临界值因土壤类型不同而异，石灰性土壤有效锰在 3mg/kg 以上，不会出现缺锰症状。

我县这次耕地地力评价的测试结果是：土壤有效锰含量最大值 47.04mg/kg，最小值 4.22mg/kg，平均值 12.70mg/kg。均高于有效锰含量的缺锰临界值，可见，肇州县土壤不缺有效锰，可满足作物生长发育需要。

十、土壤有效铜

土壤中的水溶性和代换性铜为作物可吸收利用的有效铜。一般土壤有效铜都高于 1mg/kg，沙质土壤有效铜常低于 1mg/kg。

肇州县土壤有效铜平均含量 1.18mg/kg，多数可满足作物的需要。

第二节　土壤物理性状

一、土壤形态

土壤是可以从外部形态和内部理化性质等方面认识的客观实体。我们通过定性手段，从外部形态上判断土壤肥力的变化，又通过化验分析等定量手段，来分析土壤肥力的变化规律。在各种自然成土因素综合影响下，形成各种土壤类型，并有其各自形态特征。在人类开垦种植利用以后，虽然仍保持其自然土壤的大部分特征、特性，但在形态上却发生了很大变化。从这次肇州县耕地地力评价的调查结果看，肇州县耕地土壤形态变化特点大体如下。

（一）黑土层变薄，土色变浅

肇州县岗地耕作土壤主要是黑钙土，由于质地较轻，土质疏松，侵蚀严重，黑土层普遍逐年变薄，而且土色变浅。黑土层这次地力评价发现比二次土壤普查时平均减少 0.7cm。

（二）耕层变浅，障碍层次位置上移

20 多年来，由于家庭联产承包责任制的改变，一家一户的耕作管理模式，绝大多数农民采用小四轮作业，很少应用大型农业机械作业，加之轮作制度的不合理性，导致土壤耕层变浅。障碍层次主要是指犁底层，人们用农具对土壤进行耕作，犁具对土壤的挤压等作用，形成一个新的障碍层次——犁底层。这个层次土壤紧实或坚硬，影响作物根系发育，影响通气和透水性能。由于土壤性质不同，使用犁具不同和耕作方法的不同。犁底层出现深度，发育程度也不同。有的土壤质地较轻或不断进行深耕深松，耕层较深，犁底层发育较差，而且不太坚硬。有的土质黏重，耕层浅，而且坚硬，通透性很差，成为隔水层，易旱易涝。影响作物的生育和产量的提高。这次地力评价发现比二次土壤普查耕层厚度减少 4.2cm，障碍层位置上移 2.6cm。详见表 2-61。

表 2-61　肇州县耕地土壤形态情况表　　　　　　　　　　（单位：cm）

土类	黑土层		耕层厚度		障碍层次位置	
	这次地力评价	二次土壤普查	这次地力评价	二次土壤普查	这次地力评价	二次土壤普查
黑钙土	28.1	28.5	18.4	24.4	19.4	22.2
草甸土	25.3	26.3	18.1	20.6	19.2	21.6

（续表）

土类	黑土层		耕层厚度		障碍层次位置	
	这次地力评价	二次土壤普查	这次地力评价	二次土壤普查	这次地力评价	二次土壤普查
平均	26.7	27.4	18.3	22.5	19.3	21.9
增减值	-0.7	0	-4.2	0	-2.6	0

二、土壤物理性状

（一）土壤容重（亦称"土壤假比重"）

土壤容重是指一定容积的土壤（包括土粒及粒间的孔隙）烘干后的重量与同容积水重的比值。它与包括孔隙的 $1cm^3$ 烘干土的重量用克来表示的土壤容重，在数值上是相同的。一般含矿物质多而结构差的土壤（如沙土），土壤容积比重在 1.4~1.7；含有机质多而结构好的土壤（如农业土壤），在 1.1~1.4。土壤容积比重可用来计算一定面积耕层土壤的重量和土壤孔隙度；也可作为土壤熟化程度指标之一，熟化程度较高的土壤，容积比重常较小。土壤容重、孔隙度等物理性状的变化直接影响到土壤水、肥、气、热的协调性，影响土壤肥力的发挥。土壤容重在 1.0~1.2g/cm^3 时，表示通气性和耕性良好，土壤容重大于 1.3g/cm^3 时，结构差，有机质含量少，土层紧实，耕性较差。大于 1.5g/cm^3 时，土层紧密，几乎不透水，作物根系很难扎入，影响作物生育。

肇州县耕地土壤容重范围在 0.91~1.4g/cm^3，由于耕作施肥等水平不一，土壤容重也不一样。容重增加，孔隙度减少。

这次地力评价发现耕地土壤比二次土壤普查时，容重减少0.04%，质地变化不大。详见表2-62。

表 2-62　肇州县土壤容重、孔隙度、质地情况表

土类	容重（g/cm^3）		孔隙度（%）		质地	
	这次地力评价	二次土壤普查	这次地力评价	二次土壤普查	这次地力评价	二次土壤普查
黑钙土	1.18	1.24		56.6	中壤土	中壤土
草甸土	1.18	1.19		56.6	黏壤土	黏壤土
平均	1.18	1.22		56.6		
增减值	-0.04	0		0		

（二）土壤孔隙度

土壤孔隙度是指在自然条件下除了土壤固相之外土壤孔隙所占土壤容积的百分比。提高土壤孔隙度的方法很多，可以增施有机肥，如农家肥、牲畜粪和绿肥等。对土壤进行改良，向土壤中增添些沙子，改善土壤结构。进行中耕松土除草。对土地进行深耕，充分使土壤变得疏松。种植不容易使土壤板结可以改善土壤结构的作物。

土壤的孔隙度对作物的生长是非常重要的，因为，土壤孔隙度关系到土壤的通气状况，特别是氧气的含量，土壤中含有很多微生物，这些微生物通常都是需氧的生物，它们需要在有氧的情况下对土壤腐殖质进行腐熟。一方面土壤微生物对土壤结构的改善是一种微观的行为，如果土壤经常处于板结状态，那么时间长了微生物的活动就会受阻，不利于微生物的繁殖及对土壤的有益改造；另一方面就是土壤孔隙度关系到土壤中水分的运动，作物生长需要大量的水分，地下的水分主要通过土壤毛细管运输到植物的根部，土壤板结对水分的运输产生了不利的影响，不利于水分的输送当然也就不利于植物的吸收了。因此，提高土壤的孔隙度对农业生产是非常必要的，它关系到植物的生产状况，从而关系到作物的产量。

（三）土壤质地

土壤质地是指土壤固相的各种粒级在整个土壤中所占的比例。土壤质地一般分为沙土、沙壤、中壤、重壤、黏壤。土壤质地的不同，土壤的理化性质也不同。正常情况下，中壤土保肥供肥能力强，土壤的水肥气热条件好，比较适合作物生长。黏壤土容重较大，通透能力差，供肥性能不佳，并且渗透能力弱，易使耕地形成内涝。肇州县耕地土壤的质地以中壤土和黏壤土为主，光热资源丰富，比较适合作物生长。

第五章 肇州县耕地地力评价

第一节 耕地地力指标的评价体系

一、确定评价单元

耕地评价单元是由耕地构成因素组成的综合体。这次我们根据《全国耕地地力评价技术规程》的要求，采用综合方法确定评价单元，即用 1∶50 000 的土壤图、土地利用现状图，先数字化，再在计算机上叠加复合生成评价单元图斑，然后进行综合取舍，形成评价单元。这种方法的优点是考虑全面，综合性强，同一评价单元内土壤类型相同、土地利用类型相同，既满足了对耕地地力做出评价，又便于耕地利用与管理。这次肇州县耕地地力评价共确定形成评价单元 2 481 个，总面积 135 027.55hm²。

（一）确定评价单元方法

（1）以土壤图为基础，将农业生产影响一致的土壤类型归并在一起成为一个评价单元。

（2）以耕地类型图为基础确定评价单元。

（3）以土地利用现状图为基础确定评价单元。

（4）采用网格法确定评价单元。

（二）评价单元数据获取

采取将评价单元与各专题图件叠加采集各参评因素的信息，具体的方法是：按唯一标志原则为评价单元编码；生成评价信息空间库和属性数据库；从图形库中调出评价因子的专题图，与评价单元图进行叠加；保持评价单元几何形状不变，直接对叠加后形成的图形的属性库进行操作，以评价单元为基本统计单位，按面积加权平均汇总评价单元各评价因素的值。由此，得到图形与属性相连，以评价单元为基本单位的评价信息。

根据不同类型数据的特点，我们采取以下几种途径为评价单元获取数据。

1. 点位数据

对于点位分布图，先进行插值形成栅格图，与评价单元图叠加后采用加权统计的方法给评价单元赋值。如土壤有效磷点位图、速效钾点位图等。

2. 矢量图

对于矢量图，直接与评价单元图叠加，再采用加权统计的方法为评价单元赋值。对于土壤质地、容重等较稳定的土壤理化形状，可用一个乡镇范围内同一个土种的平均值直接为评价单元赋值。

3. 等值线图

对于等值线图，先采用地面高程模型生成栅格图，再与评价单元图叠加后采用分区统计的方法给评价单元赋值。

二、确定评价指标

耕地地力评价实质是评价地形地貌、土壤理化性状等自然要素对农作物生长限制程序的强弱。选取评价指标时我们遵循以下几个原则。

（1）选取的指标对耕地地力有比较大的影响，如地形部位、灌排条件等。

（2）选取的指标在评价区域内的变异较大，便于划分耕地地力的等级。

（3）选取的评价指标在时间序列上具有相对的稳定性，如土壤的容重、有机质含量等，评价的结果能够有较长的有效期。

（4）选取评价指标与评价区域的大小有密切的关系。基于以上考虑，结合肇州县本地的土壤条件、农田基础设施状况、当前农业生产中耕地存在的突出问题等，并参照《全国耕地地力调查和质量评价技术规程》中所确定的64项指标体系，结合肇州县实际情况最后确定了选取3个准则，9项指标：pH值、有机质、有效磷、速效钾、有效锌、容重、耕层厚度、灌溉保证率、全盐量。见表2-63、表2-64。

表2-63　全国耕地地力评价指标体系

代码	要素名称	代码	要素名称
	气候		耕层理化性状
AL101000	≥00 积温	AL401000	质地
AL102000	≥10 积温	AL402000	容重
AL103000	年降水量	AL403000	pH 值
AL104000	全年日照时数	AL404000	阳离子代换量（CEC）
AL105000	光能辐射总量		耕层养分状况
AL106000	无霜期	AL501000	有机质
AL107000	干燥度	AL502000	全氮
	立地条件	AL503000	有效磷
AL201000	经度	AL504000	速效钾
AL202000	纬度	AL505000	缓效钾
AL203000	高程	AL506000	有效锌
AL204000	地貌类型	AL507000	水溶态硼
AL205000	地形部位	AL508000	有效钼
AL206000	坡度	AL509000	有效铜
AL207000	坡向	AL501000	有效硅
AL208000	成土母质	AL501100	有效锰

（续表）

代码	要素名称	代码	要素名称
AL209000	土壤侵蚀类型	AL501200	有效铁
AL201000	土壤侵蚀程度	AL501300	交换性钙
AL201100	林地覆盖率	AL501400	交换性镁
AL201200	地面破碎情况		障碍因素
AL201300	地表岩石露头状况	AL601000	障碍层类型
AL201400	地表砾石度	AL602000	障碍层出现位置
AL201500	田面坡度	AL603000	障碍层厚度
	剖面性状	AL604000	耕层含盐量
AL301000	剖面构型	AL605000	一米土层含盐量
AL302000	质地构型	AL606000	盐化类型
AL303000	有效土层厚度	AL607000	地下水矿化度
AL304000	耕层厚度		土壤管理
AL305000	腐殖层厚度	AL701000	灌溉保证率
AL306000	田间持水量	AL702000	灌溉模数
AL307000	旱季地下水位	AL703000	抗旱能力
AL308000	潜水埋深	AL704000	排涝能力
AL309000	水型	AL705000	排涝模数
		AL706000	轮作制度
		AL707000	梯田化水平
		AL708000	设施类型（蔬菜地）

表 2 - 64　肇州县地力评价指标表

评价准则	评价指标
1. 养分状况	①有效磷
	②速效钾
	③有效锌
2. 理化性状	①pH 值
	②有机质
	③容重
3. 土壤管理	①耕层厚度
	②灌溉保证率
	③全盐量

每一个指标的名称、释义、量纲、上下限等定义如下。

①有机质：是土壤肥力的核心，属数值型，量纲表示为 g/kg。

②有效磷：反映耕地土壤耕层（0~20cm）供磷能力的强度水平的指标，属数值型，量纲表示为 mg/kg。

③速效钾：反映耕地土壤耕层（0~20cm）供钾能力的强度水平的指标，属数值型，量纲表示为 mg/kg。

④有效锌：反映耕地土壤耕层（0~20cm）供锌能力的强度水平的指标，属数值型，量纲表示为 mg/kg。

⑤pH 值：反映耕地土壤酸碱度大小的指标，属数值型。

⑥耕层厚度：反应生产水平，对当季作物生产重要影响，属于数值型，量纲为 cm。

⑦灌溉保证率：反映耕地的抗旱能力指标，属于数值型，量纲为%。

⑧全盐量：反映土壤水溶性盐分总量的指标，属于数值型，量纲为%。

⑨容重：反映土壤结构、疏紧状态，属于数值型，量纲为 g/cm³。

三、评价单元赋值

根据各评价因子的空间分布图或属性数据库，将各评价因子数据赋值给评价单元，主要采取以下方法。

（1）对点位数据，采用插值的方法形成栅格图与评价单元图叠加，通过统计给评价单元赋值。

（2）概念型的数据，直接与评价单元图叠加，再采用加权统计的方法为评价单元赋值。对于土壤质地、容重等较稳定的土壤理化形状，可用一个乡镇范围内同一个土种的平均值直接为评价单元赋值。

（3）对于等值线图，先采用地面高程模型生成栅格图，再与评价单元图叠加后采用分区统计的方法给评价单元赋值。

四、评价指标的标准化

所谓评价指标标准化就是要对每一个评价单元不同数量级、不同量纲的评价指标数据进行标准。数值型指标的标准化，采用数学方法进行处理；概念型指标标准化先采用专家经验法，对定性指标进行数值化描述，然后进行标准化处理。

模糊评价法是数值标准化最通用的方法。它是采用模糊数学的原理，建立起评价指标值与耕地生产能力的隶属函数关系，其数学表达式 $\mu = f(x)$。μ 是隶属度，这里代表生产能力；x 代表评价指标值。根据隶属函数关系，可以对于每个 χ 算出其对应的隶属度 μ，是 $0 \rightarrow 1$ 中间的数值。在这次评价中，我们将选定的评价指标与耕地生产能力的关系分为戒上型函数、戒下型函数、峰型函数、直线型函数以及概念型 5 种类型的隶属函数。前 4 种类型可以先通过专家打分的办法对一组评价单元值评估出相应的一组隶属度，根据这两组数据拟合隶属函数，计算所有评价单元的隶属度；后一种是采用专家直接打分评估法，确定每一种概念型的评价单元的隶属度。

（一）评价指标评分标准

用 1~9 定为 9 个等级打分标准，1 表示同等重要，3 表示稍微重要，5 表示明显重要，7 表示强烈重要，9 极端重要。2、4、6、8 处于中间值。不重要按上述轻重倒数相反。

（二）权重打分

1. 总体评价准则权重打分（表 2-65）

表 2-65　权重打分

	理化性状	土壤养分	土壤管理
理化性状	1.0000	3.3333	0.5000
土壤养分	0.3000	1.0000	0.2000
土壤管理	2.0000	5.0000	1.0000

2. 评价指标分项目权重打分（表 6-66 至表 6-68）

表 2-66　土壤养分

	有效磷	速效钾	有效锌
有效磷	1.0000	2.0000	3.3333
速效钾	0.5000	1.0000	2.0000
有效锌	0.3000	5.0000	1.0000

表 2-67　理化性状

	pH 值	有机质	容重
pH 值	1.0000	2.0000	0.3333
有机质	0.5000	1.0000	0.2000
容重	3.0000	5.0000	1.0000

表 2-68　土壤管理

	耕层厚度	全盐量	灌溉保证率
耕层厚度	1.0000	0.3333	0.2000
全盐量	3.0000	1.0000	0.3333
灌溉保证率	5.0000	3.0000	1.0000

（三）耕地地力评价层次分析模型编辑

层次分析结果，见图 2 – 24。

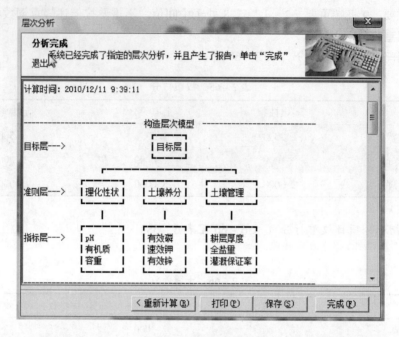

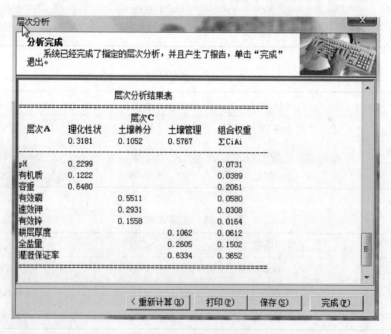

图 2 – 24　层次分析结果

（四）各个评价指标隶属函数的建立

1. pH 值（表2－69，图2－25）

表2－69　pH值专家评估

pH值	<6.3	6.5	6.8	7.1	7.4	7.7	8	8.3	8.6	>8.9
隶属度	0.70	0.80	0.88	0.98	1.00	0.90	0.80	0.70	0.55	0.40

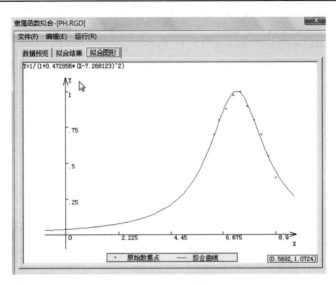

图2－25　pH值隶属函数曲线（峰型）

2. 耕层厚度（表2－70，图2－26）

表2－70　耕层厚度专家评估　　　　　　　　（单位：cm）

耕层厚度	<12	14	18	20	22	24	>26
隶属度	0.60	0.70	0.80	0.90	0.95	0.98	1.00

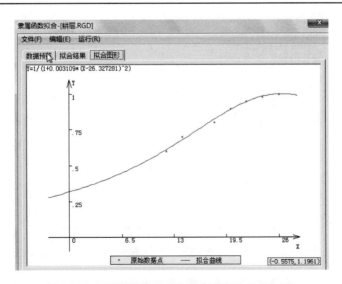

图2－26　耕地耕层厚度隶属函数曲线（戒上型）

3. 容重（表 2 – 71，图 2 – 27）

表 2 – 71　容重专家评估

（单位：g/cm³）

容重	< 0.9	1.00	1.15	1.20	1.25	1.30	1.35	> 1.40
隶属度	0.85	0.93	1.00	0.98	0.90	0.80	0.70	0.60

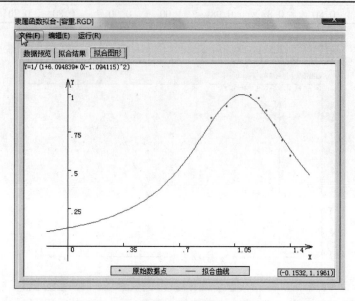

图 2 – 27　容重隶属函数曲线（峰型）

4. 有效钾（表 2 – 72，图 2 – 28）

表 2 – 72　有效钾专家评估

（单位：mg/kg）

有效钾	< 100	130	160	190	220	250	300	> 400
隶属度	0.37	0.45	0.54	0.63	0.70	0.81	0.95	1.00

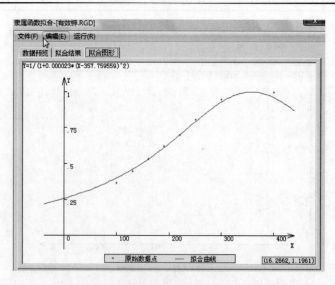

图 2 – 28　有效钾隶属函数曲线（戒上型）

5. 灌溉保证率（表 2 - 73，图 2 - 29）

表 2 - 73 灌溉保证率专家评估
（单位：%）

灌溉保证率	< 0	25	45	65	85	> 100
隶属度	0.25	0.40	0.60	0.80	0.95	1.00

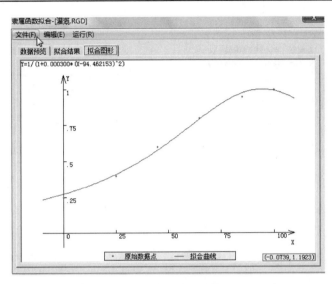

图 2 - 29 灌溉保证率隶属函数曲线（戒上型）

6. 有机质（表 2 - 74，图 2 - 30）

表 2 - 74 有机质专家评估
（单位：g/kg）

有机质	< 15	20	30	40	60	> 80
隶属度	0.400	0.450	0.585	0.700	0.900	1.000

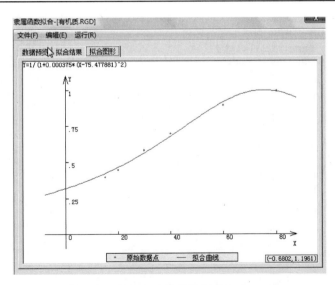

图 2 - 30 有机质隶属函数曲线（戒上型）

7. 有效磷（表 2 − 75，图 2 − 31）

表 2 − 75　有效磷专家评估　　　　　　　　　　　　（单位：mg/kg）

有效磷	< 15	20	25	30	35	40	60	> 80
隶属度	0.475	0.555	0.600	0.650	0.725	0.780	0.960	1.000

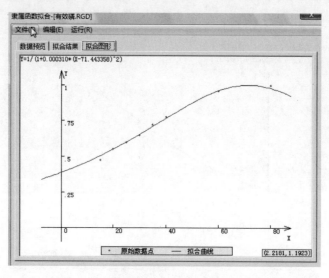

图 2 − 31　有效磷隶属函数曲线（戒上型）

8. 有效锌（表 2 − 76，图 2 − 32）

表 2 − 76　有效锌专家评估　　　　　　　　　　　　（单位：mg/kg）

有效锌	< 0.5	1.0	1.5	2.0	2.5	3.0	> 4.0
隶属度	0.415	0.500	0.600	0.725	0.850	0.925	1.000

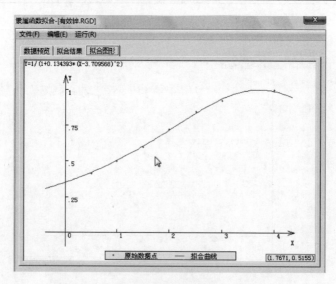

图 2 − 32　有效锌隶属函数曲线（戒上型）

9. 全盐量（表2-77，图2-33）

表2-77　全盐量专家评估　　　　　　　　　　　　　（单位:%）

全盐量	<0.005	0.007 5	0.010 0	0.015 0	0.020 0	0.025 0	0.050 0	0.100 0	>0.15
隶属度	1.000 0	0.990 0	0.970 0	0.940 0	0.900 0	0.850 0	0.750 0	0.400 0	0.300 0

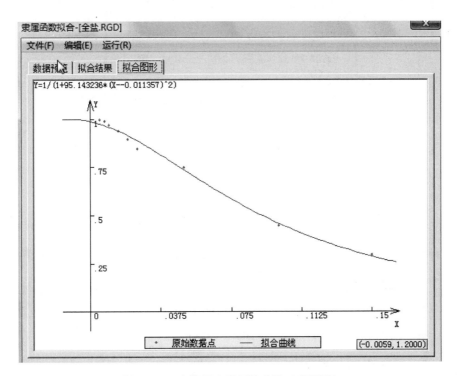

图2-33　全盐量隶属函数曲线（戒下型）

五、进行耕地地力等级评价

耕地地力评价是根据层次分析模型和隶属函数模型，对每个耕地资源管理单元的农业生产潜力进行评价，再根据集类分析的原理对评价结果进行分级，从而产生耕地地力等级，并将地力等级以不同的颜色在耕地资源管理单元图上表达，在耕地资源管理单元图上进行评价（图2-34至图2-36）。

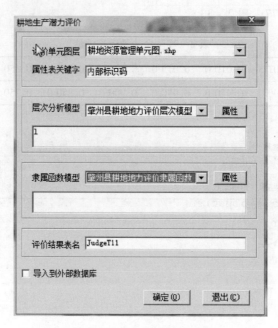

图 2 - 34　耕地生产潜力评价窗口

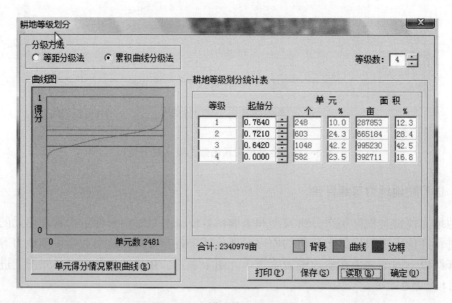

图 2 - 35　耕地等级划分窗口

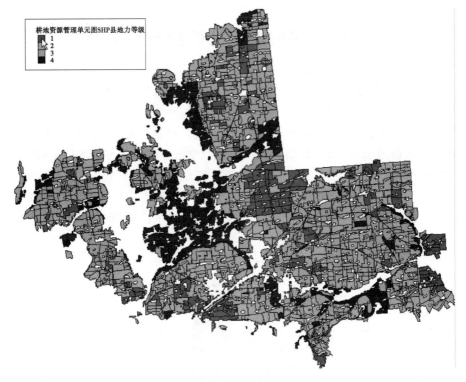

图 2 - 36　肇州县耕地地力等级

六、计算耕地地力生产性能综合指数（IFI）

IFI = $\sum F_i \times C_i$；（i = 1，2，3…）

式中：IFI（Integrated Fertility Index）为耕地地力综合指数；F_i 为第 i 各因素评语；C_i 为第 i 各因素的组合权重。

七、确定耕地地力综合指数分级方案

采取累积曲线分级法划分耕地地力等级，用加法模型计算耕地生产性能综合指数（IFI），将肇州县耕地地力划分为 4 级（表 2 - 78）。

表 2 - 78　耕地地力指数分级

地力分级	地力综合指数分级（IFI）
一级	> 0.7640
二级	0.7640 ~ 0.7210
三级	0.7210 ~ 0.6420
四级	0.6420 ~ 0

第二节　耕地地力评价结果与分析

　　肇州县总面积（包括非县属农、林场）为 245 582 hm², 其中, 耕地面积 135 027.55 hm²。主要是旱地、菜地、苗圃等。

　　这次耕地地力评价将全县耕地总面积 135 027.55 hm² 划分为 4 个等级: 一级地 16 674.24 hm², 占耕地总面积的 12.35%; 二级地 38 205.79 hm², 占耕地总面积的 28.29%; 三级地 56 959.06 hm², 占耕地总面积的 36.81%; 四级地 23 188.46 hm², 占耕地总面积的 17.17%。一级、二级地属高产田土壤, 面积共 54 880.03 hm², 占 40.64%; 三级为中产田土壤, 面积为 56 959.06 hm², 占耕地总面积的 36.81%; 四级为低产田土壤, 面积 23 188.46 hm², 占耕地总面积的 17.17%（图 2 - 37）。

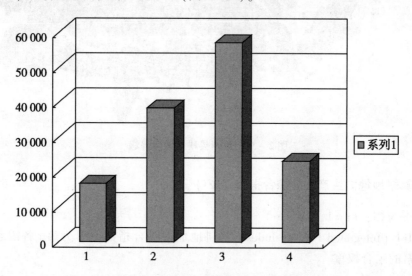

图 2 - 37　肇州县耕地地力等级分布

　　具体各种情况, 见表 2 - 79 至表 2 - 81。

表 2 - 79　肇州县行政区耕地地力等级汇总

（单位：hm²）

地名代码	地名	等级 1		等级 2		等级 3		等级 4		合计
		面积	占总面积（%）	面积	占总面积（%）	面积	占总面积（%）	面积	占总面积（%）	
230621	**肇州县**	**16 674.24**	12.35	**38 205.79**	28.29	**56 959.06**	42.18	**23 188.46**	17.17	**135 027.55**
2.3062E + 11	**朝阳乡**	**329.24**	0.24	**1 793.91**	1.33	**5 004.37**	3.71	**1 677.52**	1.24	**8 805.04**
2.30621E + 11	永强村	0	0.00	0	0.00	475.84	0.35	933.85	0.69	1 409.69
2.30621E + 11	向阳村	2.05	0.00	475.37	0.35	888.5	0.66	0	0.00	1 365.92
2.30621E + 11	三合村	296.84	0.22	301.55	0.22	273.15	0.20	0	0.00	871.54
2.30621E + 11	朝阳村	0	0.00	143.31	0.11	1 057.95	0.78	221.63	0.16	1 422.89
2.30621E + 11	共和村	0	0.00	95.32	0.07	1 398	1.04	0	0.00	1 493.32
2.30621E + 11	新荣村	0	0.00	197.68	0.15	910.93	0.67	522.04	0.39	1 630.65
2.30621E + 11	振兴村	30.35	0.02	580.68	0.43	0	0.00	0	0.00	611.03
2.3062E + 11	**托古乡**	**403.17**	0.30	**2 931.84**	2.17	**3 891.15**	2.88	**1 111.42**	0.82	**8 337.58**
2.30621E + 11	富海村	98.08	0.07	262.06	0.19	634.62	0.47	481.84	0.36	1 476.6
2.30621E + 11	托古村	7.5	0.01	585.91	0.43	325.58	0.24	109.32	0.08	1 028.31
2.30621E + 11	长德村	0	0.00	444.14	0.33	648.74	0.48	225.6	0.17	1 318.48
2.30621E + 11	大沟村	279.61	0.21	368.39	0.27	453.58	0.34	7.12	0.01	1 108.7
2.30621E + 11	宜林村	17.98	0.01	247.16	0.18	820.49	0.61	19.19	0.01	1 104.82
2.30621E + 11	双利村	0	0.00	447.74	0.33	668.89	0.50	266.13	0.20	1 382.76
2.30621E + 11	新安村	0	0.00	576.44	0.43	339.25	0.25	2.22	0.00	917.91
2.3062E + 11	**丰乐镇**	**1 239.91**	0.92	**4 039.57**	2.99	**4 095.19**	3.03	**256.09**	0.19	**9 630.76**
2.30621E + 11	生活村	220.48	0.16	499.04	0.37	821.93	0.61	138.61	0.10	1 680.06

（续表）

地名代码	地名	等级1		等级2		等级3		等级4		合计
		面积	占总面积（%）	面积	占总面积（%）	面积	占总面积（%）	面积	占总面积（%）	
2.30621E+11	幸福村	405.1	0.30	194.25	0.14	680.39	0.50	14.92	0.01	1 294.66
2.30621E+11	丰强村	89.94	0.07	970.23	0.72	199.58	0.15	0	0.00	1 259.75
2.30621E+11	平安村	11.5	0.01	327.13	0.24	469.3	0.35	0	0.00	807.93
2.30621E+11	幸安村	341.63	0.25	469.52	0.35	532.25	0.39	63.08	0.05	1 406.48
2.30621E+11	丰乐村	171.26	0.13	1 135.14	0.84	580.23	0.43	0	0.00	1 886.63
2.30621E+11	改善村	0	0.00	444.26	0.33	811.51	0.60	39.48	0.03	1 295.25
2.3062E+11	肇州镇	2 990.61	2.21	3 375.7	2.50	2 381.98	1.76	786.69	0.58	9 534.98
2.30621E+11	新城村	7.87	0.01	233.09	0.17	613.8	0.45	301.79	0.22	1156.55
2.30621E+11	肇安村	11.15	0.01	217.93	0.16	604.34	0.45	317.66	0.24	1 151.08
2.30621E+11	民吉村	1 397.52	1.03	125.49	0.09	106.4	0.08	0	0.00	1 629.41
2.30621E+11	万宝村	645.07	0.48	872.32	0.65	26.41	0.02	0	0.00	1 543.8
2.30621E+11	中华村	218.64	0.16	433.57	0.32	870.61	0.64	158.46	0.12	1 681.28
2.30621E+11	壮大村	682.23	0.51	870.14	0.64	160.42	0.12	8.78	0.01	1 721.57
2.30621E+11	五一村	28.13	0.02	623.16	0.46	0	0.00	0	0.00	651.29
2.3062E+10	永胜乡	4 702.03	3.48	1 231.6	0.91	2 920.59	2.16	696.85	0.52	9 551.07
23062120601	模范村	1 527.17	1.13	395.7	0.29	729.09	0.54	122.87	0.09	2 774.83
23062120602	胜利村	0	0.00	190.43	0.14	2 107.69	1.56	573.98	0.43	2 872.1
23062120603	永胜村	2 004.05	1.48	42.45	0.03	13.33	0.01	0	0.00	2 059.83
23062120604	丰产村	1 170.81	0.87	603.02	0.45	70.48	0.05	0	0.00	1 844.31

（续表）

地名代码	地名	等级 1		等级 2		等级 3		等级 4		合计
		面积	占总面积（%）	面积	占总面积（%）	面积	占总面积（%）	面积	占总面积（%）	
2.3062E+11	榆树乡	1 246.59	0.92	3 672.08	2.72	3 089.3	2.29	1 559.75	1.16	9 567.72
2.30621E+11	长山村	0	0.00	836.15	0.62	736.31	0.55	0.8	0.00	1 573.26
2.30621E+11	新兴村	207.72	0.15	737.15	0.55	484.29	0.36	0	0.00	1 429.16
2.30621E+11	农兴村	0	0.00	169.99	0.13	702.71	0.52	166.93	0.12	1 039.63
2.30621E+11	榆树村	211.23	0.16	1 404.28	1.04	4.89	0.00	0	0.00	1 620.4
2.30621E+11	韦才村	777.76	0.58	427.44	0.32	0	0.00	0	0.00	1 205.2
2.30621E+11	农化村	49.88	0.04	97.07	0.07	937.46	0.69	3.52	0.00	1 087.93
2.30621E+11	农安村	0	0.00	0	0.00	223.64	0.17	1 388.5	1.03	1 612.14
2.3062E+11	新福乡	556.8	0.41	2 921.5	2.16	7 532.76	5.58	3 755.89	2.78	14 766.95
2.30621E+11	耀先村	173.85	0.13	544.5	0.40	257.54	0.19	0	0.00	975.89
2.30621E+11	国治村	312.26	0.23	613.29	0.45	53.01	0.04	0	0.00	978.56
2.30621E+11	新福村	70.69	0.05	687.6	0.51	143.47	0.11	0	0.00	901.76
2.30621E+11	红旗村	0	0.00	646.25	0.48	94.46	0.07	10.88	0.01	751.59
2.30621E+11	集中村	0	0.00	0	0.00	786.84	0.58	948.61	0.70	1 735.45
2.30621E+11	乐园村	0	0.00	0	0.00	886.41	0.66	619.18	0.46	1 505.59
2.30621E+11	保安村	0	0.00	19.92	0.01	512.2	0.38	177.74	0.13	709.86
2.30621E+11	保产村	0	0.00	0	0.00	666.45	0.49	265.53	0.20	931.98
2.30621E+11	乐业村	0	0.00	0	0.00	894.41	0.66	425.84	0.32	1 320.25
2.30621E+11	新发村	0	0.00	32.89	0.02	525.67	0.39	260.4	0.19	818.96

（续表）

| 地名代码 | 地名 | 等级 1 | | 等级 2 | | 等级 3 | | 等级 4 | | 合计 |
		面积	占总面积（%）	面积	占总面积（%）	面积	占总面积（%）	面积	占总面积（%）	
2.30621E+11	永安村	0	0.00	0	0.00	739.82	0.55	647.72	0.48	1 387.54
2.30621E+11	民安村	0	0.00	163.85	0.12	1 075.21	0.80	38.56	0.03	1 277.62
2.30621E+11	德明村	0	0.00	213.2	0.16	897.27	0.66	361.43	0.27	1 471.9
2.3062E+11	**永乐镇**	**701.71**	**0.52**	**2 380.64**	**1.76**	**4 716.73**	**3.49**	**504.56**	**0.37**	**8 303.64**
2.30621E+11	清华村	116.66	0.09	472.89	0.35	338.34	0.25	9.67	0.01	937.56
2.30621E+11	新祥村	0	0.00	12.41	0.01	576.85	0.43	325.7	0.24	914.96
2.30621E+11	六烈村	0	0.00	212.06	0.16	534.85	0.40	49.55	0.04	796.46
2.30621E+11	之平村	115.47	0.09	354.35	0.26	1 070.79	0.79	27.5	0.02	1 568.11
2.30621E+11	新路村	449.82	0.33	403.52	0.30	2.35	0.00	11.01	0.01	866.7
2.30621E+11	新龙村	19.76	0.01	787.97	0.58	42.6	0.03	0	0.00	850.33
2.30621E+11	太丰村	0	0.00	0	0.00	649.9	0.48	81.13	0.06	731.03
2.30621E+11	永乐村	0	0.00	137.44	0.10	1 501.05	1.11	0	0.00	1 638.49
2.3062E+11	**兴城镇**	**1 440.94**	**1.07**	**3 728.98**	**2.76**	**8 807.3**	**6.52**	**4 936.63**	**3.66**	**18 913.85**
2.30621E+11	六合村	0	0.00	0	0.00	1 314.69	0.97	788.74	0.58	2 103.43
2.30621E+11	复兴村	0	0.00	0	0.00	716.98	0.53	129.43	0.10	846.41
2.30621E+11	跃进村	0	0.00	0	0.00	86.64	0.06	1 159.17	0.86	1 245.81
2.30621E+11	安居村	0	0.00	0	0.00	584.27	0.43	416.65	0.31	1 000.92
2.30621E+11	大阁村	179.19	0.13	747.53	0.55	169.75	0.13	5.63	0.00	1 102.1
2.30621E+11	安民村	0	0.00	69.81	0.05	288.17	0.21	683.17	0.51	1 041.15

（续表）

地名代码	地名	等级 1 面积	占总面积（%）	等级 2 面积	占总面积（%）	等级 3 面积	占总面积（%）	等级 4 面积	占总面积（%）	合计
2.30621E+11	旺盛村	0	0.00	63.46	0.05	253.61	0.19	473.59	0.35	790.66
2.30621E+11	红星村	196.43	0.15	407.2	0.30	664.16	0.49	0	0.00	1 267.79
2.30621E+11	杏茂村	33.49	0.02	127.01	0.09	560.49	0.42	0	0.00	720.99
2.30621E+11	福山村	500.89	0.37	268.48	0.20	553.22	0.41	0	0.00	1 322.59
2.30621E+11	福利村	0	0.00	14.18	0.01	1 066.14	0.79	0	0.00	1 080.32
2.30621E+11	兴城村	154.04	0.11	508.58	0.38	262.75	0.19	0	0.00	925.37
2.30621E+11	兴东村	0	0.00	0	0.00	1 072.34	0.79	15.54	0.01	1 087.88
2.30621E+11	德宣村	253.01	0.19	677.85	0.50	559.51	0.41	0	0.00	1 490.37
2.30621E+11	杏山村	123.89	0.09	844.88	0.63	69.3	0.05	0	0.00	1 038.07
2.30621E+11	双井村	0	0.00	0	0.00	585.28	0.43	1 264.71	0.94	1 849.99
2.3062E+11	**二井镇**	**1 393.94**	**1.03**	**7 116.01**	**5.27**	**7 302.16**	**5.41**	**560.91**	**0.42**	**16 373.02**
2.30621E+11	富强村	0	0.00	174.94	0.13	632	0.47	20.61	0.02	827.55
2.30621E+11	民兴村	0	0.00	170.63	0.13	1 397.01	1.03	45.82	0.03	1 613.46
2.30621E+11	胜生村	0.52	0.00	274.84	0.20	560.71	0.42	6.13	0.00	842.2
2.30621E+11	大利村	73.69	0.05	509.81	0.38	625.76	0.46	0	0.00	1 209.26
2.30621E+11	民主村	0	0.00	1 074.59	0.80	396.56	0.29	0	0.00	1 471.15
2.30621E+11	民乐村	0	0.00	695.31	0.51	89.43	0.07	0	0.00	784.74
2.30621E+11	实现村	57.78	0.04	868.04	0.64	503.17	0.37	0.85	0.00	1 429.84
2.30621E+11	光辉村	0	0.00	3.82	0.00	1 092.28	0.81	211.73	0.16	1 307.83

（续表）

地名代码	地名	等级 1		等级 2		等级 3		等级 4		合计
		面积	占总面积（%）	面积	占总面积（%）	面积	占总面积（%）	面积	占总面积（%）	
2.30621E+11	卫国村	2.19	0.00	102	0.08	1 193	0.88	206.15	0.15	1 503.34
2.30621E+11	繁荣村	550.41	0.41	1 175.74	0.87	206.76	0.15	69.62	0.05	2 002.53
2.30621E+11	前进村	0	0.00	564.39	0.42	448.78	0.33	0	0.00	1 013.17
2.30621E+11	黎明村	481.05	0.36	985.78	0.73	17.46	0.01	0	0.00	1 484.29
2.30621E+11	光荣村	228.3	0.17	516.12	0.38	139.24	0.10	0	0.00	883.66
2.3062E+11	朝阳沟镇	1 669.3	1.24	3 850.56	2.85	3 945.8	2.92	686.31	0.51	10 151.97
2.30621E+11	发展村	806.38	0.60	165.08	0.12	3.18	0.00	0	0.00	974.64
2.30621E+11	中强村	0.68	0.00	791.26	0.59	527.61	0.39	0	0.00	1 319.55
2.30621E+11	利强村	130.43	0.10	594.93	0.44	214.51	0.16	0	0.00	939.87
2.30621E+11	东兴村	583.22	0.43	85.92	0.06	72.81	0.05	0	0.00	741.95
2.30621E+11	团结村	0	0.00	641.04	0.47	282.16	0.21	300.9	0.22	1 224.1
2.30621E+11	文林村	148.59	0.11	526.64	0.39	366.8	0.27	0	0.00	1 042.03
2.30621E+11	爱国村	0	0.00	833.06	0.62	367.06	0.27	0	0.00	1 200.12
2.30621E+11	共进村	0	0.00	81.04	0.06	923.88	0.68	188.13	0.14	1 193.05
2.30621E+11	保林村	0	0.00	131.59	0.10	1 187.79	0.88	197.28	0.15	1 516.66
2.3062E+11	双发乡	0	0.00	1 163.4	0.86	3 271.73	2.42	6 655.84	4.93	11 090.97
2.30621E+11	双跃村	0	0.00	468.3	0.35	383.52	0.28	0	0.00	851.82
2.30621E+11	双发村	0	0.00	62.8	0.05	640.46	0.47	156.05	0.12	859.31
2.30621E+11	正大村	0	0.00	0	0.00	549.03	0.41	2 778.32	2.06	3 327.35
2.30621E+11	和平村	0	0.00	431.8	0.32	505.4	0.37	282.74	0.21	1 219.94
2.30621E+11	光明村	0	0.00	145.32	0.11	356.25	0.26	2 054.38	1.52	2 555.95
2.30621E+11	九三村	0	0.00	55.18	0.04	837.07	0.62	1 384.35	1.03	2 276.6

表 2－80　肇州县耕地土壤地力等级统计表

（单位：hm²）

土类、亚类、土属和土种名称	等级 1		等级 2		等级 3		等级 4		合计
	面积	占总面积（%）	面积	占总面积（%）	面积	占总面积（%）	面积	占总面积（%）	
一、黑钙土	16 674.24	12.35	38 205.79	28.29	56 959.06	42.18	23 188.46	17.17	135 027.55
（一）草甸黑钙土亚类	16 660.31	12.34	37 728.53	27.94	53 388.02	39.54	18 059.69	13.37	125 836.55
石灰性草甸黑钙土土属	32.25	0.02	160.21	0.12	10 952.32	8.11	15 978.01	11.83	27 122.79
（1）薄层石灰性草甸黑钙土	0.00	0.00	18.43	0.01	5 229.01	3.87	7 680.77	5.69	12 928.21
（2）中层石灰性草甸黑钙土	32.25	0.02	141.78	0.11	4 776.49	3.54	7 902.52	5.85	12 853.04
（3）厚层石灰性草甸黑钙土	0.00	0.00	0.00	0.00	946.82	0.70	394.72	0.29	1 341.54
（二）石灰性黑钙土亚类	16 628.06	12.31	37 568.32	27.82	42 435.70	31.43	2 081.68	1.54	98 713.76
黄土质石灰性黑钙土土属	16 628.06	12.31	37 568.32	27.82	42 435.70	31.43	2 081.68	1.54	98 713.76
（1）薄层黄土质石灰性黑钙土	3 883.80	2.88	12 532.81	9.28	18 930.92	14.02	1 410.90	1.04	36 758.43
（2）中层黄土质石灰性黑钙土	6 511.65	4.82	17 606.27	13.04	21 323.80	15.79	428.60	0.32	45 870.32
（3）厚层黄土质石灰性黑钙土	6 232.61	4.62	7 429.24	5.50	2 180.98	1.62	242.18	0.18	16 085.01
二、草甸土类	13.93	0.01	477.26	0.35	3 571.04	2.64	5 128.77	3.80	9 191.00
（一）石灰性草甸土亚类	13.93	0.01	477.26	0.35	3 568.05	2.64	5 125.67	3.80	9 184.91
黏壤质石灰性草甸土土属	13.93	0.01	477.26	0.35	3 568.05	2.64	5 125.67	3.80	9 184.91
（1）薄层黏壤质石灰性草甸土	0.00	0.00	92.48	0.07	2 219.80	1.64	4 406.78	3.26	6 719.06
（2）中层黏壤质石灰性草甸土	13.93	0.01	384.78	0.28	1 348.25	1.00	718.89	0.53	2 465.85
（二）潜育草甸土亚类	0.00	0.00	0.00	0.00	2.99	0.00	3.10	0.00	6.09
石灰性潜育草甸土土属	0.00	0.00	0.00	0.00	2.99	0.00	3.10	0.00	6.09
中层石灰性潜育草甸土	0.00	0.00	0.00	0.00	2.99	0.00	3.10	0.00	6.09

表 2 – 81　肇州县耕地地力要素汇总

地力要素	等级 1	等级 2	等级 3	等级 4
1. ≥10 积温（℃）	2 797	2 797	2 797	2 797
2. 年降水量（mm）	434	434	434	434
3. 全年日照时数（小时）	2 900	2 900	2 900	2 900
4. 无霜期（天）	143	143	143	143
5. 海拔（m）	166	168	164	151
6. 地形部位	二级台地	二级台地	二级台地	二级台地
7. 坡度（度）	3.3	3.6	3.2	2.5
8. 坡向	平地	平地	平地	平地
9. 成土母质	沉积物	沉积物	沉积物	沉积物
10. 田面坡度（度）	1.6	1.7	1.7	1.8
11. 剖面构型	A10 – B15 – C	A10 – B15 – C	A10 – B15 – C	A10 – B15 – C
12. 有效土层厚度（cm）	31	29	26	24
13. 耕层厚度（cm）	20	19	18	17
14. 田间持水量（%）	30	30	30	30
15. 旱季地下水位（cm）	911	911	911	911
16. 耕层理化性状				
（1）质地	中壤土	中壤土	中壤土	黏壤土
（2）容重（g/cm³）	1.1	1.2	1.2	1.2
（3）pH 值	8.0	8.2	8.3	8.5
17. 耕层养分状况				
（1）有机质（g/kg）	34	28	25	23
（2）全氮（g/kg）	2.1	1.7	1.5	1.3
（3）有效磷（mg/kg）	14	13	12	12
（4）速效钾（mg/kg）	178	169	161	164
（5）有效锌（mg/kg）	1.3	1.2	1.1	0.88
（6）有效锰（mg/kg）	12	13	13	13
（7）有效铁（mg/kg）	12	11	11	11
18. 障碍因素				
（1）障碍层类型	黏盘层	黏盘层	黏盘层	黏盘层
（2）障碍层出现位置（cm）	20	20	19	18
（3）障碍层厚度（cm）	5.6	5.7	5.8	5.9
19. 20m 土层含盐量（g/kg）	0.193	0.193	0.181	0.201

一、一级地

从表2-78至表2-80可以看出，一级地面积16 674.24 hm²，占耕地总面积的12.35%；分布面积最大的是永胜乡4 702.03 hm²，占全县耕地总面积的3.48%，朝阳乡329.24 hm²，占全县耕地总面积的0.24%，托古乡403.17 hm²，占全县耕地总面积的0.3%，丰乐镇1 239.91 hm²，占全县耕地总面积的0.92%，肇州镇2 990.61 hm²，占全县耕地总面积2.21%，榆树乡1 246.59 hm²，占全县耕地总面积的0.92%，新福乡556.8 hm²，占全县耕地总面积的0.41%，永乐镇701.7 hm²，占全县耕地总面积的0.52%，兴城镇1 440.94 hm²，占全县耕地总面积的1.07%，二井镇1 393.94 hm²，占全县耕地总面积的1.03%，朝阳沟镇1 669.3 hm²，占全县耕地总面积的1.24%。土壤类型分布面积最大的是黑钙土16 660.31 hm²，占全县耕地总面积的12.34%，草甸土13.93 hm²，占全县耕地总面积的0.01%。

一级耕地地力要素情况：≥10℃积温2 797℃，年降水量434mm，无霜期143天，海拔166m，坡度3.3度，有效土层31cm，耕层厚度20cm，田间持水量30%，质地为中壤土，容重1.1g/cm³，pH值8，有机质34g/kg，全氮2.1g/kg，有效磷14mg/kg，速效钾178mg/kg，有效锌1.3mg/kg，有效锰12mg/kg，有效铁12mg/kg，障碍层出现位置21cm。障碍层厚度5.6cm，土壤20cm土层含盐量0.193g/kg。

二、二级地

从表2-80可以看出，二级耕地面积38 205.79hm²，占全县耕地总面积的28.29%；分布面积最大的是二井镇7 116.01 hm²，占全县耕地总面积的5.27%；最小的双发乡1 163.4hm²，占全县耕地总面积的0.86%；土壤类型分布面积最大是黑钙土类37 728.53 hm²，占全县耕地总面积的27.94%；草甸土477.26hm²，占全县耕地总面积的0.35%。

二级耕地地力要素情况：≥10℃积温2 797℃，年降水量434mm，无霜期143天，海拔168m，坡度3.6度，有效土层29cm，耕层厚度19cm，田间持水量30%，质地为中壤土，容重1.2g/cm³，pH值8.2，有机质28g/kg，全氮1.7g/kg，有效磷13mg/kg，速效钾169mg/kg，有效锌1.2mg/kg，有效锰13mg/kg，有效铁11mg/kg，障碍层出现位置20cm。障碍层厚度5.7cm，土壤20cm土层含盐量0.193g/kg。

三、三级地

从表2-80可以看出，三级耕地面积56 959.06hm²，占全县耕地总面积的42.18%；分布面积最大的是兴城镇8 807.3hm²，占全县耕地总面积的6.52%；最小的肇州镇2 381.98hm²，占全县耕地总面积的1.76%；土壤类型分布最大是黑钙土53 388.02hm²，占全县耕地总面积的39.54%，草甸土3 571.04hm²，占全县耕地总面积的2.64%。

三级耕地地力要素情况：≥10℃积温2 797℃，年降水量434mm，无霜期143天，海拔164m，坡度3.2°，有效土层26cm，耕层厚度18cm，田间持水量30%，质地为中壤土，容重1.2g/cm³，pH值8.3，有机质25g/kg，全氮1.5g/kg，有效磷12mg/kg，速效钾161mg/kg，有效锌1.1mg/kg，有效锰13mg/kg，有效铁11mg/kg，障碍层出现位置19cm。障碍层厚度5.8cm，土壤20cm土层含盐量0.181g/kg。

四、四级地

从表 2-80 可以看出，四级耕地面积 23 188.46hm²，占全县耕地总面积的 17.17%；分布面积最大的是双发乡 6 655.84hm²，占全县耕地总面积的 4.93%；最小丰乐镇 256.09hm²，占全县耕地总面积的 0.19%；土壤类型分布最大是黑钙土 18 059.69hm²，占全县耕地总面积的 13.37%，草甸土 5 128.77hm²，占全县耕地总面积的 3.8%。

四级耕地地力要素情况：≥10℃积温 2 797℃，年降水量 434mm，无霜期 143 天，海拔 151m，坡度 2.5°，有效土层 24cm，耕层厚度 17cm，田间持水量 30%，质地为黏壤土，容重 1.2g/cm³，pH 值 8.5，有机质 23g/kg，全氮 1.3g/kg，有效磷 12mg/kg，速效钾 164mg/kg，有效锌 0.88mg/kg，有效锰 13mg/kg，有效铁 11mg/kg，障碍层出现位置 18cm。障碍层厚度 5.9cm，土壤 20cm 土层含盐量 0.201g/kg。

第三节　耕地地力等级归到国家地力等级标准

一、国家农业标准

农业部于 1997 年颁布了"全国耕地类型区、耕地地力等级划分"农业行业标准。该标准根据粮食单产水平将全国耕地地力划分为 10 个等级。以产量表达的耕地生产能力，年单产大于 13 500 kg/hm² 为一等地；小于 1 500 kg/hm² 为十等地，每 1 500 kg 为一个等级（表 2-82）。

表 2-82　全国耕地类型区、耕地地力等级划分

地力等级	谷类作物产量（kg/hm²）
1	>13 500
2	12 000 ~ 13 500
3	10 500 ~ 12 000
4	9 000 ~ 10 500
5	7 500 ~ 9 000
6	6 000 ~ 7 500
7	4 500 ~ 6 000
8	3 000 ~ 4 500
9	1 500 ~ 3 000
10	<1 500

二、耕地地力综合指数转换为概念型产量

每一个地力等级内随机选取 100% 的管理单元，调查近 3 年实际的年平均产量，经济作物统一折算为谷类作物产量，归入国家等级，详见表 2-83。

表 2 –83 县内耕地地力评价等级归入国家地力等级

县内地力等级	管理单元数	抽取单元数	近 3 年平均产量	参照国家农业标准归入国家地力等级
1	248	248	8 900	5
2	603	603	8 500	5
3	1 049	1 049	7 300	6
4	581	581	5 980	7

从表 2 – 82 可以看出：归入国家等级后，5 等地面积共 54 880.03hm²，占 40.64%；6 等地面积为 56 959.06hm²，占耕地总面积的 36.81%；7 等地面积 23 188.46hm²，占耕地总面积的 17.17%。详见图 2 – 38。

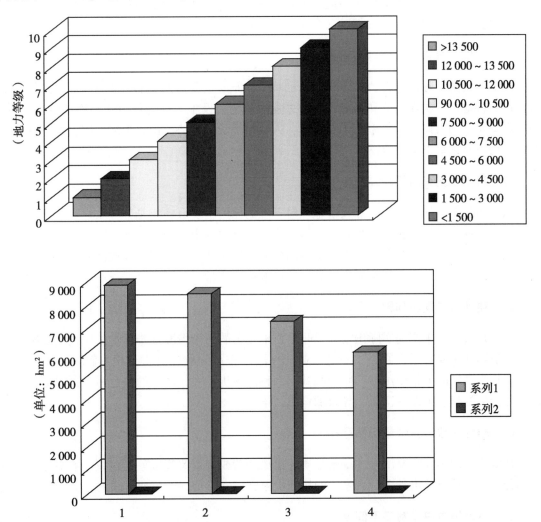

图 2 – 38 县内耕地地力评价等级归入国家地力等级

第六章 肇州县耕地地力建设
对策与建议

耕地是人类赖以生存的基本资源和条件。从第二次土壤普查以来，人口不断增多，耕地逐渐减少，人民生活水平不断提高，保持农业可持续发展首先要确保耕地的数量和质量。肇州县现有耕地总面积为 135 027.55hm²，人均耕地 4.2 亩。近几年来，肇州县土地政策稳定，加大了政策扶持力度和资金投入，提高了农民的生产积极性，使耕地利用情况日趋合理。但是，肇州县在耕地地力建设方面还存在问题，主要表现如下。

一、耕地总量和人均耕地占有量下降

从肇州县的实际情况看，导致耕地总量减少的原因主要是大庆油田的石油和天然气开采直接占用耕地，其次在石油和天然气生产过程中的电力设施占地，使肇州县耕地总量减少。同时，肇州县的人口的出生率大于死亡率，人口呈增长的趋势。由于上述原因，使肇州县的耕地人均占有量呈下降趋势。

二、耕地质量有所下降

从肇州县耕地的实际看，导致耕地质量下降的原因主要有：一是部分农户只用地，不养地，种植作物是只投入化肥，少施或不施有机肥，导致的土壤肥力直接下降。二是一家一户的小规模经营模式，不适合大型农业机具的作业，使耕地土壤的犁底层逐渐上移，土壤容重越来越大，土壤板结现象越来越重，严重的影响耕地质量。

三、耕地污染逐步加剧

从肇州县农业生产的实际出发，肇州县耕地土壤的污染情况逐步加重。导致我县耕地土壤污染加剧的主要有下列原因。一是工业"三废"排放问题没有得到根本解决；二是化学农药、化学肥料的大量使用；三是地膜栽培面积的逐步扩大，产生的白色污染；四是由于长期连作产生的病、虫源的富集，导致的病虫污染。

四、耕地粗放经营现象仍然存在

从肇州县的实际情况出发，肇州县耕地粗放经营或闲置撂荒现象还存在。主要是农村的一部分主要劳动力外出务工后，家中的耕地由家庭妇女管理，经营非常粗放。

五、耕地地力建设制度不健全

针对以上耕地地力建设存在的问题，提出以下建议。

（一）县级应该成立耕地质量建设与管理专门机构

耕地质量建设与管理机构设主任 1 名，副主任 1 人，工作人员 5 名。主任负责耕地质量建设的全面工作，对所管辖的业务负总责。副主任对主任负责，管理日常工作，协调工作人员的分工与合作。工作人员负责地方行政法规、规章、计划、文件和标准的起草工作，负责对相关法律的解释、把握法律的执行程序和有关法律的咨询工作，负责耕地质量建设与管理的具体事宜，包括耕地质量评价方法、标准的制定，耕地质量建设内容规划的起草，召集有关技术人员的评估论证和宣传、培训等工作。办公室应隶属于县人民政府，人员应该由农业局、国土局、司法局、农业技术推广中心等单位抽调，属于财政拨款的事业单位，要配备先进的办公设备和必要的交通工具。

（二）建立和完善耕地质量建设与管理机制

实行严格的耕地保护制度，确保粮食生产能力。要贯彻执行《土地管理法》和《基本农田管理条例》，采用行政、经济和法律的多种手段，切实加强用地管理，严格控制各类建设用地占用基本农田，以确保粮食生产能力。保证粮食安全，核心是要保护好粮食的综合生产能力。从保证人们食物供给有效性和安全性的农业发展观出发，加大对耕地保护宣传和耕地培肥技术推广，正确引导农户用好地，做到用地和养地相结合，保持土壤持续肥力，保护好有限的耕地资源。

在开展耕地质量建设与管理过程中，应做好以下几方面工作。一是在每年召开春季播种现场会时，把增加农家肥的投入作为重点内容进行展示。以此推动耕地有机肥的投入数量，提高基本农田的耕地质量。二是县政府把保护基本农田，提高基本农田的质量建设纳入乡镇目标责任制，按照基本农田农家肥和有机肥的投入量，作为乡镇年终考核的指标之一。三是在耕地质量建设工作中推广秋整地、秋施肥技术、测土配方施肥技术等一系列提高耕地质量的措施。四是在耕地质量评价过程中，土壤、农学等方面的专家与国土资源局技术人员一道对评价耕地进行详细的分析、论证，拿出客观、准确的评价依据和评价意见。

（三）合理制订耕地利用规划

在制订耕地利用规划时，要综合考虑作物布局、耕地地力水平及土壤类型的差异性，尽量少占用高产田，多征用中低产田。因为高产田是经过长期的耕作改良和地力培育，使土壤水、肥、气、热等诸多因素都处于较好的水平上，一般农田改造成为高产田要投入很大的财力、物力。应纳入基本农田保护区域实行重点保护。规划时优先考虑中低产田；要保持耕地地力不下降，必须在政策法规指引下坚持不懈的对耕地进行合理的保护。

（四）发展区域经济种植

因地制宜，调整农业种植业结构布局，科学合理利用好耕地。首先要推广粮食作物优质高产高效栽培技术，运用现代手段全面提高粮食作物产量和质量。其次，搞好经济作物与粮食作物的合理布局，根据这次耕地评价情况，制定出各乡镇农业结构生产的合理布局。适合粮食作物生产的耕地一定要以发展粮食生产为主；适合经济作物和瓜、菜生产的地块积极发展经济作物和瓜菜的生产。同时，搞好粮、经作物轮作，粮食与瓜菜的轮作，经济作物与瓜菜的合理轮作。通过采取合理的栽培模式，充分保护土壤耕作层，大力发展经济作物种植区，实现集中连片发展经济作物。充分利用中低产田改造和盐碱地改良的契机，规划和调节粮食作物、经济作物、瓜菜作物、果树和林地种植的种植区域，切实做到因土、因地种植作物，从而合理保护好耕地生态环境。

（五）合理建立耕地保障体系

耕地数量和质量保护是长期的工作，需要社会的关注和支持。结合乡、镇、村行政区划调整和土地整理补充耕地，进一步加大对各类零星工业点的淘汰、转移和归并力度，加快形成以都市型农业为主的配套现代化农业产业生产链。通过查清基本农田数量等工作，加强基本农田的保护制度建设，建立健全基本农田保护责任制、用途管理制、质量保护制，采用严格审批与补充、乡规民约等一整套基本农田保护制度，政府、部门逐级签订目标责任书，形成由政府一把手负总责的基本农田保护责任保障体系。

肇州县耕地质量建设与管理办公室积极与肇州县国土资源局配合，主动参与基本农田的保护工作。肇州县地下资源丰富，石油和天然气储量大，分布范围广，石油井和天然气井在耕地中的面积较大。按照国家规定永久性占用基本农田的，要在非基本农田保护区的耕地中划归出相应的耕地，列入基本农田，并加以保护。在此项工作中，办公室与县国土资源局一起，确定补充基本农田的位置和面积，评价耕地质量。平均每年参与基本农田保护的案例5起以上，补充合格基本农田面积在 $133hm^2$ 左右。

（六）保持现有耕地面积，合理利用废弃地

要实现农业生产的又快又好的发展目标，首先要做到必须确保耕地面积。近年来，在各级政府的领导下，采取了一系列政府补贴政策，提高农民种粮的积极性，减少农资投入，提高经济效益，提高了农民开荒、利用零散地块种植的积极性，切实保证耕地数量不减少，严禁抛荒现象发生。同时，要保护好现有耕地的粮食生产能力，合理进行农业结构调整，调整粮食作物和经济作物比例，保持粮食作物的种植面积。在保证现有耕地面积的同时，不断探索农作物高产高效栽培模式，积极推广高产优质栽培技术，提高农作物单位面积产量，保证粮食安全，稳定居民菜篮子，为人民生活提供丰富的食品。同时，可以为以农产品为原材料的加工业、医药业的快速发展提供强有力的物资保障。

（七）控制耕地污染

耕地土壤环境质量呈下降趋势，主要表现在：①重金属污染，污染程度由高及低依次是镉（Cd）、铜（Cu）、锌（Zn）、汞（Hg）和铬（Cr）。随着20世纪70—80年代时间的推移，乡镇工业企业的转移和关闭，重金属污染仍然存在。②农药污染，六六六、DDT等农药残留不再是农田土壤污染的主要原因，其他农药及其残留存在农药品种杂乱，使用过量、超量。③其他污染，不合理农业生产资料投入、工业"三废"排放、城市污染施用等因素。主要采取的办法：一是整治或关闭环境污染严重的企业；二是减少化肥和化学农药的使用量；三是及时彻底清除耕地中的残留农膜，减轻耕地土壤的污染程度。

（八）推广农业先进技术

推广一整套先进实用的农业新技术，提高耕地产出率和耕地利用率。随着新品种的不断推广，间作、套作等耕作方式的合理运用，大棚生产快速发展，耕地复种指数不断提高。推广完善的种植业结构，使肇州县的粮、经、饲作物的种植比例更加合理。

（九）加强农田基础设施建设

通过农田基础设施的全面建设和进一步改善，水利化程度大幅度提高。近几年来，肇州县加大了农田基本建设力度，结合抗旱保收田项目、国家优质粮食产业工程项目的实施，使肇州县农田机电井、喷灌设备、排水工程都有了大幅度的提高，使肇州县多数农田基本达到了旱能灌，涝能排，田成方，林成网，路相通的高产稳产农田。按照肇州县十二个5年规划

的要求，在国家第十二个 5 年计划内，完成"引嫩""引松"等大型引水工程建设；还将实行中低产田改造，盐碱地综合治理等一系列工程措施。

（十）加大投入力度

应进一步加大投入，尤其是土地的投入，加大对中低产田的改造力度，提高土地质量；采用科学的耕作技术，提高产量和复种指数，让土地得到合理休整和养分补给，获得更大的生产效益；增加设施建设投入，主要是保水、保土、保肥设施的投入和沟渠改造、滴灌等。同时，加大执法力度，坚持土地占补平衡，保护基本农田，坚决制止乱批滥占耕地行为。另外，应继续探求有效的流转方式，走规模化、集约化的路子，提高农业效益，发挥出耕地的最大潜能，才会提高农业整体效益。

第七章 耕地地力评价与区域配方施肥

耕地地力评价，建立了较完善的土壤数据库，科学合理地划分了县域施肥单元，避免了过去人为划分施肥单元指导测土配方施肥的弊端。过去我们在测土施肥确定施肥单元时，多是采用区域土壤类型、基础地力产量、农户常年施肥量等粗劣的指标为农民提供配方。而现在采用地理信息系统提供的多项评价指标，综合各种施肥因素和施肥参数来确定较精密的施肥单元。本次地力评价为肇州县域内确定了 2 481 个施肥单元，每个单元的施肥配方都不相同，大大提高了测土配方施肥的针对性、精确性、科学性，完成了测土配方施肥技术从估测分析到精准实施的提升过程。

第一节 区域耕地施肥区划分

全境玉米产区，按地形、地貌、土壤类型可划分为 3 个测土施肥区域：

一、高产田施肥区

该区主要土壤类型为黑钙土，地势平岗、土壤质地松软，耕层深厚，保水保肥能力强，土壤理化性状优良，适合玉米生长发育，是玉米高产区。

高产田施肥区的玉米产量 10 500～12 000kg/hm²，该区主要土壤类型为黑钙土，高产田总面积 27 039.58hm²，占耕地总面积的 20.03%，主要分布中东部和西北如肇州镇、永胜乡、二井镇等乡镇，该区地势平岗、土壤质地松软，耕层深厚，保水保肥能力强，土壤理化性状优良，地势较缓，坡度一般 3°左右，适合玉米生长发育，是玉米高产区。其中二井镇面积最大，为 8 509.95hm²，占高产田总面积的 31.47%；其次是肇州镇，为 6 366.31hm²，占高产田总面积的 23.54%。该区各项养分指标高，土壤理化性状较好，各种养分平均：有机质 26.02g/kg，有效磷 12.3mg/kg，速效钾 166.08mg/kg。pH 值 8.18，有效锌 1.11mg/kg，容重 1.17g/cm³，耕层厚度 18.55cm，保水保肥性能好，比较抗旱抗涝。

二、中产田施肥区

该区主要土壤类型为黑钙土，地势平坦，质地稍硬，耕层适中，干旱是该区影响玉米产量的主要限制因素。土壤理化性状一般，pH 值较高，土壤容重较大，较适合玉米生长发育，是玉米中产区。中产田施肥区的玉米产量 7 500～9 000kg/hm²，中产田总面积 74 099.85 hm²，占耕地总面积 54.88%，主要分布东部和北部如朝阳乡、托古乡、丰乐镇和榆树乡等乡镇，地势较缓，坡度一般 3°～4°。其中，朝阳乡面积最大，为 5 004.37hm²，占中产田总面积的 6.75%。该区各项养分含量适中。土壤结构适中。各种养分平均：有机质 26.88g/

kg，有效磷平均 12.31mg/kg，速效钾 166.71mg/kg。pH 值 8.26，有效锌 1.13mg/kg，容重 1.17g/cm³，耕层厚度 18.5cm，保水保肥性能较好，有一定的排涝能力。

三、低产田施肥区

该区主要分布在我县地势低洼区。由于地势低洼，易旱、易涝，以旱为主，春季盐害重，发苗缓慢。土壤质地硬、耕性差，土壤理化性状不良，pH 值高，地里可见盐、碱斑，容重大。旱、涝和盐、碱都影响玉米生长发育，是玉米低产区。低产田玉米产量 4 500 ～ 6 000kg/hm²。低产田施肥区总面积 27 381.24hm²，占耕地总面积的 20.28%。主要分布在朝阳沟镇、新福乡、兴城镇和双发乡等地，土壤类型黑钙土为主。其中双发乡面积最大 6 655.84hm²，占低产田总面积的 24.31%。该区土壤理化性状差，土壤 pH 值高，容重大，耕层较薄，各项养分含量低，土壤结构差。各种养分平均值：有机质 23.08g/kg，有效磷 10.82mg/kg，速效钾 123.4mg/kg。pH 值 8.4，有效锌 0.9mg/kg，容重 1.23g/cm³，耕层厚度 17.34cm，土壤理化性状不好，保水保肥性能差（图 2－39）。

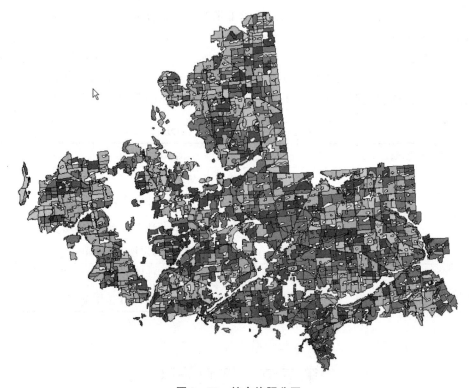

图 2－39 综合施肥分区

3 个施肥区土壤理化性状，见表 2－84。

表 2 - 84　区域施肥区土壤理化性状、养分

（单位：g/kg、mg/kg、cm、g/cm³、%）

区域施肥区	pH 值	有机质	有效磷	速效钾	有效锌	容重	耕层厚度	灌溉保证率	全盐量
高产田施肥区	8.18	26.02	12.30	166.08	1.11	1.17	18.55	93.69	0.18
中产田施肥区	8.26	26.88	12.31	166.71	1.13	1.17	18.5	48.94	0.2
低产田施肥区	8.4	23.08	10.82	123.4	0.9	1.23	17.34	22.85	0.18

第二节　地力评价施肥分区与测土施肥单元的关联

施肥单元是耕地地力评价图中具有属性相同的图斑。在同一土壤类型中也会有多个图斑——施肥单元。按耕地地力评价要求，全境玉米产区可划分为 3 个测土施肥区域。

在同一施肥区域内，按土壤类型一致，自然生产条件相近，土壤肥力高低和土壤普查划分的地力分级标准确定测土施肥单元。根据这一原则，上述 3 个测土施肥区。可划分为 6 个测土施肥单元。其中高产田施肥区划分为 2 个测土施肥单元；中产田施肥区划分为 2 个测土施肥单元；低产田施肥区划为 2 个测土施肥单元。具体测土施肥单元，见表 2 - 85。

表 2 - 85　测土施肥单元划分

测土施肥区	测土施肥单元
高产田黑钙土施肥区	厚层石灰性草甸黑钙土施肥单元
	厚层黄土质石灰性黑钙土施肥单元
中产田黑钙土施肥区	中层黄土质石灰性黑钙土施肥单元
	中层石灰性草甸黑钙土施肥单元
低产田黑钙土施肥区	薄层黄土质石灰性黑钙土施肥单元
	薄层石灰性草甸黑钙土施肥单元

第三节　施肥分区

肇州县按着高产田施肥区域，中产田施肥区域，低产田施肥区域 3 个施肥区域，按着不同施肥单元，即 6 个施肥单元，特制订玉米黑钙土区高产田施肥推荐方案、玉米黑钙土区中产田施肥推荐方案、玉米黑钙土区低产田施肥推荐方案。

一、分区施肥属性查询

这次耕地地力调查，共采集土样 1 927 个，确定的评价指标 9 个，有机质、耕层厚度、

灌溉保证率、有效磷、速效钾、pH 值、容重、全盐量，在地力评价数据库中建立了耕地资源管理单元图、土壤养分分区图。形成了有相同属性的施肥管理单元 73 个，按着不同作物、不同地力等级产量指标和地块、农户综合生产条件可形成针对地域分区特点的区域施肥配方；针对农户特定生产条件的分户施肥配方。

二、施肥单元关联施肥分区代码

根据 3414 试验、配方肥对比试验、多年氮磷钾最佳施肥量试验建立起来的施肥参数体系和土壤养分丰缺指标体系，选择适合本县域特定施肥单元的测土施肥配方推荐方法（养分平衡法、丰缺指标法、氮磷钾比例法、以磷定氮法、目标产量法），计算不同级别施肥分区代码的推荐施肥量（N、P_2O_5、K_2O）（表 2 – 86 至表 2 – 88）。

表 2 – 86　高产田黑钙土区施肥分区代码与作物施肥推荐关联查询表

（单位：mg/kg、kg/mu）

施肥分区	碱解氮	施肥量	施肥分区	有效磷	施肥量	施肥分区	速效钾	施肥量
代码	含量	N	代码	含量	P_2O_5	代码	含量	K_2O
1			1	>100	2.5	1	>200	1.5
2	180~250	4.5	2	40~100	4.5	2	150~200	2.5
3	150~180	8.5	3	20~40	6.5	3	100~150	4.5
4	150~120	12.5	4	10~20	9.0	4	50~100	5.5
5	80~120	18.0	5	5~10	12.5	5	<50	6.5
6	<80	21.5	6	<5	15.5	6		

表 2 – 87　中产田黑钙土区施肥分区代码与作物施肥推荐关联查询表

（单位：mg/kg、kg/mu）

施肥分区	碱解氮	施肥量	施肥分区	有效磷	施肥量	施肥分区	速效钾	施肥量
代码	含量	N	代码	含量	P_2O_5	代码	含量	K_2O
1			1	>100	1.5	1	>200	1.0
2	180~250	3.0	2	40~100	4.0	2	150~200	1.5
3	150~180	7.0	3	20~40	6.0	3	100~150	3.5
4	150~120	11.0	4	10~20	8.5	4	50~100	4.5
5	80~120	16.5	5	5~10	12.0	5	<50	5.5
6	<80	20	6	<5	15.0	6		

表 2-88　低产田黑钙土区施肥分区代码与作物施肥推荐关联查询表

(单位：mg/kg、kg/mu)

施肥分区	碱解氮	施肥量	施肥分区	有效磷	施肥量	施肥分区	速效钾	施肥量
代码	含量	N	代码	含量	P$_2$O$_5$	代码	含量	K$_2$O
1			1	>100	2.5	1	>200	1.0
2	180~250	4.5	2	40~100	4.5	2	150~200	1.0
3	150~180	8.5	3	20~40	6.5	3	100~150	3.0
4	150~120	12.5	4	10~20	9.0	4	50~100	4.0
5	80~120	18.0	5	5~10	12.5	5	<50	5.0
6	<80	21.5	6	<5	15.5	6		

三、施肥分区特点概述

(一) 高产田黑钙土施肥区

高产田黑钙土区施肥区域划分为厚层石灰性草甸黑钙土施肥单元和厚层黄土质石灰性黑钙土施肥单元两个施肥单元。

1. 厚层黄土质石灰性黑钙土施肥单元

厚层黄土质石灰性黑钙土是肇州县的主要耕地土壤，其主要分布在肇州县的肇州镇、永胜乡、二井镇等乡镇。面积为 16 085.01hm^2，占全县耕地总面积的 11.91%，该土壤有机质含量 34.94g/kg、全氮含量 2.16g/kg、碱解氮含量 123.91mg/kg、有效磷含量 12.2mg/kg、速效钾含量 172.0mg/kg，该土耕性好，黑土层厚，通透性好，保肥保水能力强，作物苗期生长快，土壤易耕期长。存在问题是供水能力弱，后期易干旱，适时灌溉会获得高产。

2. 厚层石灰性草甸黑钙土施肥单元

厚层石灰性草甸黑钙土在肇州县耕地面积较小，耕地面积为 1 341.54hm^2，占全县耕地总面积的 0.99%，该土壤有机质含量 38.56g/kg、全氮含量 2.54g/kg、碱解氮含量 123.64mg/kg、有效磷含量 11.47mg/kg、速效钾含量 148.78mg/kg，该土有效磷和速效钾含量相对较低，生产中应增施磷钾肥，土壤耕性较好，黑土层较薄，通透性好。有一定的高产潜力。

(二) 中产田黑钙土施肥区

中产田黑钙土区施肥区域划分为中层黄土质石灰性黑钙土施肥单元和中层石灰性草甸黑钙土施肥单元。

1. 中层黄土质石灰性黑钙土施肥单元

中层黄土质石灰性黑钙土主要分布在朝阳乡、托古乡、丰乐镇等乡镇，中层黄土质石灰性黑钙土是肇州县最大耕作土壤，该土壤耕地面积为 45 870.32hm^2，占全县耕地总面积的 33.97%，该土壤有机质含量 27.77g/kg、全氮含量 1.69g/kg、碱解氮含量 121.78mg/kg、有效磷含量 13.27mg/kg、速效钾含量 166.94mg/kg，该土耕性好，黑土层较厚，通透性好，保肥保水能力强，作物苗期生长快，土壤易耕期长。生产中注意增施有机肥。

2. 中层石灰性草甸黑钙土施肥单元

中层石灰性草甸黑钙土主要分布在肇州县的榆树乡，耕地面积为 12 853.04hm²，占全县耕地总面积的 9.52%，该土壤有机质含量 30.31g/kg、全氮含量 1.79g/kg、碱解氮含量 124.61mg/kg、有效磷含量 13.04mg/kg、速效钾含量 163.21mg/kg，有机质含量较高，黑土层较厚，土壤潜在肥力较高，耕性较好。玉米产量水平中上。

（三）低产田黑钙土施肥区

低产田黑钙土施肥区划分为薄层黄土质石灰性黑钙土施肥单元和薄层石灰性草甸黑钙土施肥单元两个施肥单元。

1. 薄层黄土质石灰性黑钙土施肥单元

薄层黄土质石灰性黑钙土主要分布在肇州县的兴城镇、新福乡，是肇州县主要耕地土壤之一，耕地面积为 36 758.43hm²，占全县耕地总面积的 27.22%，该土壤有机质含量 18.97g/kg、全氮含量 1.09g/kg、碱解氮含量 112.67mg/kg、有效磷含量 12.31mg/kg、速效钾含量 157.23mg/kg，有机质含量相对较低，土壤理化性状稍差，养分指标相对含量较低，是玉米低产田。通过增施有机肥和生理酸性肥料，玉米产量较适中。

2. 薄层石灰性草甸黑钙土施肥单元

薄层石灰性草甸黑钙土，主要分布在肇州县榆树乡、双发乡，耕地面积为 12 928.21hm²，占全区耕地总面积的 9.57%，该土壤有机质含量 20.37g/kg、全氮含量 1.16g/kg、碱解氮含量 112.82mg/kg、有效磷含量 9.85mg/kg、速效钾含量 170.79mg/kg，有效磷含量相对较低，注意增施磷肥，有机肥，是玉米低产田。

综上所述，通过科学合理地划分了县域施肥单元，能够更有效地指导农户科学施肥，大大提高了测土配方施肥的针对性、精确性、科学性，完成了测土配方施肥技术从估测分析到精准实施的提升过程（表 2-89）。

表 2-89　玉米推荐配方实例

	农户名	施肥代码	施纯氮量（kg）	施纯磷量（kg）	施纯钾量（kg）	施尿素量（kg）	施二铵量（kg）	施硫酸钾量（kg）
高产田施肥区	李国春	4-4-2	12.5	9	2.5	27.17	19.57	5.0
	张国友	4-4-3	12.5	9	4.5	27.17	19.57	9.0
	张军学	4-3-2	12.5	6.5	2.5	27.17	14.13	5.0
	于立新	3-3-1	8.5	6.5	1.5	18.48	14.13	3.0
	张军学	3-3-3	8.5	6.5	4.5	18.48	14.13	9.0
中产田施肥区	魏海	5-4-2	16.5	8.5	1.5	35.87	18.48	3.0
	李国春	5-4-1	16.5	8.5	1.0	35.87	18.48	2.0
	王凤和	5-4-4	16.5	8.5	4.5	35.87	18.48	9.0
	刘凤臣	5-5-3	16.5	12.0	3.5	35.87	26.09	7.0
	卢振武	4-5-3	11.0	12.0	3.5	23.91	26.09	7.0

（续表）

	农户名	施肥代码	施纯氮量 （kg）	施纯磷量 （kg）	施纯钾量 （kg）	施尿素量 （kg）	施二铵量 （kg）	施硫酸钾量 （kg）
低产田 施肥区	郭振权	5－6－3	18.0	15.5	3.0	39.13	33.70	6.0
	李平	5－6－2	18.0	15.5	1.0	39.13	33.70	2.0
	张军学	5－5－1	18.0	12.5	1.0	39.13	27.17	2.0
	王俊成	5－5－3	18.0	12.5	3.0	39.13	27.17	6.0
	荣耀东	5－5－2	18.0	12.5	1.0	39.13	27.17	2.0

第三部分

肇州县耕地地力评价专题报告

第一章 肇州县耕地地力调查与土壤改良利用专题报告

第一节 概 况

一、基本情况及必要性

（一）基本情况

肇州县位于黑龙江省西南部，松花江之北，松嫩平原中部。肇州县历史悠久，早在800多年前的金代就有肇州建制。肇州县距省会哈尔滨120km，东邻肇东市，西界大庆市，南与肇源县毗连，北与安达市接壤。全县东西长77km，南北宽72km，辖区面积2 392km²。地理位置位于东经124°47′~125°48′，北纬45°34′~46°16′，海拔高度130~228m。处在北半球中高纬度，属中温带大陆性季风气候，四季变化显著，冬季较长，在极北大陆性气团控制下，气候寒冷而干燥。夏季较短受副热带海洋气团的影响，温热多雨，降水集中。春季多风，少雨干旱。秋季早霜。境内南北温差不大，光热资源充足，为种植业和畜牧业提供了良好的自然资源。肇州县处于黑龙江省第一积温带。属中温带大陆性季风气候，年均日照时数2 863.4h，年均气温4.3℃，≥10℃的有效积温2 800℃，初霜期大致在9月25日，终霜期大致在翌年5月4日，全年无霜期145天，年均降水量468.2mm，蒸发量1 733.1mm。全境为冲积平原，地势平坦，自然条件优越，是典型的农业县份。

全县共设有6个镇、6个乡、1个牧场、1个良种场、104个行政村，732个自然屯，农业户75 668户，农业人口290 613人，农村劳动力173 564人（其中，男96 282人，女77 282人）。全县拥有耕地135 027.55hm²，草原56 666.7hm²，水域面积7 200hm²，有林面积28 466.7hm²。2009年农业增加值18.3亿元，农民人均纯收入6 564.2元。由于国家对粮食作物实施"一免三补"等惠农补贴政策和粮食收购的保护价政策，极大地鼓舞了广大农民的种粮积极性，粮食种植面积逐年增加。农业基础设施建设得到明显改善。全县机电井保有量4 060眼，节水灌溉设备2 953台（套），旱涝保收田面积达到72 766.7hm²，现有农防林19 066.7hm²，增强了抗御自然灾害能力；全县农机具保有量78 793台（套），农机总动力45.27万kW，田间综合机械化程度达到82%，作业质量和劳动效率得到提高；全县有林面积19 066.7hm²，以农防林、经济林为主的网带片相结合的防护林体系初具规模，森林覆被率达12.8%，改善了农业生态环境；秸秆根茬粉碎还田、测土配方施肥和增施有机肥等措施，改良了土壤结构，培肥了地力。各级农技干部深入田间地头，以科技示范园区建设为核心，通过召开技术现场会、举行技术培训、发放技术资料、现场指导等方式，大力推广了测土配方施肥、玉米膜下滴灌、优良品种选用、病虫草鼠害综合防治、机械化作业等先进实用技术，使良种良法直接到田、技术要领直接到人，促进了现代农业科技成果的快速转化，提高了粮食产量。近年来，肇州县的农业生产发展迅速，粮食产量连续17年突破5亿kg，是全国百个产粮大县之一。特别是随着国家对粮食作物的各项支农惠农政策的不断实施，粮食作物生产呈现逐年增长的趋势。2007年全县粮食作物面积98 666.7 hm²，总产量6.4亿kg，单产6 490.5 kg/hm²；2008年全县粮食作物面积105 133.3 hm²，总产量9.05亿kg，单产9 582.45 kg/hm²；2009年全县粮食作物面积122 860 hm²，总产量10.1亿kg，单产8 340 kg/hm²。全县耕地面积135 027.55 hm²，人均收入3 107元。是国家重点商品粮基地县、全国粮食生产先进县。

（二）必要性

当今世界，粮食安全问题一直是世界各国都高度重视的问题，中国作为拥有世界五分之一人口的发展中大国，这个问题就显得尤为突出，粮食安全一旦出了问题，不仅是中国的灾难，也是世界的灾难。目前，我国的粮食总产一直徘徊在4 500亿kg左右，据国内外研究预测，到2030年，中国的耕地将减少1 000万hm²，而人口将增加到16亿，粮食总需求将达到6 400亿kg，很显然，中国未来的粮食安全面临着巨大的挑战。

粮食安全的保障不仅取决于耕地的数量，还决定于耕地土壤的质量。开展耕地地力评价，是加强耕地质量建设的实质性措施和关键性步骤。通过耕地地力评价，不但可以科学评估耕地的生产能力，发掘耕地的生产潜力，而且还能查清耕地的质量和存在的问题，对确定土壤的改良利用方向，消除土壤中的障碍因素，指导化肥的科学施用，防止耕地质量的进一步退化，具有重大的现实指导意义。

二、土壤资源与农业生产概况

（一）土壤资源概况

肇州县耕地总面积为135 027.55 hm²。耕地土壤的主要类型有黑钙土和草甸土。其中，黑钙土面积125 836.55 hm²，占耕地面积的92.6%；草甸土面积9 191 hm²，占耕地面积的7.4%。

（二）农业生产概况

肇州县是典型的农业区，种植制度为一年一熟制，种植作物以玉米为主。据肇州县统计局统计，2007年全县玉米播种面积9.87万hm²，总产量6.4亿kg；2008年全县玉米播种面积10.5万hm²，总产量9.05亿kg；2009年全县玉米播种面积12.3万hm²，总产量10.1亿kg。

第二节 耕地地力评价方法

一、评价原则

这次肇州县耕地地力评价是完全按照全国耕地地力评价技术规程进行的。在工作中主要坚持了以下几个原则：一是统一的原则，即统一调查项目、统一调查方法、统一野外编号、统一调查表格、统一组织化验、统一进行评价；二是充分利用现有成果的原则，即以肇州县第二次土壤普查、肇州县土地利用现状调查和肇州县基本农田保护区划定等已有的成果作为评价的基础资料；三是应用高新技术的原则，即在调查方法、数据采集及处理、成果表达等方面全部采用了高新技术。

二、调查内容

肇州县这次耕地地力调评价的内容是根据当地政府的要求和农业生产实践的需求确定的，充分考虑了成果的实用性和公益性。主要有以下几个方面：一是耕地的立地条件。包括经纬度、海拔高度、地形地貌、成土母质、土壤侵蚀类型及侵蚀程度。二是土壤属性。包括耕层理化性状和耕层养分状况。具体有耕层厚度、质地、容重、pH 值、有机质、全氮、有效磷、速效钾、有效锌、有效铜、有效锰、有效铁等。三是土壤障碍因素。包括障碍层类型及出现位置等。四是农田基础设施条件。包括抗旱、排涝能力和农田防护林网建设等。五是农业生产情况。包括良种应用、化肥施用、病虫害防治、轮作制度、耕翻深度、秸秆还田和灌溉保证率等。

三、评价方法

在收集有关耕地情况资料，进行外业补充调查及室内化验分析的基础上，建立起肇州县耕地质量管理数据库，通过 GIS 系统平台，采用 ARCVIEW 软件对调查的数据和图件进行数值化处理，最后利用《全国耕地地力评价软件系统 V2.0》进行耕地地力评价。

（一）建立空间数据库

将肇州县土壤图、行政区划图、土地利用现状图等基本图件扫描后，用屏幕数字化的方法进行数字化，即建成肇州县地力评价系统空间数据库。

（二）建立属性数据库

将收集、调查和分析化验的数据资料按照数据字典的要求规范整理后，输入数据库系统，即建成肇州县地力评价系统属性数据库。

（三）确定评价因子

根据全国耕地地力调查评价指标体系，经过专家采用经验法进行选取，将肇州县耕地地力评价因子确定为 9 个，包括耕层厚度、有机质、有效锌、容重、速效磷、速效钾、全盐量、pH 值和灌溉保证率。

（四）确定评价单元

把数字化后的肇州县土壤图、基本农田保护区规划图和土地利用现状图相叠加，形成的图斑即为肇州县耕地地力评价单元，共确定形成评价单元 2 481 个。

（五）确定指标权重

组织专家对所选定的各评价因子进行经验评估，确定指标权重。

（六）数据标准化

选用隶属函数法和专家经验法等数据标准化方法，对肇州县耕地评价指标进行数据标准化，并对定性数据进行数值化描述。

（七）计算综合地力指数

选用累加法计算每个评价单元的综合地力指数。

（八）划分地力等级

根据综合地力指数分布，确定分级方案，划分地力等级。

（九）归入全国耕地地力等级体系

依据《全国耕地类型区、耕地地力等级划分》（NY/T309—1996），归纳整理各级耕地地力要素主要指标，结合专家经验，将肇州县各级耕地归入全国耕地地力等级体系。肇州县耕地地力等级分别为国家5级、6级、7级耕地。

（十）划分中低产田类型

依据《全国中低产田类型划分与改良技术规范》（NY/T309—1996），分析评价耕地土壤主导障碍因素，划分并确定肇州县中低产田类型。

第三节 调查结果

肇州县耕地总面积为135 027.55 hm²，耕地土壤的主要类型有黑钙土和草甸土。其中：黑钙土面积125 836.55 hm²，占耕地面积的92.6%；草甸土面积9 191 hm²，占耕地面积的7.4%。

这次耕地地力评价将全县耕地土壤划分为四个等级：一级地16 674.24 hm²，占耕地总面积的12.35%；二级地38 205.79 hm²，占28.29%；三级地56 959.06 hm²，占耕地总面积的36.81%；四级地23 188.46 hm²，占17.17%。一级、二级地属高产田土壤，面积共54 880.03 hm²，占40.64%；三级为中产田土壤，面积为56 959.06 hm²，占耕地总面积的36.81%；四级为低产田土壤，面积23 188.46 hm²，占耕地总面积的17.17%（表3-1和表3-2）。

表3-1 耕地地力指数分级表

地力分级	地力综合指数分级（IFI）
一级	>0.7640
二级	0.7640~0.7210
三级	0.7210~0.6420
四级	0.6420~0

表3-2 县内耕地地力评价等级归入国家地力等级表

县内地力等级	管理单元数	抽取单元数	近3年平均产量（kg/hm²）	参照国家农业标准归入国家地力等级
1	248	248	8 900	5
2	603	603	8 500	5
3	1 049	1 049	7 300	6
4	581	581	5 980	7

从地力等级的分布特征来看，等级的高低与地形部位、土壤类型密切相关（表3-3）。

表3-3　肇州县各乡镇地力等级面积统计表　（单位：hm²）

乡镇	面积	一	二	三	四
合计	135 027.55	16 674.24	38 205.79	56 959.06	23 188.46
朝阳乡	8 805.04	329.24	1 793.91	5 004.37	1 677.52
托古乡	8 337.58	403.17	2 931.84	3 891.15	1 111.42
丰乐镇	9 630.76	1 239.91	4 039.57	4 095.19	256.09
双发乡	11 090.97	0	1 163.4	3 271.73	6 655.84
肇州镇	9 534.98	2 990.61	3 375.7	2 381.98	786.69
朝阳沟镇	10 151.97	1 669.3	3 850.56	3 945.8	686.31
新福乡	14 766.95	556.8	2 921.5	7 532.76	3 755.89
榆树乡	9 567.72	1 246.59	3 672.08	3 089.3	1 559.75
永乐镇	8 303.64	701.71	2 380.64	4 716.73	504.56
兴城镇	18 913.85	1 440.94	3 728.98	8 807.3	4 936.63
永胜乡	9 551.07	4 702.03	1 231.6	2 920.59	696.85
二井镇	16 373.02	1 393.94	7 116.01	7 302.16	560.91

一、一级地

一级地面积16 674.24hm²，占耕地总面积的12.35%；分布面积最大的是永胜乡4 702.03hm²，占全县耕地总面积的3.48%，朝阳乡329.24hm²，占全县耕地总面积的0.24%、托古403.17hm²，占全县耕地总面积的0.3%、丰乐镇1 239.91hm²，占全县耕地总面积的0.92%，肇州镇2 990.61hm²，占全县耕地总面积2.21%，榆树乡1 246.59hm²，占全县耕地总面积的0.92%，新福乡556.8hm²，占全县耕地总面积的0.41%，永乐镇701.7hm²，占全县耕地总面积的0.52%，兴城镇1 440.94hm²，占全县耕地总面积的1.07%，二井镇1 393.94hm²，占全县耕地总面积的1.03%、朝阳沟镇1 669.3hm²，占全县耕地总面积的1.24%。土壤类型分布面积最大的是黑钙土16 660.31hm²，占全县耕地总面积的12.34%、草甸土13.93hm²，占全县耕地总面积的0.01%（表3-4）。

表3-4　肇州县一级地行政区分布面积统计　（单位：hm²）

乡　镇	土壤面积	一级地面积	占全县一级地面积（%）	占本乡土壤面积（%）
合　计	135 027.55	43 615.25		
朝阳乡	8 805.04	329.24	0.76	3.74
托古乡	8 337.58	403.17	0.92	4.84
丰乐镇	9 630.76	1 239.91	2.84	12.85

（续表）

乡　镇	土壤面积	一级地面积	占全县一级地面积（%）	占本乡土壤面积（%）
双发乡	11 090.97	0		
肇州镇	9 534.98	2 990.61	6.87	31.37
朝阳沟镇	10 151.97	1 669.3	3.83	16.44
新福乡	14 766.95	556.8	1.28	3.77
榆树乡	9 567.72	1 246.59	2.86	13.03
永乐镇	8 303.64	701.71	1.61	8.45
兴城镇	18 913.85	1 440.94	2.62	7.62
永胜乡	9 551.07	4 702.03	10.78	49.23
二井镇	16 373.02	1 393.94	3.20	8.51

一级地所处地形平缓，主要分布在中部、南部的平岗地及平坦的冲积平原上，坡度一般3°左右，基本没有侵蚀和障碍因素。黑土层深厚，绝大多数在 30cm 以上，深的可达 100cm以上。结构较好，多为粒状或小团块状结构。质地适宜，一般为黏壤土或壤质黏土。

二、二级地

二级耕地面积 38 205.79hm^2，占全县耕地总面积的 28.29%；分布面积最大的是二井镇7 116.01hm^2，占全县耕地总面积的 5.27%；最小的双发乡 1 163.4hm^2，占全县耕地总面积的 0.86%；土壤类型分布面积最大是黑钙土类 37 728.53 hm^2，占全县耕地总面积的27.94%、草甸土 477.26hm^2，占全县耕地总面积的 0.35%（表 3 – 5）。

表 3 – 5　肇州县二级地行政区分布面积统计　　　　　　　　　　（单位：hm^2）

乡　镇	土壤面积	二级地面积	占全县二级地面积（%）	占本乡土壤面积（%）
合　计	135 027.55	38 205.79		
朝阳乡	8 805.04	1 793.91	4.70	20.37
托古乡	8 337.58	2 931.84	7.67	35.16
丰乐镇	9 630.76	4 039.57	10.57	41.95
双发乡	11 090.97	1 163.4	3.05	3.05
肇州镇	9 534.98	3 375.7	8.84	35.40
朝阳沟镇	10 151.97	3 850.56	10.08	37.93
新福乡	14 766.95	2 921.5	7.65	19.78
榆树乡	9 567.72	3 672.08	9.61	38.38
永乐镇	8 303.64	2 380.64	6.24	28.67
兴城镇	18 913.85	3 728.98	9.76	19.72
永胜乡	9 551.07	1 231.6	3.22	12.30
二井镇	16 373.02	7 116.01	18.63	43.46

肇州县二级地主要分布在平坦的漫岗平原上，所处地形也较为平缓，坡度一般在1°以内，绝大部分耕地没有侵蚀或者侵蚀较轻，基本上无障碍因素。黑土层也较深厚，一般大于20cm。结构也较好，多为粒状或小团块状结构。质地较适宜，一般为重壤土或沙质黏壤土。

三、三级地

肇州县三级耕地面积56 959.06hm²，占全县耕地总面积的42.18%；分布面积最大的是兴城镇8 807.3hm²，占全县耕地总面积的6.52%；最小的肇州镇2 381.98hm²，占全县耕地总面积的1.76%；土壤类型分布最大是黑钙土53 388.02 hm²，占全县耕地总面积的39.54%，草甸土3 571.04hm²，占全县耕地总面积的2.64%（表3 – 6）。

表3 – 6　肇州县三级地行政区分布面积统计　　　　　　（单位：hm²）

乡　镇	土壤面积	三级地面积	占全县三级地面积（%）	占本乡土壤面积（%）
合　计	135 027.55	56 959.06		
朝阳乡	8 805.04	5 004.37	8.78	56.84
托古乡	8 337.58	3 891.15	7.67	35.16
丰乐镇	9 630.76	4 095.19	7.19	42.52
双发乡	11 090.97	3 271.73	5.74	29.5
肇州镇	9 534.98	2 381.98	4.18	25.0
朝阳沟镇	10 151.97	3 945.8	6.93	38.88
新福乡	14 766.95	7 532.76	13.22	51.01
榆树乡	9 567.72	3 089.3	5.42	32.29
永乐镇	8 303.64	4 716.73	8.28	56.80
兴城镇	18 913.85	8 807.3	15.46	45.57
永胜乡	9 551.07	2 920.59	5.13	30.58
二井镇	16 373.02	7 302.16	12.82	44.6

三级地大都处在漫岗的顶部以及低阶平原上，所处地形相对平缓，坡度绝大部分小于2°。部分土壤有轻度侵蚀，个别土壤存在瘠薄、盐渍化等障碍因素。黑土层厚度不一，厚的在25cm以上，薄的不足20cm。结构较一级、二级地稍差一些，但基本为粒状或小团块状结构。

四、四级地

四级耕地面积23 188.46hm²，占全县耕地总面积的17.17%；分布面积最大的是双发乡6 655.84hm²，占全县耕地总面积的4.93%；最小的丰乐镇256.09hm²，占全县耕地总面积的0.19%；土壤类型分布最大是黑钙土18 059.69hm²，占全县耕地总面积的13.37%，草甸土5 128.77hm²，占全县耕地总面积的3.8%（表3 – 7）。

表 3 - 7　肇州县四级地行政区分布面积统计　　　　　　（单位：hm²）

乡　镇	土壤面积	四级地面积	占全县四级地面积（%）	占本乡土壤面积（%）
合　计	135 027.55	23 188.46		
朝阳乡	8 805.04	1 677.52	5.04	19.05
托古乡	8 337.58	1 111.42	4.79	13.33
丰乐镇	9 630.76	256.09	0.04	2.66
双发乡	11 090.97	6 655.84	28.7	60.01
肇州镇	9 534.98	786.69	3.39	8.25
朝阳沟镇	10 151.97	686.31	2.96	6.76
新福乡	14 766.95	3 755.89	16.2	25.43
榆树乡	9 567.72	1 559.75	6.72	16.3
永乐镇	8 303.64	504.56	2.18	6.08
兴城镇	18 913.85	4 936.63	21.29	26.1
永胜乡	9 551.07	696.85	3	7.3
二井镇	16 373.02	560.91	2.42	3.42

四级地大都处在低坡地和低平原上，坡度大部分小于1°，土壤有中度侵蚀。黑土层厚度基本在 10～32cm，土壤多为块状结构，质地为重黏土。这部分耕地，除了上述因素之外，还存在土壤盐碱化程度重，农田基础实施薄弱，土壤瘠薄，干旱严重等因素。最终导致产量不高。

第四节　耕地地力评价结果分析

一、耕地地力等级变化

这次耕地地力评价结果显示，肇州县耕地地力等级结构发生了较大的变化，高产田土壤增加，比例由第二次土壤普查时的9.8%上升到46.64%；中产田土壤减少，比例由第二次土壤普查时的75.5%下降到42.18%；低产田土壤基本持平。

分析肇州县耕地地力等级结构变化的主要原因，一是近些年随着农业科技的进步，粮食产量不断提高，同时，玉米秸秆的产量也大幅度提高，肇州县农村由原来的"锅上不愁，锅下愁"的生活现状，发展到现在玉米秸秆的大量剩余。剩余的玉米秸秆一方面用于养畜，实行过腹还田；另一方面实行秸秆造肥还田和根茬还田，通过这些方法，把大量的有机质归还土壤，使耕地土壤的有机质有所提高，增加了耕地土壤肥力；二是农田基本建设明显加强。肇州县通过旱涝保收田、标准农田等一系列农田基本建设项目的实施，使我县大多数耕地都具备坐水种植的条件，50%以上的耕地具备了灌溉条件。三是推广了一整套先进适用的农业新技术，提高了耕地土壤的产出能力。四是推广农业机械标准化作业技术，提高了耕地土壤的整地标准。五是调整了农作物的布局，使肇州县农业产业结构的调整更加合理，极大地提高了耕地的生产水平。

二、耕地土壤肥力状况

（一）土壤有机质和养分状况

据统计，肇州县耕地土壤二次土壤普查是有机质平均含量为24.2g/kg，这次耕地地力评价，肇州县耕地土壤有机质含量平均为27.52g/kg，比二次土壤普查耕地土壤有机质提高了3.32g/kg；土壤有效磷含量二次土壤普查时的平均含量为7.72mg/kg，这次地力评价土壤有效磷平均为12.49mg/kg，含量在1.2～87.0mg/kg，比二次土壤普查结果增加4.77mg/kg。有效钾含量平均为168.15mg/kg，含量在45～467mg/kg的范围。肇州县耕地土壤有效锌含量平均1.12mg/kg，变化幅度在0.22～7.52mg/kg。按照新的土壤有效锌分级标准我县近50%的耕地有效锌含量不足。肇州县耕地有效铜含量平均值为1.181.6mg/kg，变化幅度在0.06～3.04mg/kg。根据第二次土壤普查有效铜的分级标准，＜0.1mg/kg为严重缺铜，0.1～0.2mg/kg为轻度缺铜，0.2～1.0mg/kg为基本不缺铜，1.0～1.8mg/kg为丰铜，＞1.8mg/kg为极丰。肇州县耕地有效铁平均为11.11mg/kg，变化值在1.56～18.5mg/kg。根据土壤有效铁的分级标准，土壤有效铁＜2.5mg/kg为严重缺铁（很低）；2.5～4.5mg/kg为轻度缺铁（低）；4.5～10mg/kg为基本不缺铁（中等）；10～20mg/kg为丰铁（高）；＞20mg/kg为极丰（很高）。

全县耕地有效锰平均值为12.7mg/kg，变化幅度在4.22～37.04mg/kg，根据土壤有效锰的分级标准，土壤有效锰的临界值为5.0mg/kg严重缺锰，大于15mg/kg为丰富。说明肇州县耕地土壤中有效锰比较丰富。

（二）土壤理化性状

这次耕地地力评价结果显示肇州县耕地容重平均为1.18g/cm³，变化幅度在1.0～1.5g/cm³。肇州县耕地pH值平均为8.25，变化幅度在6.3～9.25。土壤全盐量平均含量0.24g/kg，变化幅度在0.1～16.4g/kg。

三、障碍因素及其成因

（一）干旱

调查结果表明，土壤干旱已成为当前限制农业生产的最主要障碍因素。

肇州县水资源比较充足，总储量达53.15亿多m³，其中，地下水资源量52.55亿m³，地表水资源0.6亿m³。在水资源中，供开发利用的补给量2.11亿m³，其中，地下水资源量1.86亿m³，地表水资源量为0.25亿m³。

降水量：肇州县多年平均降水量为435mm，折合降水量10.2亿m³。年降水量大致变化在290～700mm，各月降水量变化在1.6～139.7mm。

蒸发量：全县多年平均蒸发强度为1 800.6mm，大致变化在1 506～2 000mm。

径流量：全县多年平均径流深为25.2mm，折合径流量0.6亿m³。年径流量大致变化在0.054亿～2.178亿m³。径流量的年内分布极不均匀，连续4个月径流量0.48亿m³，占年径流量的80%；春灌期间径流量0.08亿m³，占13%；封冻期径流量0.04亿m³，占7%。

干燥指数：全县多年平均干燥指数为 4.44（蒸发量与降水量的比值），年干燥指数大致变化在 3~6，干旱趋势是：由西向东，逐渐干旱。

地表水资源总量：多年平均径流量 0.6 亿 m^3，通常称为地表水资源量。不能保证率的地表水资源（WP）分别为：WP20% = 0.99 亿 m^3，WP50% = 0.35 亿 m^3，WP75% = 0.11 亿 m^3，WP95% = 0.01 亿 m^3。

地下水资源量：肇州县属于平原区，地下水属孔隙水类型。按地下水开采条件分区，进行估算地下水资源。经调查，全县地下水储存量为 50.4 亿 m^3，年补给量为 2.15 亿 m^3，年可开采量 1.86 亿 m^3。

储存量：储存量是指水位变动带以下的重力水体积，包括净储量和弹性储量两种，因开采量极小，故弹性储量也极小。根据水文地质资料，水文地质分区面积是：其中，Ⅰ区为 5.7 亿 m^3，Ⅱ区 12.5 亿 m^3，Ⅲ区 4.4 亿 m^3，Ⅳ区 1.4 亿 m^3。含水层厚度具体是：Ⅰ区为 7m，Ⅱ区 10m，Ⅲ区和Ⅳ区 15m。

补给量：地下水资源天然补给量，主要指大气降水、区外侧向补给、越层补给 3 种形式。其中，以大气降水补给为主。地下水资源人工补给量主要为灌溉回归水，其次为水库两岸地表水补给地下水。全县均属于旱田灌溉，因灌溉量小，只湿润土壤层，满足农作物用水，对地下水补给量极少，此外，地表水补给地下水区域很小。根据水文地质资料查得：含水层垂直地下水流向的宽度：Ⅰ区为 25km，Ⅱ区 65km，Ⅲ区 20km，Ⅳ区 10km。

可开采量：是指在一定的技术条件下，采用合理开采方案和合理开采动态下允许开采的最大水量。根据水文地质资料记载，单井涌水量：Ⅰ区为 25t/h，Ⅱ区、Ⅲ区、Ⅳ区 35t/h。开采时间，Ⅰ区取 40 天，Ⅱ区、Ⅲ区、Ⅳ各取 30 天。

调查结果表明，现行的耕作制度也是造成土壤干旱的主要因素。自 20 世纪 80 年代初开始，随着农村的农业机械由集体保有向个体农户保有和农机具由以大型农业机械为主向小型农业机械为主的转变，肇州县土壤的耕作制度也发生了很大变化，传统的用大马力拖拉机进行连年秋翻、整地作业和以畜力为主要动力实施各种田间作业的传统耕作制度，逐步被以小四轮拖拉机为主要动力进行灭茬、整地、施肥、播种、镇压及中耕作业的耕作制度所代替。由于小型拖拉机功率小，不能进行秋翻；灭茬时旋耕深度浅，作业幅度窄，仅限于垄台，难于涉及垄帮底处；整地、播种、施肥及耥地等田间作业也均很少能触动垄帮底处。长此下去，就形成了"波浪形"犁底层构造剖面。其主要特征：一是耕层厚度较薄，一般仅为 12~20cm；二是耕层有效土壤量少，每公顷仅为 1 125t 左右，约为"平面型"犁底层构造剖面 2 250t 的一半；三是土壤紧实，垄脚和犁底层的硬度一般在 35kg/cm^2 以上；四是土壤的含水量较低，平均仅为 16.2%。由于土层薄，有效土壤量减少，土壤容重增大，孔隙度缩小，通透性变差，持水量降低，导致土壤蓄水保墒能力下降。由此可见，肇州县现行的耕作制度对耕层土壤接纳大气降水极为不利，造成了有限的降水利用率低下，从而导致土壤持续发生干旱。

（二）瘠薄

这次调查显示，肇州县耕地土壤相对瘠薄，土壤瘠薄产生的原因：一是自然因素形成的，由于气候干旱，植被覆盖率相对降低，植物生长缓慢，导致土层薄，有机质含量低、土壤养分少，肥力低下；二是土壤侵蚀造成的，肇州县虽然处于松嫩平原腹部，但是境内耕地的坡度在 4°左右，加之春季风大，造成了耕地土壤的水蚀和风蚀较重，使土层变薄，土壤贫瘠；三是现行的耕作制度是造成土层变薄的一个重要因素。由于连年小型机械浅翻作业，犁底层紧实，导致土壤接纳降水的能力较低，容易产生径流，同时，地表长期裸露休闲，破坏了土壤结构，在干旱多风的春季，容易造成表层黑土随风移动，即发生风蚀；四是有机肥减少。在 20 世纪 80 年代以前，农民一直把增施有机肥作为增产的一项重要措施，但近年来，随着化肥用量的猛增，有机肥料用量下降，40% 以上的地块成为"卫生田"，影响了土壤肥力的维持和提高。

（三）盐碱

肇州县耕地土壤主要有黑钙土和草甸土，在黑钙土类中以碳酸盐黑钙土亚类为主，在草甸土类中以碳酸盐草甸土为主。这些耕地土壤的 pH 值高，平均值为 8.25；土壤全盐量含量大，肇州县耕地土壤全盐量的平均值 0.24g/kg。这些因素是制约肇州县农业生产发展的主要瓶颈。

第五节　肇州县耕地土壤改良利用目标

一、总体目标

（一）粮食增产目标

肇州县是黑龙江省粮食的主产区和国家重要的商品粮生产基地，粮食总产量约 10 亿 kg，是全国粮食产量的百强县之一。这次耕地地力评价结果显示，肇州县中低产田土壤还占有相当的比例，另外高产田土壤也有一定的潜力可挖，因此增产潜力十分巨大，若通过适当措施加以改良，消除或减轻土壤中障碍因素的影响，可使低产变中产，中产变高产，高产变稳产甚至更高产。

（二）生态环境建设目标

肇州县耕地土壤在开垦初期，农田生态系统基本上处于稳定状态，然而在以后的一段时间里，由于"以粮为纲"，过度开垦并采取掠夺式经营，致使生态系统遭到了极大的破坏，导致风灾频繁、旱象严重、水土流失加剧、次生盐渍化严重。当前生态环境建设的目标是恢复建立稳定复合的农田生态系统，依据这次耕地地力评价结果，下决心调整农、林、牧结构，彻底改变单纯种植粮食的现状。同时，要加强农田基础设施建设，出台农业生态环境建设制度，加大营造农田防护林力度，完善农田防护林体系，增加森林覆盖率。提高基本农田建设水平，达到"田成方，林成网，路相通，渠相连，旱能灌，涝能排"的生态型高产稳产农业，进而实现农业生产的良性循环和可持续发展。

（三）社会发展目标

肇州县是农业大县，农民的收入以种植业和畜牧业为主。依据这次耕地地力评价结果，针对不同土壤的障碍因素进行改良培肥，可以大幅度提高耕地的生产能力，巩固肇州县产粮大县的地位。同时，通过合理配置和优化耕地资源，加快种植业和农村产业结构调整，大力推广农业先进技术，实行农业的标准化生产，可以提高农业生产效益，增加农民收入，全面推进农村建设小康社会进程。

二、近期目标

本着先易后难、标本兼治、统一规划、综合治理的原则，确定肇州县耕地土壤改良利用近期目标是：从现在到 2015 年，利用 5 年时间，建成高产稳产标准良田 2 万 hm²，使单产达到 11 250kg/hm²。

三、中期目标

2016—2020 年，利用五年时间，改造中产田土壤 4 万 hm²，使其大部分达到高产田水平，单产超过 10 500kg/hm²。

四、远期目标

2021—2025 年，利用五年时间，综合治理中低产田土壤 5 万 hm²，使其大部分达到中高产田水平，单产超过 9 000kg/hm²。

第六节　肇州县耕地土壤改良利用对策及建议

一、对策

（一）推广旱作节水农业

肇州县是黑龙江省西部干旱区，水资源匮乏一直是困扰肇州县农业生产发展的重要因素。因此，积极推行旱作农业，充分利用天然降水，合理使用地表及地下水资源，实行节水灌溉，是解决肇州县干旱缺水问题的关键所在。

今后应不断完善农田基础设施建设，保证灌溉水源，并大力推广使用抗旱品种和抗旱肥料，推广地膜覆盖技术、机械化一条龙坐水种技术、喷灌和滴灌技术、间歇灌溉技术、苗期机械深松技术、化肥深施技术和化控抗旱技术等综合抗旱节水措施。同时，扩大保护地栽培面积，加大设施农业投入力度，促进农业生产的全面健康发展。

（二）培肥土壤、提高地力

1. 平衡施肥

化肥是最直接最快速的养分补充途径，可以达到30%～40%的增产作用。目前，肇州县在化肥施用上存在着很大的盲目性，如氮、磷、钾比例不合理、施肥方法不科学、肥料利用率低。这次土壤地力评价，摸清了土壤大量元素和中微量元素的丰缺情况。因此，在今后的农业生产中，根据这次耕地地力评价成果，应该大面积推广测土配方施肥，达到大、中、微量元素的平衡，以满足作物正常生长的需要，达到高产、高效、优质、低耗的理想目标。

2. 增施有机肥

大力发展畜牧业，增加有机肥源。畜禽粪便是优质的农家肥，积极鼓励和扶持农户大力发展畜牧业，增加有机肥的数量，提高有机肥的质量。做到公顷施用农家肥 30～45t，有机质含量20%以上，3 年轮施一遍。此外，要恢复传统的积造有机肥方法，搞好堆肥、沤肥、沼气肥、压绿肥等技术的推广工作。要广辟肥源，在根本上增加农家肥的数量。除了直接施入有机肥之外，还应该加强"工厂化、商品化"的有机肥生产基地的建设力度，鼓励企业生产有机肥。同时积极推广施用工厂化生产的有机肥料。

3. 秸秆还田

作物秸秆含有丰富的氮、磷、钾、钙、镁、硫、硅等多种营养元素和有机质，直接翻入土壤，可以改善土壤理化性状，培肥地力。从这次耕地地力评价的调查中显示：肇州县农民在解决烧柴、喂饲用途外，还有 20%～30% 的玉米秸秆出现剩余。这部分玉米秸秆可以通过人工直接造肥还田，还可以通过工厂化造肥还田。据研究：每公顷施用 750kg 的玉米秸秆，可积累有机质 225kg，大体上能够维持土壤有机质的平衡。同时在玉米田中可采用高根茬还田。研究表明，公顷产量 11 250kg，玉米根茬量大约在 850kg，其中有 750kg 的根茬可残留在土壤中，大体相当于施用 1.5 万 kg 的有机肥中有机质的数量。根茬还田能够有效提高土壤肥力，增强农业生产后劲。

（三）种植绿肥

肇州县早在 20 世纪 70 年代就开展绿肥种植技术的推广工作。当时的绿肥品种有草木犀、紫花苜蓿等。种植方法有清种、套种和间种，玉米间作草木犀的推广面积较大，效果极佳。并且用草木犀进行饲喂奶牛、生猪和大鹅，取得了很多的科学数据。后来，由于种种原因没有全面推广。目前，根据肇州县部分耕地地力瘠薄，生产能力有限的现状。对暂时不适合粮食作物生产，在条件允许的地方，积极引导农民种植绿肥。绿肥即可以用于喂饲，实行过腹还田，又可以直接还田或堆沤绿肥，是肇州县耕地土壤肥力恢复和提高的有效手段之一。

（四）合理轮作调整农作物布局

调整种植业结构要因地制宜，根据肇州县的气候条件、土壤条件、作物种类、周围环境等，合理布局，优化种植业结构，不能全种植玉米，要实行玉米、谷、糜、甜菜、蔬菜、马铃薯轮作制，推广粮草间作、粮粮间作、粮薯间作、粮葱间作等，调减普通玉米的播种面积，来增加饲用玉米、糯玉米等经济作物的种植面积。大力发展粮区畜牧业，这样不仅可以使耕地地力得到恢复和提高，增加土壤的综合生产能力，还能够增加农民收入，提高经济效益。

（五）建立保护性耕作区

保护性耕作主要是免耕、少耕、轮耕、深耕、秸秆覆盖和化学除草等技术的集成。目前，已在许多国家和地区推广应用。农业部保护性精细耕作中心提供的资料表明，保护性耕作技术与传统深翻耕作相比，可降低地表径流 60%，减少土壤流失 80%，减少大风扬沙 60%，可提高水分利用率 17%～25%，节约人畜用工 50%～60%，增产 10%～20%，提高效益 20%～30%。由此可见，实施保护性耕作不仅可以保持和改善土壤团粒结构，提高土壤供用能力，增加有机质含量，蓄水保墒，而且能降低生产成本，提高经济效益，更有利于农业生态环境的改善。

二、建议

（一）加强领导、提高认识，科学制定土壤改良规划

进一步加强领导，研究和解决改良过程中重大问题和困难，切实制定出有利于粮食安全，农业可持续发展的改良规划和具体实施措施。财政、金融、土地、水利、计划等部门要

协同作战，全力支持这项工作。鼓励和扶持农民积极进行土壤改良，兼顾经济、社会、生态效益，促使土壤良性循环，为今后农业生产奠定坚实基础。

（二）加强宣传、培训，提高农民素质

各级政府应该把耕地改良纳入到工作日程，组织科研院所和推广部门的专家，对农民进行专题培训，提高农民素质，使农民深刻认识到耕地改良是为子孙后代造福，是一项长远的增强农业后劲的重要措施，农民自发的积极参与土壤改良，才能使这项工程长久地坚持下去。

（三）加大建设高标准良田的建设力度

以振兴东北工业基地为契机，来振兴东北的农业基地，实现工农业并举，中央财政、省市财政应该对肇州县这样的产粮大县给予重点资金支持，完善水利工程、防护林工程、生态工程、科技示范园区等工程的设施建设，防止水土流失。实现"藏粮于土"粮食安全的宏伟目标。

（四）建立耕地质量监测机制

为了遏制基本农田的土壤退化、地力下降趋势，国家应立即着手建设耕地地力监测网络机构，组织专家研究论证，设立监测站和监测点，利用先进的卫星遥感影像作为基础数据，结合耕地现状和 GPS 定位观测，真实反映出监控区整体的生产能力及其质量的变化情况。

（五）培养耕地改良示范区

针对肇州县各类土壤障碍因素，建立一批不同模式的土壤改良利用示范区，通过抓典型、树样板，辐射带动周边农民，通过示范区的建设，使广大农民能够亲眼看到中低产田的改良利用方法，推进肇州县土壤改良工作的全面开展，实现肇州县农业增产，农民增收，农村增效和农业生产的可持续发展。

第二章 肇州县玉米适宜性评价专题报告

玉米是人类和畜禽的重要食物来源，也是重要的工业和医药原料，进入20世纪80年代以后，由于播种面积的增加、杂交品种的应用和综合配套技术的全面推广，使肇州县玉米生产有了较快的发展，玉米总产和单产都有大幅度提高。肇州县是以玉米为主的农业县份，地处玉米生产的黄金地带。20世纪80年代后期，肇州县玉米播种面积在80 000hm² 左右，占耕地面积的60%左右；进入90年代，玉米播种面积在93 333.3hm² 左右，占耕地面积的70%左右；到21世纪以来，玉米播种面积在100 000～113 333.3hm²，占耕地面积的70%～80%。肇州县玉米种植区域比较广，肇州县从南到北，从东到西都连片种植，素有"玉米海"之称。

2007年全县粮食作物面积98 666.7hm²，总产量6.4亿kg，单产6 490.5kg/hm²；2008年全县粮食作物面积105 133.3hm²，总产量9.05亿kg，单产9 582.45kg/hm²；2009年全县粮食作物面积122 860hm²，总产量10.1亿kg，单产8 340kg/hm²。全县耕地135 027.55hm²，人均收入3 107元。是国家重点商品粮基地县、全国粮食生产先进县。玉米是肇州县农业生产的主导产业，但是近几年来，部分农户盲目扩大玉米种植面积，产量低，效益差，为了解决这些实际问题，我们根据地力评价结果，评价出适宜种植的区域，更好地为发展肇州县玉米生产提供指导意义。

我们在玉米适宜性种植评价上，主要根据玉米灌溉保证率表现不一样，差异明显，因此，将土壤灌溉保证率在第三准则中（土壤管理）较全盐量加大。其余指标与地力评价指标一样。

一、评价指标评分标准

用1~9定为9个等级打分标准，1表示同等重要，3表示稍微重要，5表示明显重要，7表示强烈重要，9极端重要。2、4、6、8处于中间值。不重要按上述轻重倒数相反（表3-8）。

二、权重打分

1. 总体评价准则权重打分（表3-8）

表3-8 权重打分

	理化性状	土壤养分	土壤管理
理化性状	1.0000	3.3333	0.5000
土壤养分	0.3000	1.0000	0.2000
土壤管理	2.0000	5.0000	1.0000

2. 评价指标分项目权重打分（表3-9至表3-11）

表3-9 土壤养分

	有效磷	速效钾	有效锌
有效磷	1.0000	2.0000	3.3333
速效钾	0.5000	1.0000	2.0000
有效锌	0.3000	5.0000	1.0000

表3-10 理化性状

	pH值	有机质	容重
pH值	1.0000	2.0000	0.3333
有机质	0.5000	1.0000	0.2000
容重	3.0000	5.0000	1.0000

表3-11 土壤管理

	耕层厚度	全盐量	灌溉保证率
耕层厚度	1.0000	0.3333	0.2000
全盐量	3.0000	1.0000	0.3333
灌溉保证率	5.0000	3.0000	1.0000

三、玉米适宜性评价指标隶属函数的建立

1. pH值（表3-12，图3-1）

表3-12 pH值专家评估

pH值	<6.3	6.5	6.8	7.1	7.4	7.7	8	8.3	8.6	>8.9
隶属度	0.84	0.93	0.99	1.00	0.96	0.90	0.80	0.69	0.55	0.45

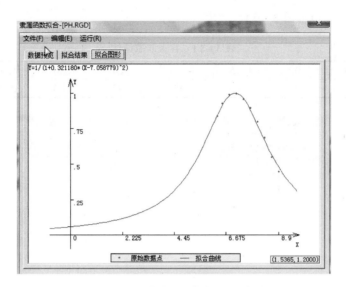

图 3 - 1　pH 值隶属函数曲线（峰型）

2. 耕层厚度（表 3 - 13，图 3 - 2）

表 3 - 13　耕层厚度专家评估　　　　　　　　　　　　　　　（单位：cm）

耕层厚度	< 12	14	18	20	22	24	> 26
隶属度	0.60	0.70	0.80	0.90	0.95	0.98	1.00

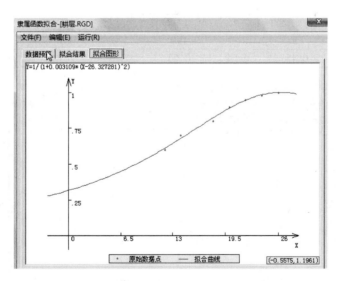

图 3 - 2　耕层厚度隶属函数曲线（戒上型）

3. 容重（表3-14，图3-3）

表3-14 容重专家评估 （单位：g/cm³）

容重	<0.9	1.00	1.15	1.20	1.25	1.30	1.35	>1.40
隶属度	0.85	0.93	1.00	0.98	0.90	0.80	0.70	0.60

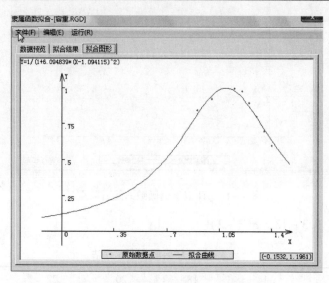

图3-3 容重隶属函数曲线（峰型）

4. 有效钾（表3-15，图3-4）

表3-15 有效钾专家评估 （单位：mg/kg）

有效钾	<100	130	160	190	220	250	300	>400
隶属度	0.37	0.45	0.54	0.63	0.70	0.81	0.95	1.00

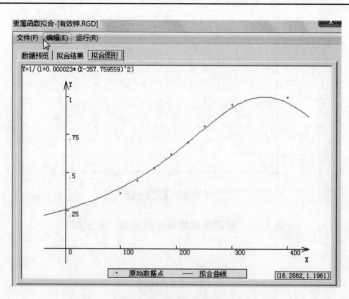

图3-4 有效钾隶属函数曲线（戒上型）

5. 灌溉保证率（表3-16，图3-5）

表3-16　灌溉保证率专家评估　　　　　（单位:%）

灌溉保证率	<0	25	45	65	85	>100
隶属度	0.25	0.40	0.60	0.80	0.95	1.00

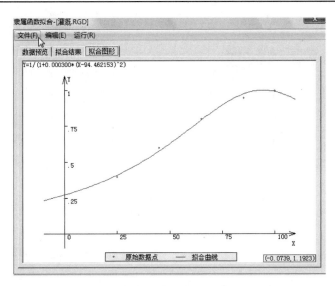

图3-5　灌溉保证率隶属函数曲线（戒上型）

6. 有机质（表3-17，图3-6）

表3-17　有机质专家评估　　　　　（单位：g/kg）

有机质	<15	20	30	40	60	>80
隶属度	0.400	0.450	0.585	0.700	0.900	1.000

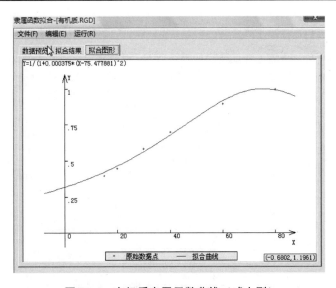

图3-6　有机质隶属函数曲线（戒上型）

7. 有效磷（表 3 – 18，图 3 – 7）

表 3 – 18 有效磷专家评估 （单位：mg/kg）

有效磷	< 15	20	25	30	35	40	60	> 80
隶属度	0.475	0.555	0.600	0.650	0.725	0.780	0.960	1.000

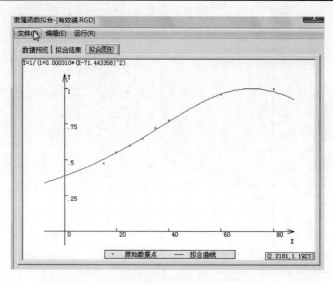

图 3 – 7 有效磷隶属函数曲线（戒上型）

8. 有效锌（表 3 – 19，图 3 – 8）

表 3 – 19 有效锌专家评估 （单位：mg/kg）

有效锌	< 0.5	1.0	1.5	2.0	2.5	3.0	> 4.0
隶属度	0.415	0.500	0.600	0.725	0.850	0.925	1.000

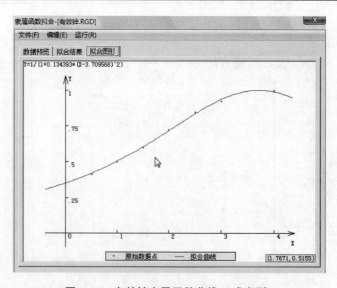

图 3 – 8 有效锌隶属函数曲线（戒上型）

9. 全盐量（表3-20，图3-9）

<table>
<tr><td colspan="2">表3-20　全盐量专家评估</td><td colspan="8" style="text-align:right">（单位:%）</td></tr>
<tr><td>全盐量</td><td><0.005</td><td>0.0075</td><td>0.0100</td><td>0.0150</td><td>0.0200</td><td>0.0250</td><td>0.0500</td><td>0.1000</td><td>>0.15</td></tr>
<tr><td>隶属度</td><td>1.0000</td><td>0.9900</td><td>0.9700</td><td>0.9400</td><td>0.9000</td><td>0.8500</td><td>0.7500</td><td>0.4000</td><td>0.3000</td></tr>
</table>

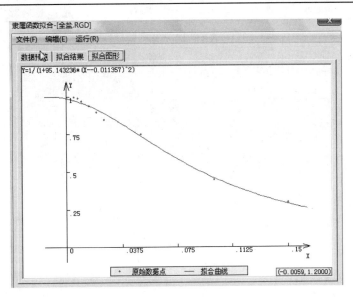

图3-9　全盐量隶属函数曲线（戒下型）

四、玉米适应性评价层次分析

采用层次分析法确定每一个评价因素对耕地综合地力的贡献大小。构造评价指标层次结构图。

根据各个评价因素间的关系，构造了以下层次结构图（图3-10）。

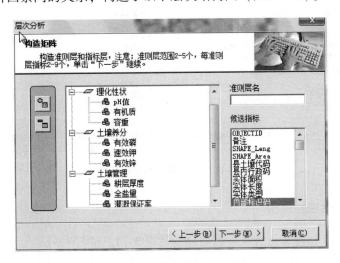

图3-10　评价指标层次结构图

确定各评价因素的综合权重，利用层次分析计算方法确定每一个评价因素的综合评价权重（图3-11）。

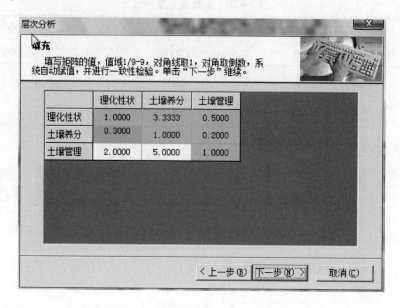

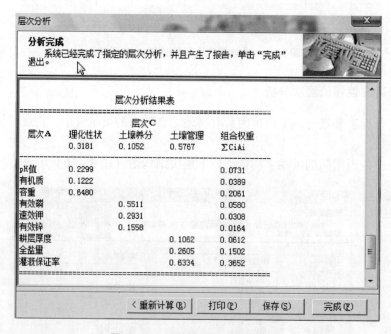

图3-11 评价因素综合评价权重

五、进行玉米适应性评价

玉米适应性评价和耕地适宜性等级划分，见图3-12和图3-13。

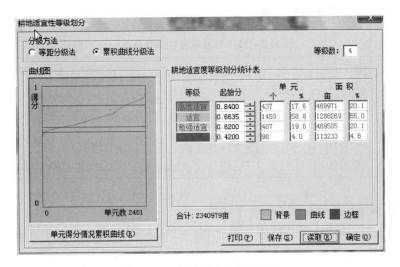

图 3 – 12　耕地适宜性等级划分

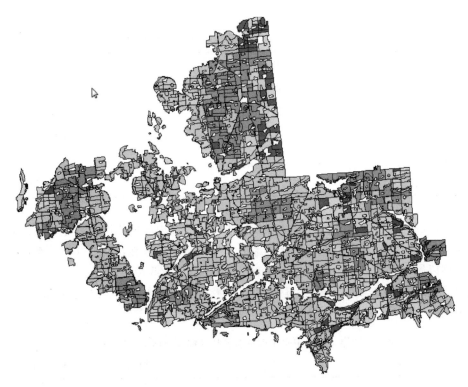

图 3 – 13　肇州县玉米适宜性评价

六、评价结果

玉米适宜性评价结果分级，见表 3 – 21。

（一）玉米适宜性评价结果分级

表 3-21　玉米适宜性指数分级

地力分级	地力综合指数分级（IFI）
高度适宜	>0.8400
适宜	0.6635~0.8400
勉强适宜	0.6200~0.6635
不适宜	<0.4200

（二）各级别面积统计和相关指标平均值

这次玉米适宜性评价将全县耕地总面积 135 027.55 hm²，划分为 4 个等级：高度适宜耕地 27 039.58 hm²，占耕地总面积的 20.03%；适宜耕地 74 099.85 hm²，占耕地总面积 54.88%；勉强适宜耕地 27 381.24 hm²，占耕地总面积的 20.28%；不适宜耕地 6 506.88 hm²，占耕地总面积 4.82%（表 3-22）。

表 3-22　玉米不同适宜性耕地地块数及面积统计

适应性	面积（hm²）	所占比例（%）
合计	135 027.55	100
高度适宜	27 039.58	20.03
适宜	74 099.85	54.88
勉强适宜	27 381.24	20.28
不适宜	6 506.88	4.82

从适宜性的分布特征来看，等级的高低与土壤养分、土壤理化性状及土壤管理有着密切相关。高中产土壤主要集中东部和西北等地区，如肇州镇、永胜乡、二井镇等乡镇，这一地区土壤类型以黑钙土为主，地势较缓，坡度一般 3°左右；低产土壤则主要分布在东南、西部和北部等地区，有的盐碱性较大，有的有机质含量较低，行政区域有朝阳沟镇、新福乡、兴城镇等地，土壤类型主要是黑钙为主（表 3-23）。

表 3-23　玉米不同适宜性耕地相关指标平均值

（单位：g/kg、mg/kg、cm、g/cm³、%）

适宜性	pH 值	有机质	有效磷	速效钾	有效锌	容重	耕层厚度	灌溉保证率	全盐量
高度适宜	8.18	26.02	12.30	166.08	1.11	1.17	18.55	93.69	0.18
适宜	8.26	26.88	12.31	166.71	1.13	1.17	18.5	48.94	0.2
勉强适宜	8.33	26.77	13.04	159.01	1.02	1.2	18.02	22.85	0.18
不适宜	8.4	23.08	10.82	123.4	0.9	1.23	17.34	17.67	0.14

（三） 高度适宜种植玉米级别情况

全县高度适宜耕地 27 039.58hm²，占耕地总面积的 20.03%，主要以黑钙土为主。高度适宜地块，各项养分指标高，土壤理化性状较好，各种养分平均：有机质 26.02g/kg，有效磷 12.3mg/kg，速效钾 166.08mg/kg。pH 值 8.18，有效锌 1.11mg/kg，容重 1.17g/cm³，耕层厚度 18.55cm，保水保肥性能好，比较抗旱抗涝。

（四） 适宜种植玉米级别情况

全县适宜耕地 74 099.85hm²，占耕地总面积 54.88%，主要以黑钙土为主。各项养分含量适中。土壤结构适中。各种养分平均：有机质 26.88g/kg，有效磷平均 12.31mg/kg，速效钾 166.71mg/kg。pH 值 8.26，有效锌 1.13mg/kg，容重 1.17g/cm³，耕层厚度 18.5cm，保水保肥性能较好，有一定的排涝能力。

（五） 勉强适宜种植玉米级别情况

全县勉强适宜耕地 27 381.24hm²，占耕地总面积的 20.28%，主要以黑钙土为主。土壤理化性状差，土壤 pH 值高，容重大，耕层较薄。各种养分平均值：有机质 26.77g/kg，有效磷 13.04mg/kg，速效钾 159.01mg/kg。pH 值 8.33，有效锌 1.02mg/kg，容重 1.2g/cm³，耕层厚度 18.02cm，保水保肥性能较差。

（六） 不适宜种植玉米级别情况

全县不适宜耕地 6 506.88hm²，占耕地总面积 4.82%%，主要以草甸土为主。各项养分含量低。土壤结构差。各种养分平均值：有机质 23.08g/kg，有效磷 10.82mg/kg，速效钾 123.4mg/kg。pH 值 8.4，有效锌 0.9mg/kg，容重 1.23g/cm³，耕层厚度 17.34cm，土壤理化性状不好，保水保肥性能差。

总之，肇州县耕地适宜种植玉米的面积比较大，但是，需要采用科学的栽培管理措施，应用测土配方施肥技术科学施肥，加强田间管理，增加田间工程投入，才能达到玉米优质、高产、高效、增收的目的。

第三章　肇州县耕地地力评价与土壤肥力演变及土壤污染专题报告

我们通过这次耕地地力评价工作的全面开展，掌握了现阶段肇州县耕地土壤肥力的基本情况，为了充分的利用耕地土壤肥力的优势，发挥耕地土壤肥力的潜能，增加粮食生产能力，实现肇州县农业生产的可持续发展。因此，本报告重点阐述肇州县耕地土壤肥力演变过程和耕地土壤污染问题。

第一节　肇州县土壤肥力演变

一、土壤肥力概述

土壤肥力是土壤的基本属性和本质特征，是土壤为植物生长供应和协调养分、水分、空气和热量的能力，土壤肥力是土壤物理、化学、生物化学和物理化学特性的综合表现，也是土壤形成期间不同母质的本质特性。它包括自然肥力、人工肥力和二者相结合、相互作用形成的土壤经济肥力。

（一）自然肥力

自然肥力是由土壤母质、气候、生物、地形等自然因素的作用下形成的土壤肥力，是土壤的物理、化学和生物特征的综合表现。它的形成和发展，取决于各种自然因素质量、数量及其组合适当与否。自然肥力是自然再生产过程的产物，是土地生产力的基础，它能提供一些养分，自发地生长天然植被。

（二）人工肥力

人工肥力是指通过人类生产活动，如耕作、施肥、灌溉、土壤改良等人为因素作用下形成的土壤肥力。

（三）经济肥力

土壤的自然肥力与人工肥力结合形成了经济肥力，经济肥力是自然肥力和人工肥力的统一，是在同一土壤上两种肥力相结合而形成的。

土壤肥力经常处于动态变化之中，土壤肥力变好变坏既受自然气候等条件影响，也受栽培作物、耕作管理、灌溉施肥等农业技术措施以及社会经济制度和科学技术水平的制约。

二、影响土壤肥力的因素

土壤中的许多因素直接或间接地影响土壤肥力的某一方面或所有方面，这些因素可以归纳如下4个方面。

（一）养分因素

养分因素指土壤中的养分储量、强度因素和容量因素，主要取决于土壤矿物质及有机质的数量和组成。肇州县一般农田的养分含量是：全氮 $0.54 \sim 0.91 \mathrm{g/kg}$，平均 $1.59 \mathrm{g/kg}$；全磷 $0.01 \sim 0.98 \mathrm{g/kg}$，平均 $0.49 \mathrm{g/kg}$；全钾 $0.16 \sim 24.54 \mathrm{g/kg}$，平均含量 $19.77 \mathrm{g/kg}$。

（二）物理因素

物理因素指土壤的质地、结构状况、孔隙度、容重、水分和温度状况等。它们影响土壤的含氧量、氧化还原性和通气状况，从而影响土壤中养分的转化速率和存在状态、土壤水分的性质和运行规律以及植物根系的生长力和生理活动。物理因素对土壤中水、肥、气、热各个方面的变化有明显的制约作用。

（三）化学因素

化学因素指土壤的酸碱度、阳离子吸附及交换性能、土壤还原性物质、土壤全盐量以及其他有毒物质的含量等。它们直接影响植物的生长和土壤养分的转化、释放及有效性。土壤磷素在 pH 值为 6 时有效性最高，pH 值低于或高于 6 时，其有效性下降；土壤中锌、铜、锰、铁、硼等营养元素的有效性一般随土壤 pH 值的降低而增高，但钼则相反。土壤中某些离子过多和不足，对土壤肥力也会产生不利的影响。

（四）生物因素

生物因素指土壤中的微生物及其生理活性。它们对土壤氮、磷、硫等营养元素的转化和有效性具有明显影响，主要表现在：一是促进土壤有机质的矿化作用，增加土壤中有效氮、磷、硫的含量；二是进行腐殖质的合成作用，增加土壤有机质的含量，提高土壤的保水保肥性能；三是进行生物固氮，增加土壤中有效氮的来源。

三、肇州县耕地土壤肥力的演变

（一）土壤形态变化与土壤肥力演变

在各种自然成土因素综合影响下，形成各种土壤类型，并形成各自剖面形态特征。人们垦殖利用以后，虽然仍保持其自然土壤的一些特征，但在形态上发生了很大的变化。这些变化可以直接反应土壤肥力的高低，土壤理化性状的优劣及土壤供肥能力的强弱。通过这次耕地地力评价，发现肇州县土壤在形态上有如下变化。

1. 腐殖质层变薄，土色变浅

肇州县岗地耕作土壤主要是黑钙土，由于质地较轻，土质疏松，侵蚀严重，腐殖质层普遍逐年变薄，据典型调查，垦初腐殖质层多在 $35 \sim 60 \mathrm{cm}$，目前不少地块腐殖质层在 $15 \sim 16 \mathrm{cm}$，而且土色变浅。

2. 土壤构型变劣

人类的农事活动可以使土壤土体构型向良性发展。从全县剖面上观察，发现有以下几个低产土体构型。

（1）干瘦破皮黄型构造。由于表土侵蚀严重，耕层很薄，不足 $10 \mathrm{cm}$，下为黄土，少部分腐殖质层已全部流失。肥力很低，有机质不足 2%，易干旱，产量低。

（2）破皮碱型构造。耕层薄，仅 10 余厘米，有机质含量 $1.6\% \sim 2.0\%$。耕层下为碱性强，黏、朽、硬的碱性层，怕旱怕涝，产量低。

（3）破皮硬型构型。耕层 $12 \sim 16 \mathrm{cm}$，有机质含量 $1.6\% \sim 2.0\%$。耕层下为黏朽，坚硬

的土层，通透性不良，怕旱易涝，作物向下扎根困难，产量较低。

3. 障碍层次增厚

人们在利用农具对土壤进行耕作的同时，农具对土壤的挤压等作用，形成一个新的障碍层次——犁底层。这个层次土壤紧实而坚硬，影响作物根系发育，影响通气和透水。由于土壤性质不同，使用农具和耕作方法的不同，导致耕底层出现深度，发育程度也不相同。有的土壤质地较轻或不断进行机械深耕深松，使土壤耕层较深，达20cm以上。这部分土壤的犁底层发育较差，仅4~7cm，而且相对疏松。有的土壤类型土质黏重，耕层浅，犁底层厚达7~15cm，而且坚实，导致通透性很差，成为隔水层，易旱易涝。土壤的水、肥、气、热得不到很好的发挥，限制了土壤的供肥性能，严重影响作物的正常生长发育。

（二）物理性状变化与肥力演变

土壤容重、孔隙度等物理性状的变化直接影响到土壤水、肥、气、热的协调性，影响土壤肥力的发挥。因此，必须从土壤物理性状的变化中，了解土壤肥力的演变状况。据《东北土壤》记载，土壤容重在 $1.0 ~ 1.2g/cm^3$ 时，表示通气性和耕性良好，土壤容重大于 $1.3g/cm^3$ 时，结构差，有机质含量少，土层紧实，耕性较差。大于 $1.5g/cm^3$ 时，土层紧密，几乎不透水，作物根系很难扎入，影响作物生育。

通过这次耕地地力评价，测得我县土壤容重平均值为 $1.18g/cm^3$，极大值达到 $1.4g/cm^3$。随着土壤容重的增加，土壤的孔隙度减少，土养分含量也随之下降。土壤容量的增加，孔隙度的减少，使土壤通气透水及导热性能受到很大影响，导致水肥气热不协调，不利于作物生长发育。

此外，肇州县耕地土壤的次生盐渍化现象加重，土壤含水量下降，不利于农业生产的健康发展。总之，肇州县部分耕地土壤物理性质向不良方向变化，使土壤变硬、板结，造成水肥气热不协调，影响土壤的供肥能力，使土壤生产力下降。

（三）养分变化与肥力演变

土壤养分是土壤肥力诸因素中的主要因素。它是随着土壤的发育进程而不断地发生变化。人为因素对土壤的发育进程有巨大作用，因而，也必然使土壤养分状况发生巨大的变化。

黑钙土和草甸土是肇州县的主要耕地土壤。从二次土壤普查到现在的养分分析数据中可以看出，肇州县耕地土壤的有机质全磷、有效磷，全氮，有效氮的含量略有上升，全钾、有效钾的含量和pH值降低。

土壤有机质在土壤的理化性状中起到了非常重要的作用，它不仅是作物养分的一部分，而且它还左右土壤的供肥能力。土壤肥力是指由土壤本身所能提供的土壤水、肥、气、热的能力。土壤组成中的三相比（固、液、气）、理化性状、微生物结构等诸多因素构成了本身的生态环境，这一生态环境的形成是多种因素经过多年相互作用的必然结果。人类的生产活动在不断地改变着这一环境，使土壤肥力随之变化。人类的正确生产活动可以改善这一环境，提高土壤肥力，反之可以破坏这一环境，使土壤肥力下降。左右这一环境的主要物质是土壤有机质。土壤有机质含量的多少，是土壤肥力高低的重要标志。肇州县耕地土壤二次土壤普查是有机质平均含量为24.2g/kg，这次耕地地力评价，肇州县耕地土壤有机质含量平均为27.52g/kg，比二次土壤普查耕地土壤有机质提高了3.32g/kg；土壤有效磷含量二次土壤普查是的平均含量为7.72mg/kg，这次地力评价土壤有效磷平均为12.49mg/kg，含量在

1.2~87.0mg/kg 比二次土壤普查结果增加 4.77mg/kg。有效钾含量平均为 168.15mg/kg，含量在 45~467mg/kg 的范围。肇州县耕地土壤有效锌含量平均 1.12mg/kg，变化幅度在 0.22~7.52mg/kg。按照新的土壤有效锌分级标准肇州县近 50% 的耕地有效锌含量不足。肇州县耕地有效铜含量平均值为 1.181.6mg/kg，变化幅度在 0.06~3.04mg/kg。根据第二次土壤普查有效铜的分级标准，<0.1mg/kg 为严重缺铜，0.1~0.2mg/kg 为轻度缺铜，0.2~1.0mg/kg 为基本不缺铜，1.0~1.8mg/kg 为丰铜，>1.8mg/kg 为极丰。肇州县耕地有效铁平均为 11.11mg/kg，变化值在 1.56~18.5mg/kg。根据土壤有效铁的分级标准，土壤有效铁 <2.5mg/kg 为严重缺铁（很低）；2.5~4.5mg/kg 为轻度缺铁（低）；4.5~10mg/kg 为基本不缺铁（中等）；10~20mg/kg 为丰铁（高）；>20mg/kg 为极丰（很高）。

肇州县耕地有效锰平均值为 12.7mg/kg，变化幅度在 4.22~37.04mg/kg，根据土壤有效锰的分级标准，土壤有效锰的临界值为 5.0mg/kg 严重缺锰，大于 15mg/kg 为丰富。说明肇州县耕地土壤中有效锰比较丰富。

肇州县耕地土壤有机质的变化总的趋势是略有提高，但是，部分耕地土壤呈下降的趋势。

分析肇州县土壤有机质含量减少的原因主要有：依赖化肥，忽视有机肥。肇州县自 20 世纪 60 年代开始试用化肥以来，人们对化肥的增产作用认识越来越高，因此，化肥的施用量不断增加。60 年代肇州县平均亩施化肥 2.56kg，70 年代亩施化肥提高到 12.75kg，80 年代亩施化肥高达 25kg 左右。90 年代到目前亩施化肥增加到 40kg 以上。随着化肥施用量的增加，对含有机质的有机肥有所忽视，甚至产生了依赖化肥的思想，再加之有机肥源不足，尽管各级领导重视有机肥，但总的看进入 80 年代以来，有机肥数量比 70 年代减少了。每年每亩平均大约比 70 年代减少 500kg 左右，平均每亩施用量的 1 000kg 左右，远远不能补充土壤有机质减少的数量。一是由于化肥施用量的增加，加速了土壤有机质的矿化作用，有机质含量下降的速度反而加快。二是只顾眼前，不顾长远。一些农民只顾眼前的利益，片面追求产量，忽视耕地土壤的投入，在承包田中不使用农家肥。一些农户在现实的农业生产中，由于频繁的土壤耕作，破坏了土壤固有的生态环境，使土壤耕层的有机质处于好气性条件下，加快了分解速度，降低了土壤有机质含量。三是一些农户存在烧荒现象，把燃料之外的玉米秸秆在农田中白白烧掉，造成有机质的严重浪费。

肇州县部分农户耕地土壤有机质呈增加的趋势，分析耕地土壤有机质增加的原因，主要有以下几点：一是肇州县自 20 世纪 80 年代末，由于农业生产出现了飞速发展，特别是玉米"吉字号"品种的引进和大面积的推广，从根本上解决了肇州县农村"锅上不愁，锅下愁"的历史，并且，玉米秸秆除了解决农村的燃料之外，还出现了大量的剩余。这就为我们搞耕地培肥建设提供了大量的有机质来源。剩余的玉米秸秆推广养畜进行过腹还田，玉米秸秆造肥还田等方式补充了土壤有机质。二是肇州县一些农民始终保持积造农家肥的好习惯，在他们经营的耕地中，基本上达到了三年两茬粪。三是自 20 世纪 90 年代以来，全县大力推广玉米根茬还田技术，使肇州县玉米根茬全部进行还田。据测算，每亩耕地的实行玉米根茬还田，可使每公顷耕地中增加有机质 700kg 左右。

土壤有机质对施肥的影响。土壤的有机质下降速度加快，土壤理化性质变劣，影响了化肥增产效果，正像有些人反映说化肥的劲小了，庄稼上馋了，土地上板了。实际上这都不是化肥本身的过错。因为它们施入土壤后，除了增加土壤有效养分含量外，并不残留有害于土壤的物质，不会造成土壤板结。事实上的土壤板结是因为人们越来越依赖化肥，忽视了有机肥的施用，造成土壤有机质急剧下降，使土壤板结，不耐旱不耐涝，使土壤保肥能力，供肥能力下降，这样化肥在土壤中易挥发和流失，使化肥的效果降低。另外，化肥施入土壤后，大部分要在土壤生物的作用下转化成土壤养分才能更好地被作物吸收利用。由于土壤有机质含量下降，土壤生物量减少，活性降低，因此，这个转化缓慢，化肥的肥效作用就不能充分发挥出来。

四、增加土壤有机质的途径

从肇州县的实际情况出发，增加土壤有机质，培肥耕地地力，使土壤生态环境向着有利于农业生产的方向发展。

（一）广辟肥源，大力积造有机肥

现阶段增加土壤有机质的主要途径是施用有机肥，有机肥的主要原料是人畜粪尿。按人口及畜牧数量计算每年可排粪尿约 16 亿 kg，可造优质有机肥近百亿斤，仅这一肥源造出有机肥就可达到公顷施 30 000kg。如果再把垃圾、动植物残体、格荛、青草等可造肥的有机质用来造肥，还可积造有机肥，可使公顷施肥量达到 75 000kg，但是实际上我县目前公顷施肥每年将近 15 000kg。这个差额的产生是因为人粪尿的回收率一般只达 40% ~ 50%。要增加有机肥数量首先要提高粪尿回收率，搞好"五有三勤"建设，仍然是回收粪尿的良好措施。

（二）大力开发能源，力争秸秆还田

农村的秸秆为燃料是秸秆还田的主要阻力，因此，大力开发能源，把一部分秸秆节省下来用来造肥还田。现阶段应该示范推广应用太阳灶，解决夏季能源不足，应用风力发电解决冬春能源不足，应用沼气和营造薪炭林来解决秸秆做燃料问题。通过能源的开发，把节省下来的秸秆可做饲料的通过喂畜过腹还田，不能做饲料的用来直接造肥，还给土壤。

（三）种植绿肥发展畜牧业增加牲畜粪便

种植豆科绿肥作物。采取生物措施培肥地力，改善土壤生态环境。据测定，1hm² 两年生草木樨的根瘤可固氮 133.5kg，提高了土壤含氮量，而且根系发达，穿透力强，起到生物深松土壤的作用。草木樨地上部喂畜，促进了畜牧业的发展。试验结果表明，每天每头奶牛喂 50kg 草木樨鲜草，可节省精饲料 1.5kg，产奶量增加 1.5 ~ 5.0kg。草木樨根系在底下腐烂后即增加了土壤有机质，又提高了土壤孔隙度，使土壤的通透性得以改善。草木樨的种植方法可以在小麦三叶期套种在麦田，小麦的产量不减或略有提高。还可以与玉米 2∶1 间种，在增加玉米株数和施肥量的情况下，玉米产量不减或减产不显著，最多不超过 7%。

（四）建立深松为主的耕作制。土壤耕作制应以深松为主体，尽量少翻转土壤，降低土壤有机质的矿化率，提高腐殖化。同时，也减少了风蚀，水蚀。这样相对地也就增加了土壤有机质的含量。

第二节　土壤污染来源及解决途径

土壤是指陆地表面具有肥力、能够生长植物的疏松表层，其厚度一般在 2m 左右。土壤不但为植物生长提供机械支撑能力，并能为植物生长发育提供所需要的水、肥、气、热等肥

力要素。近年来，由于人口急剧增长，工业迅猛发展，固体废物不断向土壤表面堆放和倾倒，有害废水不断向土壤中渗透，大气中的有害气体及飘尘也不断随雨水降落在土壤中，导致了土壤污染。凡是妨碍土壤正常功能，降低作物产量和质量，通过粮食、蔬菜、水果等间接影响人体健康的物质，都叫作土壤污染物。

土壤污染物的来源广、种类多，大致可分为无机污染物和有机污染物两大类。无机污染物主要包括酸、碱、重金属（铜、汞、铬、镉、镍、铅等）、盐类、放射性元素铯、锶的化合物、含砷、硒、氟的化合物等。有机污染物主要包括有机农药、酚类、氰化物、石油、合成洗涤剂、3，4-苯以及城市污水、污泥及厩肥带来的有害微生物等。当土壤中含有害物质过多，超过土壤的自净能力，就会引起土壤的组成、结构和功能发生变化，微生物活动受到抑制，有害物质或其分解产物在土壤中逐渐积累，通过"土壤→植物→人体"，或通过"土壤→水→人体"间接被人体吸收，达到危害人体健康的程度，就是土壤污染。

土壤的污染，一般是通过大气与水污染的转化而产生，它们可以单独起作用，也可以相互重叠和交叉进行。随着农业现代化，特别是农业化学水平的提高，大量化学肥料及农药散落到环境中，土壤遭受污染的机会越来越多，其程度也越来越严重。在水土流失和风蚀作用等的影响下，污染面积不断地扩大。

一、土壤的污染源

根据污染物质的性质不同，土壤污染物分为无机物和有机物两类：无机物主要有汞、铬、铅、铜、锌等重金属和砷、硒等非金属；有机物主要有酚、有机农药、油类、苯丙芘类和洗涤剂类等。以上这些化学污染物主要是由污水、废气、固体废物、农药和化肥带进土壤并积累起来的。

（一）污水灌溉对土壤的污染

生活污水和工业废水中，含有氮、磷、钾等许多植物所需要的养分，所以合理地使用污水灌溉农田，一般有增产效果。但污水中还含有重金属、酚、氰化物等许多有毒有害的物质，如果污水没有经过必要的处理而直接用于农田灌溉，会将污水中有毒有害的物质带至农田，污染土壤。例如，冶炼、电镀、燃料、汞化物等工业废水能引起镉、汞、铬、铜等重金属污染；石油化工、肥料、农药等工业废水会引起酚、三氯乙醛、农药等有机物的污染。

（二）大气污染对土壤的污染

大气中的有害气体主要是工业中排出的有毒废气，它的污染面大，会对土壤造成严重污染。工业废气的污染大致分为两类：气体污染，如二氧化硫、氟化物、臭氧、氮氧化物、碳氢化合物等；气溶胶污染，如粉尘、烟尘等固体粒子及烟雾，雾气等液体粒子，它们通过沉降或降水进入土壤，造成污染。例如，有色金属冶炼厂排出的废气中含有铬、铅、铜、镉等重金属，对附近的土壤造成污染；生产磷肥、氟化物的工厂会对附近的土壤造成粉尘污染和氟污染。

（三）化肥对土壤的污染

施用化肥是农业增产的重要措施，但不合理的使用，也会引起土壤污染。长期大量使用氮肥，会破坏土壤结构，造成土壤板结，生物学性质恶化，影响农作物的产量和质量。过量地使用硝态氮肥，会使饲料作物含有过多的硝酸盐，妨碍牲畜体内氧的输送，使其患病，严重的导致死亡。

（四）农药对土壤的影响

农药能防治病、虫、草害，如果使用得当，可保证作物的增产，但它是一类危害性很大的土壤污染物，施用不当，会引起土壤污染。喷施于作物体上的农药（粉剂、水剂、乳液等），除部分被植物吸收或逸入大气外，约有50%左右散落于农田，这一部分农药与直接施用于田间的农药（如拌种消毒剂、地下害虫熏蒸剂和杀虫剂等）构成农田土壤中农药的基本来源。农作物从土壤中吸收农药，在根、茎、叶、果实和种子中积累，通过食物、饲料危害人体和牲畜的健康。此外，农药在杀虫、防病的同时，也使有益于农业的微生物、昆虫、鸟类遭到伤害，破坏了生态系统，使农作物遭受间接损失。

（五）固体废物对土壤的污染

工业废物和城市垃圾是土壤的固体污染物。例如，各种农用塑料薄膜作为大棚、地膜覆盖物被广泛使用，如果管理、回收不善，大量残膜碎片散落田间，会造成农田"白色污染"。这样的固体污染物既不易蒸发、挥发，也不易被土壤微生物分解，是一种长期滞留土壤的污染物。

二、土壤污染的防治

（一）科学地进行污水灌溉

工业废水种类繁多，成分复杂，有些工厂排出的废水可能是无害的，但与其他工厂排出的废水混合后，就变成有毒的废水。因此，在利用废水灌溉农田之前，应按照《农田灌溉水质标准》规定的标准进行净化处理，这样既利用了污水，又避免了对土壤的污染。

（二）合理使用农药 重视开发高效低毒低残留农药

合理使用农药，这不仅可以减少对土壤的污染，还能经济有效地消灭病、虫、草害，发挥农药的最佳效能。在生产中，不仅要控制化学农药的用量、使用范围、喷施次数和喷施时间，提高喷洒技术，还要改进农药剂型，严格限制剧毒、高残留农药的使用，重视低毒、低残留农药的开发与生产。

（三）合理施用化肥，增施有机肥

根据土壤的特性、气候状况和农作物生长发育特点，配方施肥，严格控制有毒化肥的使用范围和用量。

增施有机肥，提高土壤有机质含量，可增强土壤胶体对重金属和农药的吸附能力。如褐腐酸能吸收和溶解三氯杂苯除草剂及某些农药，腐殖质能促进镉的沉淀等。同时，增加有机肥还可以改善土壤微生物的流动条件，加速生物降解过程。

（四）施用化学改良剂，采取生物改良措施

在受重金属轻度污染的土壤中施用抑制剂，可将重金属转化成为难溶的化合物，减少农作物的吸收。常用的抑制剂有石灰、碱性磷酸盐、碳酸盐和硫化物等。例如，在受镉污染的酸性、微酸性土壤中施用石灰或碱性炉灰等，可以使活性镉转化为碳酸盐或氢氧化物等难溶物，改良效果显著。

因为，重金属大部分为亲硫元素，所以，在水田中施用绿肥、稻草等，在旱地上施用适量的硫化钠、石硫合剂等有利于重金属生成难溶的硫化物。

对于砷污染土壤，可施加 Fe_2SO_4 和 $MgCl_2$ 等生成 $FeAsO_4$、$MgNH_4AsO_4$ 等难溶物减少砷的危害。另外，可以种植抗性作物或对某些重金属元素有富集能力的低等植物，用于小面积

受污染土壤的净化。如玉米抗镉能力强，马铃薯、甜菜等抗镍能力强等。有些蕨类植物对锌、镉的富集浓度可达数百甚至数千 mg/kg，例如，在被砷污染的土壤上谷类作物无法生存，但在其上生长的苔藓砷富集量可达 $1\ 250 \times 10^{-6}$。

（五）采用合理污水的微生物净化方法，从而防治土壤污染

1. 生活污水的净化

生活污水中含有很多动、植物来源的有机物质，它们都是被微生物分解的产物。除沉淀下去或漂浮的固体物质以外，溶解或者悬浮在污水中的有机物质量通常用生物化学需氧量（Bischemixal oxygen demand，简称 BOD）表达，即单位水中有机物质生物氧化的需氧量。通常是在 20℃，培养 5 天，氧化有机物质，每升污水消耗的氧化量。

生活污水流入水体或土壤中，本来是会自然净化的，就是说污水中的有机物质被水体或土壤中的微生物逐渐分解，无机质化了。城市生活污水的人工净化便是创造适合特殊条件，加快自然净化过程。人工净化采取好气和厌气两种方式。

厌气性人工净化采取厌气池的方法，以人粪尿为主的生活污水流入厌气池中，进行厌气性分解。在气性分解中，一部分有机物质矿化，一部分转化为无毒、无臭味的有机质肥料。

好气性人工净化的方法又称为活性污泥法。粪池中大量通气，为微生物旺盛增殖创造优良环境。经过一段时间，产生絮花状的团粒，称为活性污泥。污水流进富含活性污泥的曝气池中，并通入大量压缩空气（或其他旺盛通气方法）污水中的有机物质强烈氧化。经过活性污泥法处理的污水可以快速地交货到适宜排放入自然水系的标准。

在活性污泥中形成十分活跃的"生物膜"。每克活性污泥含细菌数过几万亿。"生物膜"含有多种细菌和种类的菌胶团和其他生物，具有十分强盛的生物氧化能力。有机物质的氧化比自然净化快 50～100 倍。经过这种"生物膜"的生物氧化作用，有机碳氧化为 CO_2，有机氮氧化为 NO_3。

2. 工业废水的净化

各种工业排出不同主要成分的废水。有些工业废水含有金属毒，如镉、汞、铜、锌等。对于这些有毒元素，微生物是无能为力的。但是，以有机质成分为主的工业废水却是可以利用微生物方法净化的。

农产品加工业的废水的净化和生活污水的净化相同。

有些工业废水含苯环物质量较高。净化主要是分解苯环物质，用活性污泥处理含酚污水，在"生物膜"中出现分解苯环物质的微生物的选择富集。

苯环物质是微生物的养料又是微生物的毒素。例如苯酚含量高于 0.1%，对微生物有毒，含量低于 0.05% 以下，又是一些微生物的养料。因此，利用活污沁法净化苯环物质，必须先将污水稀释到微生物能够分解利用的浓度。

分解苯环物质的微生物种类主要是极毛杆菌，尚有其他的细菌、放线菌、酵母菌和原生动物。

微生物氧化分解苯环物质通过邻苯二酚转化为开链化合物，再进入正常的碳素代谢途径。

有些工业废水含有大量氰化物（氢氰酸、氰化钾、氰化钠、氰化亚铜、丙烯腈等）。和苯环物质一样，净化氰化物废水也需要先稀释到对微生物无毒害的浓度。同样，在净化过程中，活性污泥里选择增加了分解氰化物的微生物种类，也主要是根毛杆菌以及其他细菌、放线菌、酵母菌和原生动物。

3. 污水净化后的再利用

土壤中含有多种微生物，具有净化的能力。利用富含有机物质的生活污水或工业污水进行灌溉，既可以得到净化的效果，又可以培肥土壤，取得高产。

用生活污水或生活和工业混合污水灌溉，需要掌握灌溉水的适宜含肥量和含毒素物质的量。用含酚工业废水灌溉玉米，需了解玉米生长需肥期内灌入废水中铵态氮的总累积量。

通过田间管理试验制定灌溉水的氮肥定额，见表3-24。

表3-24　含酚工业废水灌溉的不同氮肥定额及玉米产量

氮肥定额	产量（kg/亩）	增产（%）
灌水对照	414	100
8.0	586	14.7
13.3	694	169.2
30.0	827	204.2
26.6	846	

氮肥定额不是一次施用的，而是在农作物整个需肥期，根据需要分期施用。因此，可根据废水的含铵量，计算每次灌溉水量。

随污水灌溉，很多有机物质灌入土壤，在土壤中分解，消耗氧气，使土壤的氧化还原电位骤烈下降，妨碍根的正常发展，还产生硫化物等有毒物质。下表显示含酚工业废水灌溉后，土壤氧化还原电位的变化和硫化物含量的变化。及时晒田，对于恢复、提高土壤的氧化还原单位和消除硫化物的积累有显著效果。

当然，污水灌溉的目的，一是利用其中的养料，增产农作物；另一个目的是利用土壤微生物作用消除有害物质。关于消除有害物质的效果，含酚工业废水灌溉的经验表明，污水灌溉多年的土壤中的酚含量比清水灌溉的土壤高，但清除酚的效果是显著的，见表3-25。

表3-25　氮肥定额与晒田前后土壤氧化还原电位和硫化物的变化表

灌入氮肥定额（kg/亩）	氧化还原电位（Dh）		土壤硫化物（mg/100g）	
	晒田前	晒田后	晒田前	晒田后
8.2	-50	—	17.02	
12.4	—112	—	34.08	
19.2	—100	10	44.3	
19.4	—212	20	30.67	痕迹

注：中国科学院林业土壤研究所，1965

连续用污水灌溉12年、20年的土壤溶液的含酚量，并不比仅灌溉了3年的土壤溶液的含酚量高，见表3-26。

表3-26 土壤溶液含酚量表

土号	取样深度（cm）	酚（ml/L）			
		I	II	III	IV
清-1	2~12	4.28	50.36	4.93	14.6
	18~28	3.24	41.42	3.17	13.0
	45~55	1.41	38.65	0.79	6.5
污-3	0~10	5.56	50.39	11.85	21.9
	15~25	5.38	48.32	10.30	21.1
	40~50	5.01	49.70	9.51	17.8
污-12	0~13	8.49	59.62	12.69	33.1
	13~22	6.14	60.74	5.35	30.8
	30~40	4.34	37.27	3.17	26.7
	0~10	6.7	57.29	7.77	24.3
	15~25	5.19	51.08	2.22	21.0
	35~45	5.32	34.51	3.81	22.7

注：中国科学院林业土壤研究所，1965

土壤微生物分解酚类物质的作用很科学，即使是清水灌溉的土壤中也有较强的解酚能力。污水灌溉土壤的解酚能力更强。将土壤悬液接入含酚培养液中，培养6天，能消除全部或大部分酚，见表3-27。

表3-27 接种物消除含酚培养基中酚含量的作用表

接种物	培养时间（h）	除酚百分比（%）
清水灌溉试验土壤	114	80
污灌试验土壤	120	100
污灌三年土壤	114	100
污灌十年土壤	96	100

注：中国农林科学院生物研究所

（六）利用微生物降解化学农药在土壤中的残留

化学农药污染环境问题引起了人们的极大的重视。化学农药直接施入土壤，或者喷洒植物，后者的绝大部分（90%左右）也落入土壤。因此，化学农药在土壤中的遭遇和变化就成为土壤和环境保护科学的一个重要研究领域。

化学农药入土以后，受各种因素的影响，包括淋流和搬运，非生物学的化学降解和生物学的降解。

各种化学农药的稳定性不同。许多比较稳定的化学农药在土壤中，生物学降解的作用大于非生物学的化学降解的作用。敌草隆（DIURON 3（3，4-二氯苯基）-1，1-二甲基脲，一种除草剂）在未经消毒灭菌的土壤中的降解进度，比用氯化苦熏消毒灭菌的土壤快许多倍。敌草隆在未经消毒灭菌的土壤中，6 个月降解接近一半，在氯化钴处理过的土壤中，6 个月只降解了不到 1/10，差别显然是由微生物的降解作用造成的。

2，4-D（2，4-二氯苯乙酸，一种除草剂）在土壤中降解的早期研究（Andus，1951）阐明了，土壤中农药的微生物降解的一般规律。用稀 2，4-D 溶液淋洗土柱，开始时，淋洗液中的 2，4-D 含量略有下降，这是土壤吸附作用赞成的，称为吸附期。吸附饱和区，淋洗液在一段时间内浓度不变化，这时间称为延滞期或适应期。延滞期以后，淋洗液中 2，4-D 迅速降解，降解量的对数与时期成正比，这表明了降解量与降解微生物数量发生了密切关系，直到 2，4-D 消竭前，用稀 2，4-D 做第二次淋洗，则吸附期和延滞期都没有了，直接进入迅速降解期。

从循环淋洗培养了土柱中可以分离出有益的降解微生物来，经鉴定多数是极毛杆菌还有其他细菌种类和真菌种类。

含汞、含砷的农药，对人、畜的毒性在于汞和砷元素本身。因此，无论如何转化，都不会消除这两种元素本身的毒性，问题在于它们会不会进入人、畜的食物链而造成毒害。

有机汞类农药和氯化汞都能被一些极毛杆菌类细菌分解，释放出金属汞。金属汞氧化为二价汞离子。二价汞离子被微生物（例如 Clastridium cochlearium）转化为甲基汞。甲基汞的水溶性高，进入人、畜的食物链，最终导致对人类健康的损害。

有机砷农药在土壤中转化为高砷无机化合物（A_5O_4），被紧密吸收在土壤无机胶体上，很少再被植物吸收，因此，一般地不会进入人、畜的食物链中。

含氯、含磷、含氮的有机农药，它们的毒性在于一定的化学结构，因此，破坏了它们的化学结构就能消除它们的毒性。不同的有机农药在土壤中消失的情况不同，有些很慢，有些较快，通常用它们在土壤中消亡一半的时间作为尺度表达，称为半衰期。DDT、666、狄氏剂等的半衰期达 2~4 年，一些有机磷和氨基甲酸类农药的半衰期只有 1~2 个月。

在土壤中，化学农药随时间消失的百分率大致是按比例级数进行的。如果说，DDT 消失 50%，半衰期需要 36 个月，那么消失 95% 以上就需要 12 年上。在好气特殊条件下，DDT 被一些细菌和真菌转化为 DDE；在厌氧条件下 DDT 被一些细菌转化为 DDD；以后再继续被微生物降解。

像 DDT 之类那样慢的微生物降解作用，很难设想它们对微生物的代谢有什么价值（表 3-28）。

表 3-28　常用农药在土壤中的半衰期

农药	半衰期（年）
铅、砷、铜、汞	10~30
狄氏剂、666、DDT	2~4
三吖嗪类除草剂	1~1
苯甲酸类除草剂	0.2~1
脲类除草剂	0.3~0.8
2，4-D、2，4，5，-T 除草剂	0.1~0.4

（续表）

农药	半衰期（年）
有机磷杀虫剂	0.02～0.2
氨苯甲酸脂类杀虫剂	0.02～0.1

注：Nefealf d piffs，1969

　　2，4-D（2，4 二氯苯氧乙酸）类农药在土壤中降解较快，很多种微生物能够利用它作为碳源和能源。

　　苯基氨甲酸酯、苯基脲、酰基苯胺等类农药能被许多种土壤微生物分解，先释放出苯胺，苯胺再被许多种微生物进一步分解。分解的微生物包括根毛杆菌、无色杆拉塔基亚、诺卡菌、芽孢杆拉塔基亚的一些种和一些真菌，如青霉和曲霉和链刀霉等。

　　有机磷农药在土壤中的分解也较快。

　　E605（对－硝基、苯基、磷硫酸二乙酯）能被许多种微生物水解为对基苯和无机磷化物。对－硝基苯再进一步分解。有些极毛杆菌能分解对－硝基苯，产生亚硝酸和醌，醌再进一步被分解。

　　总之，土壤肥力的保持与提高，用地与养地相结合、防止肥力衰退与土壤治理相结合，是保持和提高土壤肥力水平的基本原则。具体措施包括：增施微生物肥、有机肥料、种植绿肥和合理施用化肥，以便不仅有利于当季作物的高产，而且有利于土壤肥力的恢复与提高。对于某些低产土壤（酸性土壤、碱土和盐土）要借助化学改良剂和灌溉施肥等手段进行改良，消除障碍因素，以提高肥力水平。此外，还要进行合理的耕作和轮作，以调节土壤中的养分和水分，防止某些养分亏缺和水汽失调；防止土壤受重金属、农药以及其他污染物的污染；因地制宜合理安排农、林、牧布局，促进生物物质的循环和再利用；防止水土流失、风蚀、次生盐渍化、沼泽化等各种退化现象的发生。

　　土壤污染防治措施应按照"预防为主"的方针，首要任务是控制和消除土壤污染源。对已污染的土壤，要采取一切有效措施，清除土壤中的污染物，控制土壤污染物的迁移转化。改善农村生态环境，提高农作物的产量和品质，为广大人民群众提供优质、安全、无污染的绿色、有机农产品。

第四章 肇州县耕地地力评价与中低产田改良专题报告

肇州县位于黑龙江省西南部，松花江之北，松嫩平原中部。肇州县历史悠久，早在800多年前的金代就有肇州建制。肇州县距省会哈尔滨120km，东邻肇东，西界大庆市，南与肇源县毗连，北与安达市接壤。全县东西长77km，南北宽72km，辖区面积2 392km²。地理位置位于东经124°47′~125°48′，北纬45°34′~46°16′，海拔高度130~228m。处在北半球中高纬度，属中温带大陆性季风气候，四季变化显著，冬季较长，在极北大陆性气团控制下，气候寒冷而干燥。夏季较短，受副热带海洋气团的影响，温热多雨，降水集中。春季多风，少雨干旱。秋季早霜。境内南北温差不大，光热资源充足，为种植业和畜牧业提供了良好的自然资源。肇州县处于黑龙江省第一积温带。属中温带大陆性季风气候，年均日照时数2 863.4h，年均气温4.3℃，≥10℃的有效积温2 800℃，初霜期大致在9月25日，终霜期大致在翌年5月4日，全年无霜期145天，年均降雨量468.2mm，蒸发量1 733.1mm。全境为冲积平原，地势平坦，自然条件优越，是典型的农业县份。

全县共设有6个镇、6个乡、1个牧场、1个良种场、104个行政村，732个自然屯，农业户75 668户，农业人口290 613人，农村劳动力173 564人（其中，男96 282人，女77 282人）。全县拥有耕地135 027.55 hm²，草原56 666.7 hm²，水域面积7 200 hm²，有林面积28 466.7 hm²。2009年农业增加值18.3亿元，农民人均纯收入6 564.2元。由于国家对粮食作物实施"一免三补"等惠农补贴政策和粮食收购的保护价政策，极大地鼓舞了广大农民的种粮积极性，粮食种植面积逐年增加。农业基础设施建设得到明显改善。全县机电井保有量4 060眼，节水灌溉设备2 953台套，旱涝保收田面积达到72 766.7 hm²，现有农防林19 066.7 hm²，增强了抗御自然灾害能力；全县农机具保有量78 793台（套），农机总动力45.27万kW，田间综合机械化程度达到82%，作业质量和劳动效率得到提高；全县有林面积19 066.7 hm²，以农防林、经济林为主的网带片相结合的防护林体系初具规模，森林覆被率达12.8%，改善了农业生态环境；秸秆根茬粉碎还田、测土配方施肥和增施有机肥等措施，改良了土壤结构，培肥了地力。

一、中低产田类型

（一）苏打盐化草甸型中低产田

主要是苏打盐化草甸土亚类，这类土壤主要分布在碟型洼地，与草甸盐土和草甸碱土呈复区，面积为13 484.3 hm²，主要是草原，苏打盐化草甸土是在草甸化过程的基础上又发生了盐化过程的结果。由于地势低洼，地下水位高，矿化度较大，土壤表层有盐分积累，盐分类型以苏打为主。

（二）苏打碱化草甸型中低产田

土壤类型是苏打碱化草甸型，肇州县苏打碱化草甸土分布在低平原缓坡处和碟型洼地，是复区土壤。面积为 30 622.9hm²，耕地面积较少，大部分是草原。

碱化草甸土是在草甸化过程基础上又发生碱化过程的结果。这类土壤的特点是全剖面含盐不高，特别表土更低，但碱化特征明显。B 层有明显的棱块状、深灰色的碱化层，下层有潜育化作用的层次，总的来看，这类土壤比较肥沃，群众称为"狗肉地"。虽然春季低温冷浆，返盐，危害幼苗生长，有烧苗现象，只要加以改良，便可种植向日葵、甜菜、糜子等，但种谷子不易抓苗；种大豆产量较低。此类土壤利用方向应积极发展绿肥生产，即可扩大有机质来源，又增加畜牧的饲料。

二、中低产田障碍因素产生的原因

主要是自然因素和人为因素两个方面。

（一）自然因素

土壤内部矿物质含盐量高，土壤中含盐量在 1 ~ 3g/kg 以上，或者土壤胶体吸附一定数量的交换性钠，碱化度在 15% ~ 20% 以上，盐碱危害作物生长的主要原因是土壤溶液的渗透区过高，致使作物生理干旱，以及盐碱对作物的毒害作用。盐化碱化草甸土盐碱含量高的主要原因是：一是气候干旱和地下水位高（高于临界水位）；二是地势低洼，没有排水出路。地下水都含有一定的盐分，如其水面接近地面，而该地区又比较干旱，由于毛细作用上升到地表的水蒸发后，便留下盐分；日积月累，土壤含盐量逐渐增加，形成盐化碱化草甸土；多是洼地，且没有排水出路，则洼地水分蒸发后，即留下盐分，也形成盐化碱化草甸土。

（二）人为因素

盐碱化加重的人为因素是：一是由于土壤裸露，过度放牧等人为因素活动造成的；二是有机肥料使用量明显减少，土壤有机质呈下降趋势；三是耕作制度不合理，由于一家一户的经营模式，耕地面积相对较小，不适于大型农机具的施工作业，导致土壤板结，犁底层上移等一系列不利因素；四是农田基础设施不完善，大部分农田达不到旱能灌涝能排的标准，导致次生盐渍化加重。

三、中低产田土壤低产原因分析

苏打盐化草甸土和苏打碱化草甸土壤中含有较多的可溶性有害性盐类。如 NaCl，Na_2SO_4，$MgSO_4$，$MgCl_2$，$CaCl_2$，$NaHCO_3$、Na_2CO_3 等，它们不仅影响作物生育的生理活动，而且苏打草甸盐土和苏打草甸碱土中含有碱性盐类，直接腐蚀作物根系，造成烂根死苗。

（一）影响种子发芽

一般土壤含盐量超过 1g/kg，种子发芽即受到影响。

肇州县春季干旱，土壤返盐重，不利作物出苗，所以，抗旱与抗盐有密切的关系，当土壤墒情好时，轻度盐渍化土壤比较容易抓苗。

（二）影响作物正常生长发育

土壤盐分过多对作物生长发育的危害是多种原因。一是抑制根系吸水。由于盐分使土壤溶液的渗透压增加。影响作物吸水及体内水分平衡，特别在土壤盐分极高（土壤溶液渗压

达到 −4 ~ −6Π，超过一般土壤 40 ~ 60 倍），大气蒸发极强，超过作物的渗透调节能力时，会阻碍作物吸水，而造成"生理干旱"。二是矿质营养失调。由于土壤盐分深度增大，植物根系选择性吸收减弱，有大量非营养性离子进入植株体内，使植株体内的离子平衡遭到破坏，非营养性离子过饱和，植物生长发育所需要的离子偏少，从而造成营养失调。如吸入 Na^+ 过多，会抑制 Ca^+ 及 K^+ 的吸收，一般盐渍化土壤上的作物汁液中的 Na^+ 比 Ca^+ 多 3 ~ 10 倍。三是盐分离子毒害作物。土壤盐分中具有毒性离子（Cl^-、SO_4^{2-}）在体内过量积累，会引起中毒。四是氮素代谢失调。土壤盐分过多会引起作物体内氮素代谢改变，使具有毒性的中间产物（氨基酸）积累，毒害作物。如作物体内的精氨酸和赖氨酸转化成腐胺时，其毒性比 NaCl 大 7 ~ 8 倍，产生叶斑枯病。

不同盐分对作物的危害程度是不同的。其中，以 Na_2CO_3 的危害最重。含量超过 0.005% 时就影响作物生长，而 Na_2SO_4 的危害最轻。根据盐分对作物危害程度可按下列顺序排列：

$$Na_2CO_3 > MgCl_2 > NaHCO_3 > NaCl > CaCl_2 > MgSO_4 > Na_2SO_4$$

不同作物的耐盐程度亦不相同。比如，甜菜、向日葵、糜子、大麦等作物耐盐力较强，而谷子、大豆、高粱耐盐能力较弱。草原植被中，耐碱能力强的有碱蓬、碱草、虎尾草、星星草等；树木耐盐性强的有，紫穗槐、胡柳等（表3 – 29）。

表 3 – 29 不同作物耐盐能力

作物耐盐力	作物种类	正常生长时土壤盐分量（%）	受相害时土壤盐分含量（%）
强	向日葵甜菜、糜子、大麦	<0.18 ~ 019	0.19 ~ 0.34
中等	小麦、玉米	0.13 ~ 0.15	>0.13 ~ 0.16
弱	谷子、大豆、高粱	<0.1	0.11 ~ 0.15

（三）土壤理化性质不良

盐渍化土壤不仅碱性大，而且代换性钠多，土质黏重，分散性大，吸水容易膨胀，结构性差，难于透水，干时又易收缩龟裂，拉断根系。由于通气透水重要条件差，春季返浆迟缓，煞浆慢，地温低，土质冷浆，微生物活动弱，养分分解慢，苗期养分供应不足，小苗发锈不爱长，根系不发达，一般要等到伏雨来后，地温升高，有效养分才增多，盐分淋失，作物才能比较正常生长。此外，耕作费劲，质量不好。群众说："干时硬，湿时泞。犁杖一插翌蹶腔"。个别湿时耕作易起大垡条，多坷垃，不利作物生长。

（四）不抗旱、不耐涝

肇州县气候干旱，春季降雨少，风大，蒸发强烈，地表水分消退后，土壤下部水分不易向上补充，保墒差，不抗旱、难抓苗。夏季雨水较多，盐渍化土壤多分布低平地，地下水位较高，土壤透水性差，地面排水及土壤排水均不好，容易造成内涝。

四、中低产田土壤改良措施

肇州县土地资源丰富，是发展农林牧业的良好基础。但是由于有的地方不合理，目前多数土壤还存在着程度不同的限制因素。特别是土壤理化性状是影响农业生产可持续发展关键问题。这些问题主要是土瘦地硬，盐碱干旱，因此，增加土壤有机质，发展绿肥生产，加深熟化耕层，实行抗旱耕作，因土适种是肇州县农业生产中亟待解决的问题。

（一）培肥土壤

增施有机肥料，提高土壤有机质含量，建立以有机肥为主，化肥为辅的施肥制度，是培肥土壤，改良土性，提高产量，降低成本的重要措施。

1. 增加土壤有机质

土壤有机质是作物养料的重要来源，又是改善土壤理化性状的材料。不断地向土壤中增加新鲜有机质，增加土壤复合度，促进生物小循环是培肥和提高地力的主要内容。

2. 种植绿肥

发展绿肥生产是增加土壤有机质，改良土壤结构的生物措施，其效果是显著的。据肇州县多年试验证明，种植一亩草木樨绿肥可以收获鲜草 1 500 ~ 2 000kg，鲜草可直接用于造肥或用做饲草，通过养畜过腹肥田，根茬翻压肥田。$1hm^2$ 草木樨可养地肥田 2 ~ 3hm^2。其增产效果 为每 1 000kg 鲜草或根茬均可增产粮食 100kg 左右，其后效延续 3 年。据分析，一年生草木樨根茬比小麦楂全氮量增加 8.7% ~ 28.6%，全磷量增加 5.6% ~ 34.7%，速效磷增加 25% ~ 62.2%，有机质增加 0.14%。

（二）秸秆还田

秸秆是成熟农作物茎叶（穗）部分的总称。通常指小麦、水稻、玉米、大豆等作物在收获籽实后的剩余部分。农作物光合作用的产物有 50% 以上存在于秸秆中，秸秆富含氮、磷、钾、钙、镁和有机质等。

我国农民对作物秸秆的利用有悠久的历史，只是由于从前农业生产水平低、产量低，秸秆数量少，秸秆除少量用于垫圈、喂养牲畜，部分用于堆沤肥外，大部分都作燃料烧掉了。随着农业生产的发展，我国自 20 世纪 80 年代以来，粮食产量大幅提高，秸秆数量也多，加之省柴节煤技术的推广，烧煤和使用液化气的普及，使农村中有大量富余秸秆。

秸秆还田有堆沤还田，过腹还田，直接还田等多种方式。过腹还田实际是秸秆经饲喂后变为粪肥还田。此外，玉米全部提倡根茬还田。

1. 几种营养元素含量占干物重（%）（表 3 – 30）。

表 3 – 30 几种秸秆营养元素含量占干物重百分比表 （单位:%）

秸秆种类	N	P_2O_5	K_2O	Ca	S
麦秸秆	0.50 ~ 0.67	0.20 ~ 0.34	0.53 ~ 0.60	0.16 ~ 0.38	0.123
稻草秸秆	0.63	0.11	0.85	0.16 ~ 0.44	0.112 ~ 0.189
玉米秸秆	0.48 ~ 0.50	0.38 ~ 0.40	1.67	0.39 ~ 0.8	0.263
豆秸秆	1.3	0.3	0.5	0.79 ~ 1.50	0.227

2. 秸秆还田的增产效果

把作物秸秆进行翻压还田或覆盖还田是一项有效的增产措施。中国农业科学院，西南农业大学，湖北农业科学院等单位进行的秸秆还田试验结果表明，实行秸秆还田后一般都能增产 10% 以上，统计全国 60 多份材料，增产范围在 4.8 ~ 83.4kg/hm^2，平均增产 15.7%。据肇州县定位大田试验，增产 139.5～424.5kg/hm²，平均亩增产 297kg/hm²，增产 5.9%。坚持常年秸秆还田，不但在培肥阶段有明显的增产作用，而且后效十分明显，有持续的增产作用。

3. 秸秆还田的增产机理

农田生态环境即作物生长环境，它包括农田小气候，土壤结构和水热状况，植物养分及其循环，杂草生长，植物病虫害等因素。生态环境之优劣直接影响作物生长，而秸秆覆盖及翻压在不同程度上改善了农田生态环境。秸秆还田的养分效应，改土效应和改善农田生态环境效应，是秸秆还田的增产机理。

能够提高土壤氮磷钾养分含量：秸秆还田后土壤中氮磷钾养分含量都有增加，其中，尤以钾素的增加最为明显。根据国家定位试验结果，全氮平均比对照提高 0.005%～0.09%，速效磷增加 0.75～12mg/kg，速效钾增加 8.6～38.8mg/kg。肇州县试验结果，秸秆还田后全氮提高范围在 0.001%～0.1%，平均提高 0.0014%；速效磷增加幅度在 0.2～30mg/kg，平均提高 3.76mg/kg；速效钾增加幅度在 3.3～80mg/kg，平均增加 31.2mg/kg。

秸秆还田能够调节土壤钾、硅平衡：作物吸收的钾在成熟期大量滞留在茎秆中，秸秆中钾素有效性高，其利用率在盆栽条件下，与矿质钾肥相当。覆盖条件下，秸秆中的钾受雨水淋溶而渗入表土，有利于改善作物生长前期的钾营养，促进其生长发育。含钾高的各种植物残体均可称为生物钾肥，生物钾肥的贡献是利用作物在其生育过程中吸收的土壤钾，以秸秆还田形式归还土壤，以供再利用，从而保持土壤钾的良性循环。水稻秸秆中含硅高达 8%～12%，稻草还田有利于增加土壤中有效硅的含量和水稻植株对硅的吸收。

秸秆还田能够改善土壤有机质、容重和总孔隙度，向良性发展：秸秆还田增加了土壤有机质，新鲜有机质的加入对改善土壤结构有重要作用。降低土壤容重，增加土壤孔隙度。其增减的数值依不同地区，不同耕作方式，不同秸秆还田量及秸秆还田年限有很大差别。秸秆还田后土壤疏松，易耕作。秸秆还田有良好的改土作用。土壤中 >0.25mm 的微团聚体被认为对土壤物理性质和营养条件具有良好的作用。玉米秸秆还田有利于 1～0.25mm 团聚体的形成，连续 3 年试验后，1～0.25mm 团聚体由 18.60% 提高到 32.28%。增加了 73.5%，增加数为对照的 1.1 倍，化肥的 1.7 倍。而 <0.01mm 的团聚体则减少 50%。施入秸秆对游离松结态和紧结态两组分增加较高，前者形成的活性腐殖质易分解，在作物营养上意义较大，后者在土壤结构形成中具有重要作用。测定玉米秸秆还田区土壤水稳性团粒结构占表土层重量比例，黏壤质和沙壤质两种土壤分别比对照增加 11.8% 和 8.9%。随着土壤团粒组成的改善，土壤三相比也相应地改善，气相、液相增加，固相减少，通透性改善有利于根系生长和微生物活动。

土壤有机质的年矿化量每亩为 54～95kg，年积累量每亩为 28～96kg，年矿化量大于年积累量，要想维持土壤有机质现状，必须每年补充 54～95kg 的有机碳源，若要再提高土壤有机质含量，则需补充更多的有机物质，才能提高土壤有机质含量。秸秆还田对土壤有机质平衡有重要作用，每公顷还田 7 500kg 玉米秸秆，或配合施用化肥，土壤有机碳有盈余。不秸秆还田 0～20cm 耕层土壤有机质则要亏损 12.45～17.6kg，约占原有机质的 0.98%～1.39%，见表 3-31。

表 3 - 31　玉米秸秆还田对土壤有机质平衡影响表　　　　（单位：kg/亩）

处理	年矿化量	年积累量	盈亏	占原含量(%)	盈亏量	占原含量（%）
不施肥	58.63	27.67	-30.96	-2.43	-17.6	-1.39
玉米秸	95.07	96.27	1.2	0.09	62.15	4.88
玉米秸 + NP	91.71	95.47	3.76	0.3	61.95	4.78

秸秆还田不仅能显著提高土壤有机质含量，而且能提高有机质的质量。土壤腐殖质化程度，常以胡敏酸与富里酸对比关系确定，D. S. Jenkinson 与 E. J. Kolenbrator 的研究认为，富里酸含量标志腐殖化作用强弱。稻草还田量对土壤腐殖质组成的影响表明，腐殖酸总量和富里酸含量与秸秆还田量呈正相关，H/F 的比大小次序则相反。单施稻草腐殖酸总量提高20.8%，而稻草与猪粪和化肥配施可提高 23%。富里酸中 N 素的矿化率最高可达 38.1% ~52.0%，而且固定土壤 N 素的活性较大。

秸秆还田为土壤微生物提供了充足的碳源，促进微生物的生长、繁殖，提高土壤的生物活性。秸秆还田后，肥土上细菌数增加 0.5 ~ 2.5 倍，瘦土上增加 2.6 ~ 3 倍。在约 20% 的合适土壤水分含量时，细菌数量最多，在肥土和瘦土上分别增加 3.5 倍和 3 倍。

此外，盖草可降低土壤中的还原物质总量，有效地改善水稻田的氧化还原状态。盐碱地盖草后，可以减少地表径流，有利雨水下渗，使盐分随水排走；同时，还田的秸秆分解时产生多种有机酸，在一定程度上亦可中和土壤碱性，有明显的洗碱效果。肇州县试验结果表明，连续 3 年盖草，耕层土壤的全盐量分别由原来的 0.151% 和 0.21% 下降到 0.122% 和0.130%，平均下降了 0.03%，原来的 pH 值分别由 8.8 和 9.0 下降到 8.2 和 8.4，明显减轻了盐碱危害。

秸秆还田可改善农田生态环境：秸秆覆盖地面，干旱期减少了土壤水的地面蒸发量，保持了耕层蓄水量；雨季缓冲了大雨对土壤的侵蚀，减少了地面径流，增加了耕层蓄水量。覆盖秸秆隔离了阳光对土壤的直射，对土体与地表温热的交换起了调剂作用。

抑制杂草：农田覆盖秸秆有很好的抑制杂草生长的作用。秸秆覆盖与除草剂配合，提高了除草剂的抑草效果。播麦后 3 天，每亩喷施 750 倍丁草胺乳油后盖草，比单喷丁草胺处理，小麦生长后期每亩杂草减少 12.4 万株。

4. 秸秆还田方法及注意事项

由于我国人均占有耕地少，复种指数高，倒茬间隔时间短，加之秸秆碳氮比高，不易腐烂。所以秸秆还田常因翻压量过大，土壤水分不适，施氮肥不够，翻压质量不好等原因，出现妨碍耕作，影响出苗，烧苗，病虫害增加等现象，有的甚至造成减产。要注意克服秸秆还田的盲目性，提高效益，推动秸秆还田发展。

秸秆还田方式及其适应性：秸秆直接还田目前主要有 3 种方式，即机械粉碎翻压还田，覆盖还田和高留茬还田。绝大部分地区可采用秸秆直接粉碎翻压还田。水热条件好，土地平坦，机械化程度高的地区更加适宜。水田宜于翻压。还田秸秆数量基于这样考虑：还田的秸秆量能够维持和逐步提高土壤有机质含量。从生产实际出发，一般以本田秸秆还田。玉米秸秆在 4 500 ~ 6 000kg/hm² 为宜。一年一作地块和肥力高的地块还田量可适当高些，在肥力低的地块还田量可低些。每年每公顷一次还田 3 000 ~ 4 500kg 秸秆，可使土壤有机质含量不会下降，并逐年有所提高。

适宜的翻压覆盖时间：玉米秸秆翻压还田时间应越早越好，最理想是玉米上部还有 2 ~ 3 片绿叶时及时翻压还田，此时大致在 10 月中旬至 10 月下旬。覆盖还田亦多在玉米收获后，将玉米秸秆顺垅割倒或压倒。

翻压深度和粉碎程度：农业机械是制约秸秆还田的重要因素，翻压和粉碎都离不开农业机具。翻压深度大于 20cm，或将秸秆耙匀于 20cm 耕层中，对玉米苗期的生长影响不大，翻压深度小于 20cm，则对苗期生长不利。从粉碎程度上看小于 10cm 较好。

合理配施氮磷肥：作物秸秆的碳氮比值较大，一般在（60 ~ 100）：1。微生物在分解作物秸秆时，需要吸收一定的自身氮营养，造成与作物争氮影响苗期生长，加之肇州县土壤普遍缺氮，钾也较缺乏，所以，秸秆还田时一定要补充氮素，适量施用磷钾肥。秸秆还田可与各地的平衡施肥相结合。

（三）其他农业措施

合理轮作，深耕、伏耕、秋翻、选育抗盐碱作物种类品种，采用各种密播作物倒茬套种、放淤、压盐、躲盐巧种，利用各覆盖物，如覆沙，地膜覆盖，盖草改良盐斑地等。

五、中低产田土壤改良分区

盐渍化土区分布在县内的碟型洼地。地下水位较高，一般在 1 ~ 3m，为钠质碳酸盐水，盐分含量以苏打为主，全盐量在 0.1% 以上，土壤组成有盐渍化草甸土，草甸碱土，草甸盐土和沼泽盐土。全土区面积 92 786.3 hm²，其中，耕地面积 19 480.1 hm²，占全县耕地面积的 14.7%。由于本土区土壤呈复区分布，不同地带各种土壤面积大小不一，而各类土壤可利用改良方向与措施亦有差异。为了便于我县中低产田土壤改良，根据我县实际，把盐渍化土区分成 5 个亚区。

（一）耕地盐渍化土亚区

本亚区分布在全县的耕地之中，面积 19 480.1 hm²，其中，盐斑、碱斑面积 1 948 hm²，占本亚区面积的 10%，亚区内盐渍化草甸土面积较大，因此，土壤潜在肥较高，地下水位高，水分条件较好，主要的障碍因素是土壤盐分含量高，只要加以改良，还是较好的农业生产用地。目前，此亚区主要种植甜菜、向日葵、糜子、小麦等作物。

（二）草原盐渍化土一级亚区

本亚区分布在西北部碟型洼地。包括卫星牧场，乐园良种场和草原试验站。面积 14 102.3 hm²，其中盐碱土面积 1 445.5 hm²，占此亚区面积的 10.25%。亚区内以盐渍化草甸土面积为最大，水分条件较好，羊草长势很好，一般鲜草 1 500 ~ 2 250kg/hm²。

（三）草原盐渍化土二级亚区

本亚区分布在西北部碟型洼地。包括榆树、兴城、杏山、新福、永乐、肇州镇西南部。面积为 45 261.1 hm²，其中盐碱土面积 9 165.38 hm²，占此亚区面积的 20.25%。此亚区均为放牧场，由于过度放牧，草原退化较重，牧草生长差，产量低。

（四）草原盐渍化土三级亚区

本亚区分布在中部与东部碟型洼地。包括双发、托古、朝阳、丰乐、永胜、丰林、二井子、朝阳沟等乡镇。面积 10 149.5 hm²，其中，盐碱土面积为 3 577.7 hm²，占此亚区面积的 30.25%。由于过度放牧和人为破坏（在草原上乱挖土）草原退化严重，草长不起来，植被覆盖率低，土壤盐渍化程度有了明显的加重，盐斑在不断地扩大，有很大面积的浅位柱状碱土，表层被挖，而演变成结皮柱状碱土，成为无毛的光板地。

（五）沼泽化盐土亚区

本亚区分布在县内碟型洼地中长期积水洼地，包括托古、新福、杏山（现为兴城镇一个村）3 个乡镇。面积 3 792.9hm²。主要是芦苇塘。由于近年来气候干旱，芦苇退化。

盐渍化土壤存在的问题：耕地含盐量过高，全盐量在 0.1% 以上，对作物发芽与生长均有抑制作用。草原由于过度放牧和人为破坏，二级亚区、三级亚区退化严重，土壤盐渍化程度不断加重。特别是三级亚区不加以改良，基本上是不能利用。

总之，中低产田土壤改良功在当代，利在千秋。是为了更加经济有效地利用土壤资源，最大限度地发挥土壤生产潜力，生产出更多的粮食及农副产品，同时，在改良利用中又使土壤地力水平得到提高。

主要参考文献

马殿有，等.1987.肇州县志.哈尔滨：黑龙江人民出版社出版.

吕世光，等.1985.肇州县土壤.大庆：肇州县区划办.

附　　录

附表1　肇州县行政村有效氮含量　　　　　　　　　　　（单位：mg/kg）

个数	248	603	1 049	581	2 481			
等级	1	2	3	4	全县			
平均值	122.13	121.31	117.84	119.51	119.50			
最大值	228.20	184.88	224.00	217.70	228.20			
最小值	61.85	63.00	51.80	61.19	51.80			
村名称	一级地平均值	二级地平均值	三级地平均值	四级地平均值	村样本数	村平均值	村最小值	村最大值
五一村	124.02	132.70	0.00	0.00	18	131.26	118.18	142.49
万宝村	124.80	112.32	125.59	0.00	29	121.18	93.54	146.16
新城村	113.55	126.66	102.51	127.57	31	118.25	51.80	145.60
民吉村	117.52	128.79	121.34	0.00	34	120.62	70.00	149.23
壮大村	119.49	119.61	116.17	122.38	26	118.99	71.75	144.38
中华村	104.32	126.38	127.61	106.08	32	122.91	91.75	150.50
肇安村	124.64	128.72	128.13	109.71	35	121.81	99.85	154.00
永乐村	0.00	117.05	108.06	0.00	28	109.34	81.33	138.00
之平村	112.00	116.83	121.13	113.90	34	119.29	84.76	143.50
清华村	118.72	112.72	103.20	95.22	27	106.64	80.73	150.50
新路村	107.93	113.70	127.31	121.73	17	111.92	82.35	127.31
新龙村	105.00	114.89	112.71	0.00	17	113.28	101.68	129.88
太丰村	0.00	0.00	109.25	119.92	12	114.59	87.51	125.01
六烈村	0.00	109.68	119.20	119.18	11	116.60	94.85	140.66
新祥村	0.00	98.49	106.43	121.95	21	112.70	84.72	140.41
丰乐村	108.40	128.84	131.48	0.00	32	127.44	91.43	138.47
幸安村	159.48	132.06	134.89	106.99	22	132.29	99.71	167.18
生活村	148.08	143.78	130.85	115.46	35	137.80	63.00	172.86
改善村	0.00	115.71	117.21	94.50	19	115.54	94.50	154.17
丰强村	122.11	125.29	138.02	0.00	24	126.49	111.14	151.11

（续表）

村名称	一级地平均值	二级地平均值	三级地平均值	四级地平均值	村样本数	村平均值	村最小值	村最大值
平安村	158.39	121.92	125.55	0.00	14	127.12	107.78	158.39
幸福村	124.76	134.40	129.33	130.33	20	130.54	98.53	150.98
文林村	108.74	130.27	123.92	0.00	30	126.80	96.69	154.71
共进村	0.00	136.01	120.61	123.03	22	122.45	87.02	147.71
团结村	0.00	119.29	125.09	134.72	34	125.03	91.91	155.38
中强村	133.33	113.62	116.98	0.00	25	116.69	87.50	147.00
爱国村	0.00	118.00	115.51	0.00	25	116.21	99.05	147.95
发展村	133.70	122.95	121.82	0.00	22	127.24	109.63	154.70
保林村	0.00	107.34	115.28	119.81	39	116.03	99.15	127.81
利强村	147.54	114.13	130.61	0.00	13	129.44	87.60	156.39
东兴村	125.13	115.86	149.50	0.00	22	129.67	98.99	156.39
兴东村	0.00	0.00	105.99	142.79	11	109.33	94.32	142.79
红星村	74.49	110.18	104.05	0.00	15	103.31	73.64	121.87
福山村	101.97	112.56	118.45	0.00	15	111.70	77.11	150.26
杏山村	115.98	104.96	105.13	0.00	12	106.81	84.94	134.75
安居村	0.00	0.00	115.31	106.74	27	108.96	83.19	217.70
安民村	0.00	108.29	114.41	113.66	16	113.56	94.15	130.18
德宣村	130.36	113.32	110.27	0.00	19	113.83	100.75	141.90
六合村	0.00	0.00	113.69	106.94	34	110.91	74.67	148.66
双井村	0.00	0.00	110.21	106.25	22	107.51	87.07	156.10
大阁村	129.62	111.64	114.25	114.08	30	114.73	85.17	147.00
复兴村	0.00	0.00	107.46	95.18	11	104.11	86.73	141.66
兴城村	124.18	120.98	97.26	0.00	11	117.25	93.60	150.50
跃进村	0.00	0.00	122.23	112.72	25	113.48	83.19	138.26
杏茂村	110.25	111.25	101.71	0.00	8	107.55	87.95	115.86
旺盛村	0.00	110.07	104.46	107.67	12	107.46	97.21	116.90
福利村	0.00	97.31	111.23	0.00	21	110.56	87.68	144.42
光辉村	0.00	143.53	124.57	138.71	23	129.70	104.55	175.63
卫国村	96.48	150.94	137.20	118.11	33	129.44	73.50	175.18
黎明村	132.39	136.95	95.06	0.00	23	131.52	93.03	161.81
太和村	139.14	132.23	115.56	0.00	18	124.67	70.00	182.74

村名称	一级地平均值	二级地平均值	三级地平均值	四级地平均值	村样本数	村平均值	村最小值	村最大值
民兴村	0.00	94.50	124.15	132.41	29	124.27	85.80	165.24
民主村	0.00	127.02	122.13	0.00	25	124.48	86.59	165.42
实现村	117.47	117.50	106.36	104.72	46	109.71	63.55	146.70
繁荣村	123.05	120.70	118.67	149.10	28	123.50	86.95	184.86
光荣村	114.26	145.50	118.22	0.00	14	139.37	114.26	181.89
前进村	0.00	117.38	110.95	0.00	14	114.17	64.57	163.38
民乐村	0.00	139.02	124.85	0.00	11	136.44	85.00	184.88
富强村	0.00	123.86	114.70	116.59	20	117.18	72.49	171.50
胜生村	149.60	134.32	121.09	128.05	18	126.39	89.38	153.73
正大村	0.00	0.00	141.87	138.25	54	138.71	106.61	176.39
九三村	0.00	122.50	129.84	128.26	33	128.37	91.20	150.73
光明村	0.00	118.55	133.26	139.64	41	138.14	91.70	171.96
和平村	0.00	120.28	127.57	133.69	25	129.09	115.06	141.39
双发村	0.00	106.82	147.12	141.58	11	140.94	106.82	171.19
双跃村	0.00	125.25	146.62	0.00	7	134.41	118.30	155.24
托古村	123.26	123.18	125.48	137.85	26	126.06	113.75	155.40
新安村	0.00	130.29	125.90	118.84	18	127.46	111.77	139.16
宜林村	108.98	140.09	130.63	147.71	26	134.90	108.98	173.60
双利村	0.00	109.82	119.58	140.51	37	120.90	80.50	159.95
大沟村	122.28	129.16	143.47	159.95	32	134.86	103.10	224.00
富海村	126.10	123.05	135.96	129.08	24	131.43	112.00	167.18
长德村	0.00	127.57	130.94	134.73	24	131.03	113.68	152.60
朝阳村	0.00	106.81	107.69	105.16	26	106.68	78.16	136.51
永强村	0.00	0.00	113.90	115.56	26	115.11	77.59	182.00
向阳村	143.50	138.36	102.41	0.00	17	117.52	68.29	154.38
共和村	0.00	113.05	113.93	0.00	21	113.84	71.19	141.67
新荣村	0.00	95.53	101.63	114.79	31	105.28	61.19	140.00
振兴村	61.85	120.05	0.00	0.00	6	110.35	61.85	144.92
三合村	101.00	120.46	116.04	0.00	16	113.00	62.79	154.00
永胜村	128.66	135.31	129.89	0.00	31	129.43	91.00	225.40
丰产村	131.73	118.23	118.30	0.00	23	125.88	81.56	147.00

（续表）

村名称	一级地平均值	二级地平均值	三级地平均值	四级地平均值	村样本数	村平均值	村最小值	村最大值
模范村	128.58	110.54	113.30	99.98	32	118.45	88.43	164.50
胜利村	0.00	111.11	122.23	127.89	47	122.74	79.67	150.75
榆树村	143.17	108.91	106.47	0.00	31	113.18	80.12	228.20
长山村	0.00	124.11	104.43	117.31	18	110.61	94.39	154.00
新兴村	104.22	109.95	110.70	0.00	19	109.02	77.39	132.32
农兴村	0.00	127.70	109.12	127.45	22	117.54	99.28	150.50
农安村	0.00	0.00	105.97	108.92	32	108.09	85.72	134.50
农化村	84.96	115.73	112.08	90.40	20	107.75	78.47	132.79
书才村	109.41	118.66	0.00	0.00	19	112.33	78.90	136.50
德明村	0.00	108.13	103.69	105.36	34	105.06	88.23	118.46
耀先村	101.86	113.38	107.86	0.00	15	108.50	85.60	129.87
民安村	0.00	109.90	108.66	104.49	19	108.41	95.09	121.43
永安村	0.00	0.00	110.81	107.65	35	108.74	97.56	126.81
集中村	0.00	0.00	118.92	111.71	40	114.41	90.95	128.10
乐园村	0.00	0.00	123.22	106.73	39	113.07	89.10	185.50
乐业村	0.00	0.00	117.82	112.35	41	114.49	91.98	130.85
新福村	185.50	102.86	111.11	0.00	16	110.09	94.29	185.50
新发村	0.00	99.08	103.09	107.10	21	104.62	88.24	125.07
红旗村	0.00	104.70	97.54	101.65	12	102.40	86.13	116.76
国志村	0.00	0.00	0.00	0.00	0	0.00	0.00	0.00
保安村	0.00	95.03	112.59	120.39	23	115.22	92.77	154.00
保产村	0.00	0.00	109.51	111.16	18	110.43	84.00	128.41

附表 2　肇州县行政村全氮含量　　（单位：g/kg）

个数	248	603	1 049	581	2 481			
等级	1	2	3	4	全县			
平均值	2.06	1.71	1.58	1.31	1.60			
最大值	3.73	3.69	3.75	2.77	3.75			
最小值	0.55	0.61	0.55	0.57	0.55			
村名称	一级地平均值	二级地平均值	三级地平均值	四级地平均值	村样本数	村平均值	村最小值	村最大值
五一村	1.87	1.72	0.00	0.00	18	1.75	1.50	2.11

（续表）

村名称	一级地平均值	二级地平均值	三级地平均值	四级地平均值	村样本数	村平均值	村最小值	村最大值
万宝村	1.87	1.72	1.83	0.00	29	1.81	1.65	2.24
新城村	1.76	1.35	1.40	1.37	31	1.42	0.91	2.05
民吉村	2.00	1.90	2.03	0.00	34	1.98	1.39	2.75
壮大村	1.67	1.49	1.85	1.32	26	1.62	1.23	2.22
中华村	1.59	1.70	1.80	2.12	32	1.75	0.73	2.14
肇安村	2.16	1.97	1.72	1.73	35	1.78	1.06	2.63
永乐村	0.00	0.86	0.85	0.00	28	0.85	0.55	1.29
之平村	1.24	1.27	1.04	0.93	34	1.10	0.60	1.83
清华村	1.04	1.14	0.95	0.69	27	0.99	0.55	1.92
新路村	1.56	1.42	2.06	0.96	17	1.50	0.96	2.23
新龙村	1.74	1.25	1.36	0.00	17	1.33	1.01	1.74
太丰村	0.00	0.00	0.83	0.89	12	0.86	0.70	0.99
六烈村	0.00	1.02	1.05	1.18	11	1.07	0.75	1.60
新祥村	0.00	1.04	0.86	0.88	21	0.88	0.69	1.04
丰乐村	2.88	2.41	2.19	0.00	32	2.38	1.64	3.05
幸安村	2.49	2.11	1.81	1.81	22	1.98	1.67	2.69
生活村	2.23	2.41	2.19	1.60	35	2.28	1.60	2.69
改善村	0.00	2.24	2.24	1.65	19	2.21	1.26	2.98
丰强村	2.39	2.00	1.63	0.00	24	2.05	1.40	2.70
平安村	2.46	1.66	1.54	0.00	14	1.63	1.37	2.46
幸福村	2.36	2.21	2.30	1.94	20	2.24	1.62	2.64
文林村	3.40	3.06	2.68	0.00	30	2.91	2.10	3.75
共进村	0.00	2.50	1.88	1.94	22	1.94	1.52	2.56
团结村	0.00	3.05	3.05	2.43	34	2.92	2.00	3.48
中强村	3.26	3.06	3.14	0.00	25	3.12	2.26	3.48
爱国村	0.00	3.12	2.84	0.00	25	2.92	1.88	3.69
发展村	3.07	2.93	2.45	0.00	22	2.95	2.35	3.71
保林村	0.00	2.71	2.10	1.79	39	2.05	1.61	3.26
利强村	3.24	3.00	3.01	0.00	13	3.06	2.55	3.50
东兴村	3.06	3.23	3.06	0.00	22	3.10	2.52	3.65
兴东村	0.00	0.00	1.22	1.09	11	1.21	0.86	1.83

（续表）

村名称	一级地平均值	二级地平均值	三级地平均值	四级地平均值	村样本数	村平均值	村最小值	村最大值
红星村	0.91	0.98	0.95	0.00	15	0.95	0.64	1.42
福山村	1.19	0.97	1.08	0.00	15	1.07	0.81	1.30
杏山村	0.98	1.01	0.82	0.00	12	0.99	0.82	1.17
安居村	0.00	0.00	0.93	0.87	27	0.89	0.62	1.31
安民村	0.00	0.96	1.05	1.00	16	1.01	0.96	1.14
德宣村	1.51	1.13	1.08	0.00	19	1.15	0.97	1.97
六合村	0.00	0.00	1.03	0.92	34	0.98	0.62	1.78
双井村	0.00	0.00	1.02	0.90	22	0.93	0.64	1.61
大阁村	2.58	1.35	1.26	0.92	30	1.48	0.89	3.20
复兴村	0.00	0.00	1.08	0.76	11	0.99	0.67	1.66
兴城村	0.85	0.90	0.72	0.00	11	0.86	0.70	1.21
跃进村	0.00	0.00	0.90	1.21	25	1.19	0.78	2.33
杏茂村	0.73	1.11	1.04	0.00	8	1.04	0.73	1.27
旺盛村	0.00	1.02	0.97	0.95	12	0.97	0.87	1.10
福利村	0.00	1.14	1.23	0.00	21	1.22	0.71	2.84
光辉村	0.00	1.56	1.43	1.48	23	1.45	0.79	1.71
卫国村	1.30	1.65	1.61	1.67	33	1.63	1.30	1.98
黎明村	1.61	1.33	1.57	0.00	23	1.46	0.86	1.94
太和村	2.16	1.85	1.87	0.00	18	1.89	1.56	2.17
民兴村	0.00	1.73	1.67	1.73	29	1.68	1.33	1.99
民主村	0.00	1.54	1.50	0.00	25	1.52	0.96	1.99
实现村	1.34	1.49	1.42	1.45	46	1.44	0.72	2.55
繁荣村	1.57	2.69	1.57	1.61	28	1.63	1.30	2.04
光荣村	1.62	1.18	1.19	0.00	14	1.21	0.86	1.62
前进村	0.00	1.72	1.64	0.00	14	1.68	1.45	2.07
民乐村	0.00	1.61	1.64	0.00	11	1.61	0.96	2.02
富强村	0.00	1.71	1.71	1.79	20	1.72	1.28	2.06
胜生村	2.23	1.72	1.70	1.81	18	1.75	1.50	2.23
正大村	0.00	0.00	1.50	1.56	54	1.55	1.18	1.88
九三村	0.00	1.57	1.67	1.64	33	1.64	1.12	1.93
光明村	0.00	1.48	1.61	1.49	41	1.50	1.08	1.86

村名称	一级地平均值	二级地平均值	三级地平均值	四级地平均值	村样本数	村平均值	村最小值	村最大值
和平村	0.00	1.50	1.85	1.65	25	1.71	1.16	2.45
双发村	0.00	1.31	1.57	1.74	11	1.62	1.31	1.87
双跃村	0.00	1.59	1.29	0.00	7	1.46	1.21	1.64
托古村	1.63	1.95	1.84	1.90	26	1.90	1.55	2.32
新安村	0.00	1.81	1.82	2.07	18	1.83	1.52	2.30
宜林村	1.79	1.72	1.82	2.02	26	1.84	1.55	2.29
双利村	0.00	2.11	2.06	1.89	37	2.04	1.51	2.34
大沟村	2.97	2.30	1.99	1.87	32	2.26	1.52	3.73
富海村	2.22	1.92	1.95	1.90	24	1.97	1.66	2.44
长德村	0.00	1.90	1.93	1.85	24	1.91	1.70	2.31
朝阳村	0.00	1.99	1.60	1.56	26	1.60	1.33	2.01
永强村	0.00	0.00	2.12	1.80	26	1.89	1.43	2.43
向阳村	2.25	1.74	1.72	0.00	17	1.76	1.52	2.25
共和村	0.00	1.43	1.62	0.00	21	1.60	1.29	1.98
新荣村	0.00	2.32	2.17	1.69	31	2.03	1.43	2.65
振兴村	1.87	1.74	0.00	0.00	6	1.76	1.52	1.92
三合村	1.97	1.71	1.89	0.00	16	1.85	1.31	2.64
永胜村	2.48	2.28	1.54	0.00	31	2.37	1.17	3.23
丰产村	2.64	2.30	2.55	0.00	23	2.56	1.49	3.35
模范村	2.22	1.57	1.72	0.92	32	1.84	0.77	3.22
胜利村	0.00	2.13	2.09	1.70	47	1.96	0.78	3.28
榆树村	1.87	1.15	1.12	0.00	31	1.24	0.63	2.42
长山村	0.00	0.83	0.89	0.71	18	0.86	0.68	1.66
新兴村	1.05	0.80	0.87	0.00	19	0.88	0.61	1.54
农兴村	0.00	0.95	0.92	0.87	22	0.92	0.70	1.19
农安村	0.00	0.00	0.99	0.97	32	0.98	0.66	1.20
农化村	1.04	1.05	1.10	0.84	20	1.06	0.73	1.63
书才村	1.20	0.97	0.00	0.00	19	1.13	0.72	2.16
德明村	0.00	0.85	0.75	0.77	34	0.78	0.63	1.03
耀先村	0.78	0.93	0.93	0.00	15	0.90	0.55	1.08
民安村	0.00	1.00	0.79	0.68	19	0.81	0.57	1.10

（续表）

村名称	一级地平均值	二级地平均值	三级地平均值	四级地平均值	村样本数	村平均值	村最小值	村最大值
永安村	0.00	0.00	0.87	0.81	35	0.83	0.65	1.19
集中村	0.00	0.00	0.97	1.01	40	0.99	0.68	1.35
乐园村	0.00	0.00	1.37	1.00	39	1.14	0.57	2.75
乐业村	0.00	0.00	0.83	0.86	41	0.85	0.66	1.06
新福村	1.55	0.92	0.87	0.00	16	0.95	0.79	1.55
新发村	0.00	1.06	0.96	0.88	21	0.93	0.75	1.16
红旗村	0.00	0.85	0.81	0.73	12	0.82	0.63	1.01
国志村	0.00	0.00	0.00	0.00	0	0.00	0.00	0.00
保安村	0.00	0.79	0.83	0.87	23	0.85	0.65	1.36
保产村	0.00	0.00	1.20	1.13	18	1.16	0.68	1.86

附表3　肇州县行政村有效磷含量　　　　　　（单位：mg/kg）

个数	248	603	1 049	581	2 481			
等级	1	2	3	4	全县			
平均值	14.46	12.98	11.91	11.77	12.39			
最大值	52.20	82.50	87.00	43.70	87.00			
最小值	2.80	2.40	1.20	1.90	1.20			
村名称	一级地平均值	二级地平均值	三级地平均值	四级地平均值	村样本数	村平均值	村最小值	村最大值
五一村	26.20	22.05	0.00	0.00	18	22.74	11.7	29.8
万宝村	18.85	11.88	15.88	0.00	29	15.76	8.7	22.7
新城村	12.90	26.38	19.59	12.06	31	18.05	6.5	87
民吉村	14.70	17.61	17.85	0.00	34	15.75	3.3	30.4
壮大村	13.87	11.52	11.92	11.25	26	12.40	5.7	29.6
中华村	7.90	13.74	13.68	16.00	32	12.87	2.8	29.5
肇安村	21.00	14.18	8.43	7.79	35	9.56	6	22.1
永乐村	0.00	7.55	7.88	0.00	28	7.84	2.1	20
之平村	22.70	12.46	9.66	8.50	34	10.94	4.3	35.1
清华村	10.70	7.18	7.56	4.53	27	7.33	3.5	16
新路村	7.00	7.75	15.90	16.00	17	8.32	3.1	16
新龙村	6.20	10.19	9.56	0.00	17	9.66	6.2	18.2
太丰村	0.00	0.00	14.93	19.50	12	17.22	6.5	42.7

村名称	一级地平均值	二级地平均值	三级地平均值	四级地平均值	村样本数	村平均值	村最小值	村最大值
六烈村	0.00	9.43	11.47	7.50	11	10.19	4	27.8
新祥村	0.00	18.10	13.63	7.39	21	11.17	6.9	33.3
丰乐村	16.40	12.68	7.98	0.00	32	11.09	4.8	28.5
幸安村	30.00	14.05	12.51	6.30	22	13.81	3.3	35.7
生活村	10.87	11.58	12.74	9.10	35	11.95	6.9	16.9
改善村	0.00	11.00	10.53	7.40	19	10.51	6.4	15.4
丰强村	15.01	15.06	18.20	0.00	24	15.57	8.6	24.4
平安村	31.50	14.83	15.11	0.00	14	16.22	12.8	31.5
幸福村	14.00	12.81	14.38	12.00	20	13.44	9.3	19.8
文林村	6.50	9.23	9.88	0.00	30	9.42	6.3	19.2
共进村	0.00	10.65	11.04	8.85	22	10.60	6.5	16.8
团结村	0.00	9.76	9.87	11.81	34	10.23	5.9	18.9
中强村	7.60	13.39	12.24	0.00	25	12.38	4.6	16.9
爱国村	0.00	10.81	10.37	0.00	25	10.49	4.6	16.9
发展村	10.78	9.57	10.30	0.00	22	10.13	4.2	21.5
保林村	0.00	9.15	9.96	10.97	39	10.18	4.6	14.3
利强村	8.77	29.70	10.88	0.00	13	16.18	6.1	71.8
东兴村	13.49	10.66	6.88	0.00	22	11.05	6.1	35.7
兴东村	0.00	0.00	10.31	4.10	11	9.75	4	16.5
红星村	52.20	17.07	18.68	0.00	15	20.59	10.6	52.2
福山村	15.23	15.52	12.70	0.00	15	14.50	8.1	23.6
杏山村	14.20	11.54	7.60	0.00	12	11.66	7.6	15.3
安居村	0.00	0.00	11.46	11.50	27	11.49	4.2	22.3
安民村	0.00	11.10	12.32	20.39	16	17.29	5.4	27.5
德宣村	14.80	12.50	9.35	0.00	19	11.42	7	17.3
六合村	0.00	0.00	16.36	14.69	34	15.67	5.2	21.1
双井村	0.00	0.00	17.54	8.31	22	11.25	2.1	26.9
大阁村	16.18	16.51	9.16	7.60	30	14.45	6.5	32.2
复兴村	0.00	0.00	11.74	14.70	11	12.55	7.8	16.8
兴城村	29.65	12.53	13.00	0.00	11	15.73	10.2	33.4
跃进村	0.00	0.00	17.20	13.45	25	13.75	6.7	22.3

（续表）

村名称	一级地平均值	二级地平均值	三级地平均值	四级地平均值	村样本数	村平均值	村最小值	村最大值
杏茂村	13.40	13.10	17.10	0.00	8	14.64	11.6	23.4
旺盛村	0.00	10.50	12.70	7.93	12	9.77	6.5	18.8
福利村	0.00	28.30	13.37	0.00	21	14.08	7.6	28.3
光辉村	0.00	7.20	8.19	9.56	23	8.57	3.3	13.9
卫国村	5.90	26.60	10.35	11.26	33	11.04	5.2	26.6
黎明村	21.37	8.63	6.30	0.00	23	13.41	2.7	51.8
太和村	17.35	14.47	11.92	0.00	18	13.52	5.9	20.1
民兴村	0.00	6.10	9.81	9.95	29	9.70	3.1	16.3
民主村	0.00	10.49	11.74	0.00	25	11.14	6.9	19.6
实现村	15.90	11.55	11.06	12.10	46	11.33	6.1	26.6
繁荣村	6.25	7.85	8.24	5.77	28	7.51	2.7	13.2
光荣村	11.70	9.48	10.80	0.00	14	9.83	5	13.7
前进村	0.00	8.30	8.77	0.00	14	8.54	1.2	35.5
民乐村	0.00	14.58	13.60	0.00	11	14.40	8.7	25.8
富强村	0.00	19.18	11.59	10.00	20	13.33	6.2	28.6
胜生村	27.20	18.65	16.71	16.75	18	17.73	10.7	29.7
正大村	0.00	0.00	11.73	16.77	54	16.12	3.1	37.5
九三村	0.00	19.40	14.07	14.05	33	14.22	6.7	35.1
光明村	0.00	12.95	19.93	17.61	41	17.55	4.6	34.6
和平村	0.00	35.68	11.34	9.86	25	14.58	6.8	82.5
双发村	0.00	27.40	17.60	17.50	11	18.45	13.6	27.4
双跃村	0.00	22.05	26.47	0.00	7	23.94	12.1	31.7
托古村	31.90	21.66	18.20	14.80	26	20.07	9	33.9
新安村	0.00	14.81	14.00	9.20	18	14.09	7.1	29.5
宜林村	15.40	12.14	12.02	17.40	26	13.21	7.6	25.8
双利村	0.00	13.44	13.66	12.37	37	13.36	5.1	25.2
大沟村	16.96	11.48	14.85	14.70	32	13.81	6.8	31.6
富海村	32.60	13.05	10.37	11.45	24	13.78	2.9	46.7
长德村	0.00	14.84	17.01	11.98	24	15.51	5.9	31.8
朝阳村	0.00	15.90	20.88	13.86	26	17.99	6.3	69.1
永强村	0.00	0.00	12.41	12.53	26	12.50	6.9	27.9

村名称	一级地平均值	二级地平均值	三级地平均值	四级地平均值	村样本数	村平均值	村最小值	村最大值
向阳村	13.90	18.15	12.10	0.00	17	14.34	5.8	39.9
共和村	0.00	10.15	14.01	0.00	21	13.64	6.6	19.4
新荣村	0.00	16.33	16.02	11.03	31	14.44	5.5	27.1
振兴村	12.60	14.00	0.00	0.00	6	13.77	9	18.1
三合村	8.88	9.68	9.68	0.00	16	9.43	4.1	16.1
永胜村	12.93	9.37	10.50	0.00	31	12.35	6.2	34.1
丰产村	12.12	12.15	14.42	0.00	23	12.72	7.7	17.8
模范村	9.42	7.93	7.93	4.70	32	8.23	2.4	13.2
胜利村	0.00	10.48	9.92	9.56	47	9.87	5.4	20.5
榆树村	8.20	7.15	7.10	0.00	31	7.28	2.4	16.2
长山村	0.00	11.64	8.88	14.70	18	9.97	6.9	15.3
新兴村	9.55	9.14	6.94	0.00	19	8.42	2	15.6
农兴村	0.00	14.14	10.08	8.20	22	11.39	5.9	27.5
农安村	0.00	0.00	8.76	9.60	32	9.36	6	13
农化村	4.90	10.70	9.78	10.80	20	9.54	4.6	14.7
书才村	20.98	14.43	0.00	0.00	19	18.92	11.3	25.4
德明村	0.00	7.95	7.34	5.38	34	6.76	1.9	11.3
耀先村	8.70	9.60	6.79	0.00	15	8.11	3.8	12.7
民安村	0.00	14.63	13.35	11.10	19	13.32	9.4	22.8
永安村	0.00	0.00	17.23	8.87	35	11.73	5	53
集中村	0.00	0.00	10.32	9.21	40	9.63	1.7	18.9
乐园村	0.00	0.00	19.51	10.30	39	13.84	1.8	70.9
乐业村	0.00	0.00	8.19	8.37	41	8.30	5.8	13.8
新福村	15.50	9.27	6.35	0.00	16	8.93	5.4	18.5
新发村	0.00	9.80	7.01	5.96	21	6.69	4.5	13.2
红旗村	0.00	14.09	6.70	10.40	12	11.63	3.5	31.1
国志村	0.00	0.00	0.00	0.00	0	0.00	0	0
保安村	0.00	14.60	16.03	16.31	23	16.09	9.7	43.7
保产村	0.00	0.00	5.89	6.02	18	5.96	2.4	15.9

附表 4　肇州县行政村全磷含量　　　　　　　　（单位：g/kg）

个数	248	603	1 049	581	2 481			
等级	1	2	3	4	全县			
平均值	0.59	0.60	0.60	0.62	0.60			
最大值	0.70	0.78	0.73	0.75	0.78			
最小值	0.41	0.37	0.41	0.41	0.37			
村名称	一级地平均值	二级地平均值	三级地平均值	四级地平均值	村样本数	村平均值	村最小值	村最大值
五一村	0.59	0.59	0.00	0.00	18	0.59	0.56	0.62
万宝村	0.54	0.54	0.51	0.00	29	0.53	0.51	0.59
新城村	0.58	0.60	0.60	0.65	31	0.61	0.58	0.70
民吉村	0.54	0.55	0.53	0.00	34	0.54	0.48	0.59
壮大村	0.56	0.59	0.60	0.62	26	0.59	0.53	0.62
中华村	0.62	0.61	0.62	0.60	32	0.62	0.56	0.66
肇安村	0.58	0.57	0.59	0.64	35	0.61	0.48	0.75
永乐村	0.00	0.55	0.57	0.00	28	0.57	0.45	0.66
之平村	0.53	0.56	0.57	0.61	34	0.57	0.53	0.63
清华村	0.53	0.55	0.56	0.58	27	0.56	0.51	0.61
新路村	0.59	0.56	0.61	0.62	17	0.58	0.53	0.62
新龙村	0.59	0.56	0.60	0.62	17	0.58	0.53	0.61
太丰村	0.00	0.00	0.57	0.61	12	0.59	0.55	0.62
六烈村	0.00	0.51	0.53	0.54	11	0.53	0.48	0.56
新祥村	0.00	0.58	0.57	0.57	21	0.57	0.55	0.59
丰乐村	0.65	0.63	0.62	0.00	32	0.63	0.53	0.70
幸安村	0.66	0.68	0.68	0.65	22	0.67	0.63	0.73
生活村	0.54	0.54	0.57	0.58	35	0.55	0.37	0.63
改善村	0.00	0.62	0.56	0.62	19	0.58	0.48	0.63
丰强村	0.65	0.65	0.67	0.00	24	0.65	0.62	0.70
平安村	0.67	0.66	0.65	0.00	14	0.65	0.61	0.73
幸福村	0.66	0.68	0.64	0.63	20	0.66	0.63	0.73
文林村	0.53	0.60	0.56	0.00	30	0.58	0.45	0.66
共进村	0.00	0.65	0.64	0.64	22	0.64	0.61	0.67
团结村	0.00	0.58	0.60	0.62	34	0.60	0.55	0.64
中强村	0.55	0.59	0.58	0.00	25	0.58	0.53	0.66

村名称	一级地平均值	二级地平均值	三级地平均值	四级地平均值	村样本数	村平均值	村最小值	村最大值
爱国村	0.00	0.55	0.59	0.00	25	0.58	0.51	0.64
发展村	0.59	0.59	0.59	0.00	22	0.59	0.58	0.62
保林村	0.00	0.59	0.59	0.59	39	0.59	0.51	0.67
利强村	0.57	0.57	0.58	0.00	13	0.57	0.55	0.62
东兴村	0.52	0.55	0.59	0.00	22	0.55	0.45	0.70
兴东村	0.00	0.00	0.65	0.64	11	0.65	0.63	0.68
红星村	0.63	0.64	0.64	0.00	15	0.64	0.62	0.67
福山村	0.59	0.64	0.63	0.00	15	0.62	0.58	0.64
杏山村	0.66	0.63	0.60	0.00	12	0.63	0.60	0.70
安居村	0.00	0.00	0.63	0.64	27	0.63	0.59	0.67
安民村	0.00	0.68	0.65	0.71	16	0.69	0.61	0.75
德宣村	0.57	0.59	0.59	0.00	19	0.58	0.51	0.67
六合村	0.00	0.00	0.67	0.67	34	0.67	0.59	0.73
双井村	0.00	0.00	0.65	0.64	22	0.65	0.61	0.70
大阁村	0.60	0.60	0.66	0.60	30	0.61	0.59	0.68
复兴村	0.00	0.00	0.58	0.61	11	0.59	0.53	0.63
兴城村	0.67	0.66	0.66	0.00	11	0.66	0.63	0.68
跃进村	0.00	0.00	0.64	0.65	25	0.65	0.63	0.73
杏茂村	0.66	0.63	0.62	0.00	8	0.63	0.60	0.66
旺盛村	0.00	0.66	0.64	0.63	12	0.64	0.59	0.67
福利村	0.00	0.64	0.64	0.00	21	0.64	0.63	0.67
光辉村	0.00	0.63	0.58	0.60	23	0.59	0.48	0.66
卫国村	0.66	0.62	0.64	0.65	33	0.65	0.62	0.67
黎明村	0.64	0.59	0.61	0.00	23	0.61	0.55	0.68
太和村	0.59	0.60	0.60	0.00	18	0.60	0.55	0.68
民兴村	0.00	0.55	0.55	0.58	29	0.56	0.41	0.64
民主村	0.00	0.57	0.59	0.00	25	0.58	0.45	0.63
实现村	0.62	0.59	0.58	0.60	46	0.59	0.45	0.67
繁荣村	0.65	0.64	0.64	0.65	28	0.64	0.60	0.68
光荣村	0.58	0.59	0.60	0.00	14	0.59	0.55	0.64
前进村	0.00	0.58	0.61	0.00	14	0.60	0.55	0.67

（续表）

村名称	一级地平均值	二级地平均值	三级地平均值	四级地平均值	村样本数	村平均值	村最小值	村最大值
民乐村	0.00	0.58	0.57	0.00	11	0.58	0.56	0.63
富强村	0.00	0.66	0.66	0.66	20	0.66	0.64	0.70
胜生村	0.67	0.63	0.63	0.64	18	0.64	0.62	0.67
正大村	0.00	0.00	0.67	0.67	54	0.67	0.59	0.73
九三村	0.00	0.61	0.62	0.64	33	0.63	0.55	0.70
光明村	0.00	0.60	0.59	0.63	41	0.62	0.51	0.73
和平村	0.00	0.60	0.58	0.60	25	0.59	0.53	0.70
双发村	0.00	0.63	0.62	0.67	11	0.65	0.61	0.68
双跃村	0.00	0.62	0.62	0.00	7	0.62	0.60	0.66
托古村	0.63	0.62	0.63	0.64	26	0.63	0.59	0.73
新安村	0.00	0.56	0.58	0.60	18	0.57	0.53	0.66
宜林村	0.55	0.47	0.60	0.57	26	0.57	0.37	0.68
双利村	0.00	0.57	0.57	0.55	37	0.57	0.48	0.66
大沟村	0.52	0.51	0.54	0.56	32	0.52	0.45	0.63
富海村	0.50	0.61	0.60	0.60	24	0.59	0.41	0.64
长德村	0.00	0.63	0.64	0.64	24	0.64	0.61	0.67
朝阳村	0.00	0.59	0.56	0.58	26	0.57	0.51	0.67
永强村	0.00	0.00	0.64	0.64	26	0.64	0.63	0.70
向阳村	0.70	0.59	0.55	0.00	17	0.57	0.53	0.70
共和村	0.00	0.63	0.61	0.00	21	0.61	0.56	0.64
新荣村	0.00	0.61	0.59	0.53	31	0.57	0.41	0.66
振兴村	0.59	0.57	0.00	0.00	6	0.57	0.56	0.59
三合村	0.61	0.60	0.63	0.00	16	0.61	0.56	0.68
永胜村	0.59	0.62	0.62	0.00	31	0.60	0.53	0.64
丰产村	0.62	0.61	0.62	0.00	23	0.62	0.59	0.66
模范村	0.63	0.64	0.65	0.65	32	0.64	0.60	0.66
胜利村	0.00	0.64	0.64	0.64	47	0.64	0.59	0.70
榆树村	0.62	0.63	0.62	0.00	31	0.63	0.61	0.64
长山村	0.00	0.49	0.52	0.60	18	0.52	0.41	0.63
新兴村	0.60	0.60	0.59	0.00	19	0.59	0.56	0.63
农兴村	0.00	0.62	0.61	0.58	22	0.61	0.58	0.63

（续表）

村名称	一级地平均值	二级地平均值	三级地平均值	四级地平均值	村样本数	村平均值	村最小值	村最大值
农安村	0.00	0.00	0.61	0.59	32	0.60	0.53	0.64
农化村	0.53	0.55	0.54	0.60	20	0.55	0.48	0.61
书才村	0.63	0.62	0.00	0.00	19	0.63	0.61	0.68
德明村	0.00	0.62	0.60	0.58	34	0.60	0.53	0.68
耀先村	0.60	0.60	0.61	0.00	15	0.60	0.55	0.63
民安村	0.00	0.61	0.59	0.64	19	0.60	0.53	0.66
永安村	0.00	0.00	0.64	0.64	35	0.64	0.58	0.68
集中村	0.00	0.00	0.61	0.61	40	0.61	0.56	0.67
乐园村	0.00	0.00	0.60	0.60	39	0.60	0.53	0.67
乐业村	0.00	0.00	0.60	0.60	41	0.60	0.58	0.61
新福村	0.58	0.63	0.63	0.00	16	0.63	0.58	0.68
新发村	0.00	0.58	0.54	0.55	21	0.55	0.51	0.58
红旗村	0.00	0.51	0.49	0.54	12	0.51	0.45	0.60
国志村	0.00	0.00	0.00	0.00	0	0.00	0.00	0.00
保安村	0.00	0.55	0.58	0.59	23	0.58	0.55	0.61
保产村	0.00	0.00	0.59	0.59	18	0.59	0.56	0.61

附表5　肇州县行政村有效钾含量　　　　（单位：mg/kg）

个数	248	603	1 049	581	2 481			
等级	1	2	3	4	全县			
平均值	179.61	172.08	160.47	159.86	165.06			
最大值	465.00	440.00	467.00	440.00	467.00			
最小值	80.00	62.00	45.00	57.00	45.00			
村名称	一级地平均值	二级地平均值	三级地平均值	四级地平均值	村样本数	村平均值	村最小值	村最大值
五一村	178.00	171.87	0.00	0.00	18	172.89	157	187
万宝村	131.45	134.33	160.56	0.00	29	141.38	108	184
新城村	138.00	154.75	173.89	158.10	31	159.23	100	236
民吉村	157.64	180.00	174.25	0.00	34	164.85	103	266
壮大村	151.89	149.78	138.33	182.50	26	150.38	108	243
中华村	148.80	166.80	175.00	129.00	32	166.91	121	219
肇安村	142.00	172.83	149.19	137.17	35	148.91	106	242

（续表）

村名称	一级地平均值	二级地平均值	三级地平均值	四级地平均值	村样本数	村平均值	村最小值	村最大值
永乐村	0.00	193.25	156.46	0.00	28	161.71	103	237
之平村	273.50	135.86	123.13	109.50	34	133.79	45	357
清华村	147.50	120.89	117.00	106.67	27	119.41	83	169
新路村	131.78	125.67	210.00	152.00	17	135.41	120	210
新龙村	130.00	139.00	148.38	0.00	17	142.88	112	154
太丰村	0.00	0.00	100.50	138.17	12	119.33	46	167
六烈村	0.00	168.00	143.17	156.00	11	152.27	122	184
新祥村	0.00	150.00	147.73	133.33	21	141.67	126	208
丰乐村	215.00	205.50	207.14	0.00	32	207.41	166	294
幸安村	225.00	221.38	225.67	203.67	22	221.05	182	307
生活村	226.33	225.44	210.27	174.00	35	217.54	165	256
改善村	0.00	217.67	210.25	201.00	19	212.11	165	271
丰强村	207.86	257.23	284.50	0.00	24	247.38	150	425
平安村	216.00	209.00	235.60	0.00	14	228.50	176	254
幸福村	297.25	228.13	230.83	146.00	20	234.55	146	428
文林村	102.00	117.81	120.23	0.00	30	118.33	62	246
共进村	0.00	142.50	141.81	127.25	22	139.23	103	182
团结村	0.00	131.92	170.73	119.43	34	146.47	70	297
中强村	98.00	150.14	160.29	0.00	25	154.96	94	385
爱国村	0.00	156.29	133.72	0.00	25	140.04	62	295
发展村	136.44	129.00	125.50	0.00	22	131.73	98	234
保林村	0.00	173.00	119.44	115.40	39	121.15	86	221
利强村	85.00	117.00	89.50	0.00	13	96.92	80	174
东兴村	136.45	139.40	102.17	0.00	22	127.77	81	245
兴东村	0.00	0.00	173.20	137.00	11	169.91	119	245
红星村	274.00	153.33	141.27	0.00	15	152.53	101	274
福山村	183.25	217.17	140.40	0.00	15	182.53	84	268
杏山村	204.00	229.00	210.00	0.00	12	223.25	166	286
安居村	0.00	0.00	213.00	218.40	27	217.00	184	297
安民村	0.00	204.00	183.40	335.80	16	279.94	136	422
德宣村	139.00	156.33	134.63	0.00	19	145.37	96	194

村名称	一级地平均值	二级地平均值	三级地平均值	四级地平均值	村样本数	村平均值	村最小值	村最大值
六合村	0.00	0.00	146.90	155.14	34	150.29	111	190
双井村	0.00	0.00	285.14	210.60	22	234.32	122	467
大阁村	217.75	206.17	176.14	122.00	30	197.90	122	241
复兴村	0.00	0.00	200.38	265.00	11	218.00	164	298
兴城村	153.00	171.14	120.50	0.00	11	158.64	95	199
跃进村	0.00	0.00	146.00	201.61	25	197.16	114	252
杏茂村	178.00	153.25	156.33	0.00	8	157.50	142	178
旺盛村	0.00	230.67	187.67	265.00	12	237.08	134	295
福利村	0.00	221.00	182.65	0.00	21	184.48	136	226
光辉村	0.00	162.00	133.07	133.29	23	134.39	91	192
卫国村	360.00	348.00	182.79	154.83	33	183.00	66	360
黎明村	145.78	146.50	166.50	0.00	23	147.96	101	196
太和村	199.00	161.43	139.44	0.00	18	154.61	106	266
民兴村	0.00	115.00	135.58	140.25	29	135.52	104	180
民主村	0.00	130.08	155.54	0.00	25	143.32	73	216
实现村	156.00	155.31	136.61	171.00	46	143.07	82	200
繁荣村	225.75	145.62	161.88	151.33	28	162.32	101	360
光荣村	150.00	160.18	169.00	0.00	14	160.71	134	226
前进村	0.00	144.86	142.86	0.00	14	143.86	88	182
民乐村	0.00	144.78	152.50	0.00	11	146.18	106	195
富强村	0.00	168.40	147.85	139.50	20	152.15	130	232
胜生村	191.00	132.25	147.55	144.50	18	146.22	111	191
正大村	0.00	0.00	180.71	147.83	54	152.09	79	285
九三村	0.00	204.00	179.83	194.92	33	192.45	104	425
光明村	0.00	180.50	158.67	145.03	41	147.76	57	310
和平村	0.00	176.00	171.80	151.82	25	163.68	100	206
双发村	0.00	269.00	196.40	179.00	11	195.09	177	269
双跃村	0.00	191.25	167.67	0.00	7	181.14	128	262
托古村	361.00	206.71	182.71	178.00	26	201.77	98	361
新安村	0.00	165.13	152.89	140.00	18	157.61	124	238
宜林村	143.00	201.00	154.93	150.40	26	162.46	112	236

（续表）

村名称	一级地平均值	二级地平均值	三级地平均值	四级地平均值	村样本数	村平均值	村最小值	村最大值
双利村	0.00	176.30	176.30	213.57	37	183.35	94	440
大沟村	247.00	154.54	170.92	181.00	32	176.47	116	414
富海村	344.33	231.75	184.62	150.00	24	206.67	131	465
长德村	0.00	186.00	179.43	159.40	24	176.63	108	246
朝阳村	0.00	192.00	159.87	143.80	26	154.92	98	192
永强村	0.00	0.00	205.86	177.05	26	184.81	128	273
向阳村	227.00	154.00	200.90	0.00	17	185.88	117	227
共和村	0.00	130.00	161.26	0.00	21	158.29	115	216
新荣村	0.00	236.33	234.50	155.70	31	209.26	102	299
振兴村	146.00	154.40	0.00	0.00	6	153.00	133	197
三合村	235.40	210.17	247.20	0.00	16	229.63	155	299
永胜村	204.16	182.00	170.67	0.00	31	198.77	138	431
丰产村	153.46	156.75	139.83	0.00	23	150.48	130	180
模范村	159.80	125.00	144.44	179.25	32	153.56	89	237
胜利村	0.00	147.67	171.84	186.50	47	173.74	102	258
榆树村	194.25	186.64	195.00	0.00	31	188.16	151	231
长山村	0.00	154.60	165.08	138.00	18	160.67	138	176
新兴村	216.75	195.63	183.71	0.00	19	195.68	164	243
农兴村	0.00	230.88	187.92	180.50	22	202.86	99	278
农安村	0.00	0.00	145.67	173.52	32	165.69	128	198
农化村	358.50	160.00	168.85	151.50	20	184.75	97	433
书才村	191.54	223.00	0.00	0.00	19	201.47	134	440
德明村	0.00	152.00	147.31	133.58	34	143.29	102	198
耀先村	185.67	185.60	117.71	0.00	15	153.93	95	260
民安村	0.00	141.00	136.07	126.00	19	135.79	115	161
永安村	0.00	0.00	118.83	117.78	35	118.14	67	172
集中村	0.00	0.00	121.80	125.40	40	124.05	70	175
乐园村	0.00	0.00	149.87	140.50	39	144.10	97	210
乐业村	0.00	0.00	132.06	125.08	41	127.80	105	175
新福村	203.00	156.27	151.75	0.00	16	158.06	130	234
新发村	0.00	155.00	119.82	119.67	21	121.43	87	166

（续表）

村名称	一级地平均值	二级地平均值	三级地平均值	四级地平均值	村样本数	村平均值	村最小值	村最大值
红旗村	0.00	133.14	107.33	122.00	12	124.83	98	181
国志村	0.00	0.00	0.00	0.00	0	0.00	0	0
保安村	0.00	283.00	184.42	152.60	23	174.87	120	283
保产村	0.00	0.00	102.75	108.60	18	106.00	74	164

附表 6　肇州县行政村全钾含量　　　　　　　　　　（单位：g/kg）

个数	248	603	1 049	581	2 481			
等级	1	2	3	4	全县			
平均值	5.32	5.77	5.71	5.45	5.63			
最大值	23.90	24.10	22.80	22.40	24.10			
最小值	0.00	0.00	0.00	0.00	0.00			
村名称	一级地平均值	二级地平均值	三级地平均值	四级地平均值	村样本数	村平均值	村最小值	村最大值
五一村	0.00	2.68	0.00	0.00	18	2.23	0	11
万宝村	3.57	8.00	0.92	0.00	29	4.12	0	18.3
新城村	6.70	2.85	7.11	6.11	31	5.64	0	21.4
民吉村	6.95	5.15	12.33	0.00	34	7.16	0	20.2
壮大村	3.48	9.99	13.92	4.85	26	8.25	0	22.8
中华村	10.26	5.13	5.09	14.70	32	6.21	0	21.8
肇安村	9.30	10.87	3.75	9.86	35	7.22	0	22.2
永乐村	0.00	10.30	7.24	0.00	28	7.68	0	22.4
之平村	20.25	3.96	3.85	6.80	34	5.01	0	20.8
清华村	10.05	2.80	3.45	0.40	27	3.39	0	20.7
新路村	0.46	8.53	10.80	3.50	17	4.09	0	18.3
新龙村	0.00	3.35	3.29	0.00	17	3.12	0	8.2
太丰村	0.00	0.00	1.82	2.72	12	2.27	0	6.6
六烈村	0.00	5.97	7.83	2.50	11	6.35	0	19.9
新祥村	0.00	4.80	3.41	1.74	21	2.76	0	7.9
丰乐村	4.43	5.17	7.41	0.00	32	6.06	0	18.4
幸安村	12.15	3.91	4.41	2.00	22	4.60	0	14.1
生活村	13.30	15.29	7.37	0.00	35	11.29	0	22.2
改善村	0.00	3.53	4.47	0.00	19	3.94	0	9.6

（续表）

村名称	一级地平均值	二级地平均值	三级地平均值	四级地平均值	村样本数	村平均值	村最小值	村最大值
丰强村	9.79	5.58	4.08	0.00	24	6.56	0	21
平安村	11.30	5.93	6.31	0.00	14	6.59	0	11.4
幸福村	3.95	2.30	3.75	0.00	20	2.84	0	9
文林村	6.00	6.44	7.18	0.00	30	6.75	0	17.9
共进村	0.00	7.00	6.06	4.65	22	5.89	0	15.2
团结村	0.00	5.27	7.28	11.77	34	7.49	0	18.2
中强村	7.60	7.37	6.41	0.00	25	6.72	0	18.2
爱国村	0.00	6.57	5.73	0.00	25	5.97	0	20.6
发展村	6.29	9.15	6.65	0.00	22	7.75	0	21.4
保林村	0.00	16.15	11.90	7.71	39	11.04	0	22.4
利强村	1.73	5.33	1.87	0.00	13	2.90	0	10.8
东兴村	2.78	8.80	7.23	0.00	22	5.36	0	15.8
兴东村	0.00	0.00	3.77	0.00	11	3.43	0	18
红星村	0.00	1.27	0.69	0.00	15	0.76	0	6.8
福山村	7.65	3.33	8.12	0.00	15	6.08	0	20.7
杏山村	9.85	6.12	0.00	0.00	12	6.23	0	21.9
安居村	0.00	0.00	5.24	3.53	27	3.97	0	19
安民村	0.00	6.00	0.40	6.25	16	4.41	0	11.3
德宣村	7.30	1.18	3.74	0.00	19	2.90	0	9.3
六合村	0.00	0.00	5.09	9.01	34	6.70	0	20.8
双井村	0.00	0.00	10.49	1.67	22	4.48	0	18.9
大阁村	0.93	4.29	0.94	5.10	30	3.09	0	14
复兴村	0.00	0.00	1.73	1.37	11	1.63	0	4.8
兴城村	10.15	0.09	4.60	0.00	11	2.74	0	20.3
跃进村	0.00	0.00	6.25	1.53	25	1.91	0	8.3
杏茂村	11.90	0.78	2.37	0.00	8	2.76	0	11.9
旺盛村	0.00	1.10	5.17	0.25	12	1.69	0	12.4
福利村	0.00	4.30	3.23	0.00	21	3.28	0	17.3
光辉村	0.00	2.10	6.93	4.50	23	5.98	0	19.6
卫国村	0.00	0.00	7.55	7.61	33	7.11	0	22.4
黎明村	13.78	2.06	3.95	0.00	23	6.81	0	20.3

（续表）

村名称	一级地平均值	二级地平均值	三级地平均值	四级地平均值	村样本数	村平均值	村最小值	村最大值
太和村	4.00	5.47	5.09	0.00	18	5.12	0	17.9
民兴村	0.00	21.00	8.88	4.68	29	8.71	0	21
民主村	0.00	6.16	8.92	0.00	25	7.60	0	20
实现村	9.10	6.03	7.65	3.20	46	7.13	0	21
繁荣村	3.33	6.82	7.09	6.20	28	6.33	0	20
光荣村	6.60	4.97	1.70	0.00	14	4.62	0	18.5
前进村	0.00	4.01	7.33	0.00	14	5.67	0	20
民乐村	0.00	3.29	7.45	0.00	11	4.05	0	9.8
富强村	0.00	7.02	4.86	4.85	20	5.40	0	15
胜生村	8.60	0.80	7.40	6.25	18	5.87	0	19.1
正大村	0.00	0.00	7.67	6.09	54	6.29	0	20.7
九三村	0.00	19.70	7.30	9.02	33	9.03	0	20.2
光明村	0.00	5.90	6.40	7.26	41	7.13	0	20.7
和平村	0.00	13.25	3.38	2.95	25	4.77	0	22
双发村	0.00	0.00	2.88	10.52	11	6.09	0	19.9
双跃村	0.00	5.13	0.00	0.00	7	2.93	0	18.7
托古村	0.00	10.20	6.40	2.30	26	7.57	0	19
新安村	0.00	3.96	7.67	15.80	18	6.47	0	15.8
宜林村	0.00	4.66	4.04	8.66	26	4.89	0	21
双利村	0.00	12.60	10.42	6.56	37	10.28	0	24.1
大沟村	4.78	6.35	9.42	6.40	32	7.35	0	18
富海村	1.13	9.50	4.51	0.70	24	4.28	0	21.6
长德村	0.00	8.56	6.93	5.56	24	6.98	0	19.2
朝阳村	0.00	9.10	5.43	10.43	26	7.50	0	20.8
永强村	0.00	0.00	7.41	9.33	26	8.82	0	20.5
向阳村	4.00	7.02	6.30	0.00	17	6.42	0	18.8
共和村	0.00	16.80	6.11	0.00	21	7.13	0	21.9
新荣村	0.00	7.87	7.26	13.43	31	9.31	0	21.4
振兴村	0.00	4.20	0.00	0.00	6	3.50	0	9.9
三合村	4.00	6.08	2.02	0.00	16	4.16	0	19.2
永胜村	4.90	14.20	9.80	0.00	31	6.27	0	21.1

（续表）

村名称	一级地平均值	二级地平均值	三级地平均值	四级地平均值	村样本数	村平均值	村最小值	村最大值
丰产村	3.55	9.08	3.10	0.00	23	4.40	0	18.2
模范村	4.91	1.25	3.00	0.00	32	3.30	0	18.8
胜利村	0.00	2.18	4.95	5.15	47	4.67	0	17.9
榆树村	7.48	1.51	0.00	0.00	31	2.18	0	23.9
长山村	0.00	9.72	1.86	8.70	18	4.42	0	21.1
新兴村	1.45	3.14	0.57	0.00	19	1.84	0	10.5
农兴村	0.00	8.15	5.47	0.00	22	5.95	0	16.7
农安村	0.00	0.00	3.66	5.22	32	4.78	0	22
农化村	0.00	3.00	4.91	2.45	20	3.89	0	21.8
书才村	3.26	3.75	0.00	0.00	19	3.42	0	16.5
德明村	0.00	7.10	2.64	4.99	34	4.26	0	14.3
耀先村	6.47	4.16	3.86	0.00	15	4.48	0	19.4
民安村	0.00	5.30	2.09	2.70	19	2.66	0	12.5
永安村	0.00	0.00	3.73	3.79	35	3.77	0	13.9
集中村	0.00	0.00	7.31	2.94	40	4.58	0	18.1
乐园村	0.00	0.00	6.03	3.04	39	4.19	0	20.1
乐业村	0.00	0.00	6.23	4.20	41	4.99	0	18.1
新福村	0.00	6.16	13.35	0.00	16	7.58	0	20.9
新发村	0.00	3.10	2.58	5.50	21	3.86	0	17.3
红旗村	0.00	6.33	3.43	4.50	12	5.30	0	13.4
国志村	0.00	0.00	0.00	0.00	0	0.00	0	0
保安村	0.00	0.00	3.91	8.05	23	5.54	0	19.6
保产村	0.00	0.00	3.44	1.19	18	2.19	0	20.2

附表7 肇州县行政村有机质含量　　　　（单位：g/kg）

个数	248	603	1 049	581	2 481			
等级	1	2	3	4	全县			
平均值	33.85	28.16	26.15	22.50	26.56			
最大值	55.90	55.00	55.90	46.30	55.90			
最小值	10.20	11.10	10.10	10.10	10.10			
村名称	一级地平均值	二级地平均值	三级地平均值	四级地平均值	村样本数	村平均值	村最小值	村最大值
五一村	28.80	26.59	0.00	0.00	18	26.96	23	32.5

村名称	一级地平均值	二级地平均值	三级地平均值	四级地平均值	村样本数	村平均值	村最小值	村最大值
万宝村	28.85	26.54	28.08	0.00	29	27.89	25.4	34.4
新城村	27.18	20.96	21.86	22.18	31	22.42	13.9	31.5
民吉村	30.84	29.30	31.18	0.00	34	30.51	21.4	42.3
壮大村	25.76	23.01	28.38	20.25	26	24.99	18.9	34.2
中华村	26.90	26.24	28.31	32.70	32	27.58	11.2	38.6
肇安村	32.80	32.18	26.46	29.01	35	28.50	19.7	48.2
永乐村	0.00	15.95	15.82	0.00	28	15.84	10.3	24.1
之平村	23.10	23.64	19.46	17.35	34	20.41	11.2	34.1
清华村	19.40	21.21	17.65	12.90	27	18.44	10.2	35.8
新路村	29.00	26.42	31.70	17.00	17	27.54	17	41.6
新龙村	32.40	23.31	24.94	0.00	17	24.61	18.9	32.4
太丰村	0.00	0.00	15.42	16.07	12	15.74	13.1	17.8
六烈村	0.00	18.93	19.60	22.00	11	19.85	13.9	29.8
新祥村	0.00	19.30	16.05	16.44	21	16.37	12.8	19.3
丰乐村	52.70	44.16	40.14	0.00	32	43.47	30.1	55.8
幸安村	45.25	38.40	33.16	33.13	22	36.16	30.6	49.1
生活村	40.20	43.86	39.15	29.30	35	41.11	29	49.2
改善村	0.00	41.05	40.83	30.30	19	40.34	21.4	54.5
丰强村	42.87	36.51	29.68	0.00	24	37.23	25.5	48.7
平安村	44.30	29.47	27.89	0.00	14	29.40	25	44.3
幸福村	42.53	39.61	40.75	29.70	20	39.55	27	48.3
文林村	50.60	45.66	40.10	0.00	30	43.41	31.2	55.9
共进村	0.00	37.20	28.46	28.88	22	29.33	24.1	38.1
团结村	0.00	45.41	45.57	37.19	34	43.79	31.8	51.9
中强村	48.50	45.61	46.74	0.00	25	46.49	33.7	51.9
爱国村	0.00	46.51	42.36	0.00	25	43.52	28	55
发展村	45.79	43.66	36.45	0.00	22	43.88	35	55.2
保林村	0.00	40.45	31.29	26.70	39	30.58	24	48.5
利强村	48.33	44.73	44.83	0.00	13	45.61	38	52.1
东兴村	45.63	48.18	45.62	0.00	22	46.20	37.5	54.4
兴东村	0.00	0.00	19.90	17.90	11	19.72	14	29.8

（续表）

村名称	一级地平均值	二级地平均值	三级地平均值	四级地平均值	村样本数	村平均值	村最小值	村最大值
红星村	14.80	16.07	15.60	0.00	15	15.64	10.5	23.1
福山村	19.90	15.92	17.72	0.00	15	17.58	13.1	22.2
杏山村	16.00	16.47	13.40	0.00	12	16.13	13.4	19
安居村	0.00	0.00	15.23	14.32	27	14.56	10.1	21.4
安民村	0.00	15.60	17.14	16.33	16	16.54	15.6	18.6
德宣村	24.65	18.51	17.59	0.00	19	18.77	15.8	32.2
六合村	0.00	0.00	16.77	14.96	34	16.02	10.1	29
双井村	0.00	0.00	16.60	14.63	22	15.26	10.4	26.3
大阁村	42.15	22.08	20.59	17.20	30	24.24	14.6	52.2
复兴村	0.00	0.00	17.63	12.40	11	16.20	10.9	27.1
兴城村	13.80	14.73	11.75	0.00	11	14.02	11.4	19.7
跃进村	0.00	0.00	16.20	20.12	25	19.81	12.7	38.9
杏茂村	11.90	18.20	16.97	0.00	8	16.95	11.9	20.7
旺盛村	0.00	17.30	16.53	15.58	12	16.25	14.2	19.5
福利村	0.00	18.60	20.05	0.00	21	19.98	11.6	46.4
光辉村	0.00	25.70	23.77	24.60	23	24.11	13.2	28.5
卫国村	21.70	27.50	26.32	27.46	33	26.63	21.7	33
黎明村	26.97	22.18	26.25	0.00	23	24.40	14.3	32.3
太和村	36.40	31.13	31.16	0.00	18	31.73	26	36.6
民兴村	0.00	28.90	27.95	28.85	29	28.10	22.2	33.3
民主村	0.00	25.73	25.30	0.00	25	25.50	16.1	33.2
实现村	22.40	24.91	23.77	24.20	46	24.07	11.9	42.6
繁荣村	26.20	28.22	26.03	26.87	28	27.16	21.7	34
光荣村	27.10	19.64	19.90	0.00	14	20.21	14.3	27.1
前进村	0.00	28.74	27.43	0.00	14	28.09	24.3	34.5
民乐村	0.00	26.83	27.45	0.00	11	26.95	16.1	33.8
富强村	0.00	29.22	28.65	29.95	20	28.92	21.4	34.4
胜生村	39.50	28.85	28.58	30.25	18	29.43	25.1	39.5
正大村	0.00	0.00	27.23	28.25	54	28.11	21.4	34.2
九三村	0.00	28.50	30.15	29.55	33	29.63	19.5	35
光明村	0.00	24.45	28.93	26.91	41	26.93	19.8	33.7

村名称	一级地平均值	二级地平均值	三级地平均值	四级地平均值	村样本数	村平均值	村最小值	村最大值
和平村	0.00	26.60	33.01	29.28	25	30.34	18.3	44.9
双发村	0.00	23.70	28.38	31.62	11	29.43	23.7	33.9
双跃村	0.00	28.35	23.33	0.00	7	26.20	21.9	29.8
托古村	24.20	28.96	28.26	28.10	26	28.45	22.9	35
新安村	0.00	27.23	27.28	31.60	18	27.49	22.5	34.1
宜林村	27.60	27.04	27.03	29.94	26	27.61	23	34
双利村	0.00	31.27	30.88	28.23	37	30.48	22.3	37.2
大沟村	43.96	34.13	29.47	27.70	32	33.57	22.5	55.2
富海村	33.87	28.48	29.16	29.63	24	29.71	24.6	36.2
长德村	0.00	28.24	28.97	28.06	24	28.63	25.2	34.3
朝阳村	0.00	33.10	26.65	26.09	26	26.68	22.2	33.5
永强村	0.00	0.00	34.89	29.69	26	31.09	23.9	40.5
向阳村	40.30	29.02	28.92	0.00	17	29.62	26.1	40.3
共和村	0.00	23.95	26.84	0.00	21	26.56	21.5	31.5
新荣村	0.00	38.10	35.97	27.97	31	33.60	23.8	44.2
振兴村	31.20	29.10	0.00	0.00	6	29.45	25.3	32
三合村	34.00	28.88	32.48	0.00	16	31.61	21.9	48.3
永胜村	41.73	38.10	25.70	0.00	31	39.83	19.6	53.9
丰产村	44.08	38.35	42.63	0.00	23	42.71	24.9	55.9
模范村	37.13	26.15	28.74	15.15	32	30.65	12.7	53.8
胜利村	0.00	35.53	34.90	28.87	47	32.93	12.7	54.8
榆树村	34.33	20.94	20.55	0.00	31	22.64	11.4	44.4
长山村	0.00	15.16	16.23	11.80	18	15.68	11.8	30.4
新兴村	18.78	14.50	15.96	0.00	19	15.94	11.1	28.3
农兴村	0.00	17.35	16.78	15.85	22	16.90	12.8	21.7
农安村	0.00	0.00	18.16	17.79	32	17.89	12.3	21.9
农化村	19.15	19.13	20.11	15.40	20	19.40	13.3	29.7
书才村	21.86	17.45	0.00	0.00	19	20.47	13.2	39.6
德明村	0.00	15.85	13.99	14.38	34	14.46	11.8	19.1
耀先村	14.57	17.30	17.31	0.00	15	16.76	10.3	20
民安村	0.00	18.70	14.77	12.70	19	15.17	10.7	20.5

（续表）

村名称	一级地平均值	二级地平均值	三级地平均值	四级地平均值	村样本数	村平均值	村最小值	村最大值
永安村	0.00	0.00	16.18	15.13	35	15.49	12.1	22.2
集中村	0.00	0.00	17.90	18.70	40	18.40	12.7	24.7
乐园村	0.00	0.00	25.49	18.62	39	21.26	10.6	51.2
乐业村	0.00	0.00	15.53	16.03	41	15.84	12.3	19.8
新福村	28.80	17.17	16.13	0.00	16	17.64	14.6	28.8
新发村	0.00	19.80	17.94	16.41	21	17.37	13.9	21.7
红旗村	0.00	15.76	15.03	13.55	12	15.21	11.8	18.8
国志村	0.00	0.00	0.00	0.00	0	0.00	0	0
保安村	0.00	14.60	15.49	16.30	23	15.80	12.1	25.4
保产村	0.00	0.00	22.26	20.98	18	21.55	12.7	34.7

附表 8　肇州县行政村 pH 值含量

个数	248	603	1 049	581	2 481			
等级	1	2	3	4	全县			
平均值	7.97	8.18	8.27	8.46	8.27			
最大值	8.70	8.70	8.80	9.20	9.20			
最小值	6.90	7.10	7.00	7.80	6.90			

村名称	一级地平均值	二级地平均值	三级地平均值	四级地平均值	村样本数	村平均值	村最小值	村最大值
五一村	7.70	7.88	0.00	0.00	18	7.85	7.5	8.3
万宝村	7.27	7.53	8.02	0.00	29	7.59	6.9	8.1
新城村	7.65	7.98	8.27	8.57	31	8.21	7.6	8.7
民吉村	7.66	7.54	7.83	0.00	34	7.65	7	8
壮大村	7.78	8.08	8.02	8.35	26	7.98	7.6	8.4
中华村	7.86	7.86	7.75	8.20	32	7.82	7	8.3
肇安村	8.10	8.03	8.16	8.41	35	8.22	7.5	8.7
永乐村	0.00	7.98	8.28	0.00	28	8.24	7.6	8.5
之平村	7.60	8.21	8.30	8.30	34	8.24	7.4	8.5
清华村	7.95	8.33	8.42	8.47	27	8.36	7.6	8.6
新路村	8.12	8.25	7.50	8.30	17	8.14	7.5	8.3
新龙村	8.20	8.19	8.18	8.30	17	8.18	8.1	8.3
太丰村	0.00	0.00	8.25	8.28	12	8.27	8.1	8.4

村名称	一级地平均值	二级地平均值	三级地平均值	四级地平均值	村样本数	村平均值	村最小值	村最大值
六烈村	0.00	8.17	8.32	8.35	11	8.28	8	8.4
新祥村	0.00	8.20	8.35	8.47	21	8.39	8.2	8.5
丰乐村	8.43	8.47	8.41	0.00	32	8.44	8.1	8.7
幸安村	8.20	8.40	8.48	8.53	22	8.43	8.1	8.6
生活村	8.03	7.85	8.25	8.60	35	8.06	7.5	8.6
改善村	0.00	8.52	8.37	9.00	19	8.45	8.2	9
丰强村	8.03	8.36	8.35	0.00	24	8.26	7.6	8.5
平安村	8.10	8.13	8.36	0.00	14	8.29	8	8.6
幸福村	8.35	8.40	8.35	8.50	20	8.39	8.2	8.5
文林村	8.00	8.21	8.22	0.00	30	8.20	8	8.7
共进村	0.00	8.10	8.06	8.20	22	8.09	7.7	8.3
团结村	0.00	8.13	8.21	8.53	34	8.24	7.9	9.1
中强村	8.20	8.16	8.12	0.00	25	8.13	7.8	8.5
爱国村	0.00	8.27	8.09	0.00	25	8.14	7.7	8.6
发展村	8.14	8.15	8.10	0.00	22	8.14	7.9	8.3
保林村	0.00	8.05	8.02	8.17	39	8.06	7.7	8.3
利强村	8.27	8.25	8.23	0.00	13	8.25	8.2	8.3
东兴村	8.15	8.16	8.25	0.00	22	8.18	8	8.3
兴东村	0.00	0.00	8.46	8.60	11	8.47	8.2	8.6
红星村	8.70	8.40	8.68	0.00	15	8.63	8.1	8.8
福山村	8.00	8.42	8.38	0.00	15	8.29	7.9	8.5
杏山村	8.00	8.41	8.50	0.00	12	8.35	8	8.6
安居村	0.00	0.00	8.41	8.52	27	8.49	7.8	8.8
安民村	0.00	8.40	8.50	8.51	16	8.50	8.2	9.2
德宣村	8.25	8.31	8.51	0.00	19	8.39	8.2	8.6
六合村	0.00	0.00	8.49	8.68	34	8.56	8	8.8
双井村	0.00	0.00	8.44	8.40	22	8.41	7.9	8.9
大阁村	8.48	8.42	8.36	8.40	30	8.41	8.1	8.6
复兴村	0.00	0.00	8.45	8.53	11	8.47	8.3	8.6
兴城村	8.20	8.39	8.60	0.00	11	8.39	8.1	8.6
跃进村	0.00	0.00	7.90	8.72	25	8.66	7.7	9

（续表）

村名称	一级地平均值	二级地平均值	三级地平均值	四级地平均值	村样本数	村平均值	村最小值	村最大值
杏茂村	7.80	8.33	8.57	0.00	8	8.35	7.8	8.6
旺盛村	0.00	8.27	8.30	8.42	12	8.35	8.2	8.5
福利村	0.00	8.50	8.48	0.00	21	8.48	8.3	8.6
光辉村	0.00	8.10	8.23	8.46	23	8.30	8	9.1
卫国村	7.60	7.70	8.05	8.12	33	8.05	7.6	8.2
黎明村	7.89	8.09	8.05	0.00	23	8.01	7.5	8.3
太和村	8.10	8.11	8.10	0.00	18	8.11	8	8.3
民兴村	0.00	8.00	8.15	8.18	29	8.15	8	8.3
民主村	0.00	8.32	8.32	0.00	25	8.32	8.1	8.6
实现村	7.80	8.12	8.13	8.30	46	8.12	7.8	8.4
繁荣村	7.80	8.05	8.11	8.17	28	8.04	7.6	8.3
光荣村	8.00	8.09	8.25	0.00	14	8.11	7.9	8.4
前进村	0.00	7.61	7.96	0.00	14	7.79	7.2	8.2
民乐村	0.00	8.36	8.50	0.00	11	8.38	8.2	8.5
富强村	0.00	8.10	8.18	8.20	20	8.16	8	8.3
胜生村	8.10	7.95	8.11	8.20	18	8.08	7.8	8.3
正大村	0.00	0.00	8.40	8.51	54	8.49	8	8.9
九三村	0.00	8.10	8.30	8.45	33	8.41	8	8.7
光明村	0.00	8.25	8.30	8.64	41	8.60	8.1	8.9
和平村	0.00	8.23	8.32	8.57	25	8.42	8.1	8.7
双发村	0.00	0.00	8.54	8.50	11	8.47	8	8.8
双跃村	0.00	8.28	8.50	0.00	7	8.37	8.2	8.6
托古村	8.00	8.03	8.19	8.45	26	8.13	7.8	8.7
新安村	0.00	8.29	8.31	8.30	18	8.30	8.1	8.5
宜林村	7.90	8.22	8.50	8.50	26	8.42	7.9	8.7
双利村	0.00	7.87	8.17	8.30	37	8.11	7.5	8.8
大沟村	8.28	8.17	8.09	8.10	32	8.15	7.6	8.6
富海村	8.43	8.13	8.42	8.55	24	8.40	7.9	8.8
长德村	0.00	8.18	8.22	8.38	24	8.25	7.7	8.5
朝阳村	0.00	8.30	8.48	8.23	26	8.38	7.8	8.7
永强村	0.00	0.00	8.46	8.48	26	8.47	8	8.8

村名称	一级地 平均值	二级地 平均值	三级地 平均值	四级地 平均值	村样本数	村平均值	村最小值	村最大值
向阳村	8.30	8.35	8.55	0.00	17	8.46	8.2	8.8
共和村	0.00	8.25	8.36	0.00	21	8.35	8.1	8.8
新荣村	0.00	8.40	8.42	8.25	31	8.36	7.8	8.9
振兴村	8.10	8.42	0.00	0.00	6	8.37	8.1	8.5
三合村	8.30	8.40	8.52	0.00	16	8.41	7.8	8.8
永胜村	7.98	8.00	8.17	0.00	31	8.00	7.7	8.3
丰产村	8.05	8.23	7.93	0.00	23	8.05	7.7	8.6
模范村	8.01	8.15	8.07	8.13	32	8.06	7.7	8.5
胜利村	0.00	8.27	8.35	8.61	47	8.43	7.9	9
榆树村	8.25	8.30	8.25	0.00	31	8.29	8.1	8.5
长山村	0.00	8.36	8.37	8.70	18	8.38	8	8.7
新兴村	8.00	8.34	8.29	0.00	19	8.25	7.6	8.5
农兴村	0.00	8.08	8.28	8.50	22	8.23	8	8.6
农安村	0.00	0.00	8.37	8.35	32	8.36	8.2	8.7
农化村	7.95	8.17	8.12	8.50	20	8.15	7.6	8.6
书才村	7.97	8.25	0.00	0.00	19	8.06	7.6	8.3
德明村	0.00	8.10	8.31	8.75	34	8.43	7.6	9
耀先村	7.60	8.26	8.44	0.00	15	8.21	7.5	8.5
民安村	0.00	8.37	8.51	8.40	19	8.48	8.1	8.6
永安村	0.00	0.00	8.37	8.43	35	8.41	8.1	8.7
集中村	0.00	0.00	7.84	8.41	40	8.20	7.4	8.8
乐园村	0.00	0.00	8.35	8.44	39	8.41	7.8	8.8
乐业村	0.00	0.00	8.40	4.45	41	8.43	8.1	8.6
新福村	8.20	8.25	8.40	0.00	16	8.29	8.2	8.5
新发村	0.00	8.30	8.29	8.40	21	8.34	8.1	8.5
红旗村	0.00	8.34	8.50	8.40	12	8.39	8	8.6
国志村	0.00	0.00	0.00	0.00	0	0.00	0	0
保安村	0.00	8.00	8.38	8.43	23	8.38	8	8.6
保产村	0.00	0.00	8.53	8.63	18	8.58	8.3	8.8

附表9　肇州县行政村有效锌含量　　　　　　　　　（单位：mg/kg）

个数	248	603	1 049	581	2 481			
等级	1	2	3	4	全县			
平均值	1.40	1.21	1.08	0.88	1.10			
最大值	7.52	5.74	5.74	2.72	7.52			
最小值	0.32	0.38	0.26	0.22	0.22			
村名称	一级地平均值	二级地平均值	三级地平均值	四级地平均值	村样本数	村平均值	村最小值	村最大值
五一村	3.06	2.17	0.00	0.00	18	2.32	1.2	3.06
万宝村	2.08	1.46	2.66	0.00	29	2.07	1.11	2.72
新城村	1.26	2.18	1.64	1.11	31	1.56	0.66	5.68
民吉村	2.22	1.91	1.68	0.00	34	2.08	1.18	7.52
壮大村	0.98	1.17	1.48	0.95	26	1.16	0.54	2.12
中华村	0.96	1.57	1.28	1.83	32	1.34	0.4	2.72
肇安村	1.50	1.40	1.07	0.85	35	1.06	0.4	1.9
永乐村	0.00	0.93	0.99	1.83	28	0.98	0.38	2
之平村	1.01	1.04	0.98	1.06	34	1.00	0.46	1.64
清华村	1.09	0.95	0.91	0.66	27	0.91	0.6	2.05
新路村	0.89	1.21	1.10	0.77	17	1.01	0.36	1.76
新龙村	1.80	0.95	0.97	0.00	17	1.01	0.72	1.8
太丰村	0.00	0.00	0.75	0.72	12	0.74	0.56	0.9
六烈村	0.00	0.73	0.79	0.61	11	0.74	0.5	1.25
新祥村	0.00	0.93	0.87	1.27	21	1.04	0.5	1.5
丰乐村	1.80	1.25	1.05	0.00	32	1.23	0.87	2.62
幸安村	2.98	1.33	1.42	1.37	22	1.53	0.94	3.49
生活村	1.30	1.16	1.46	1.22	35	1.30	0.89	2.17
改善村	0.00	2.11	2.09	1.18	19	2.05	0.96	5.74
丰强村	1.45	1.74	1.77	0.00	24	1.66	1.12	2.43
平安村	3.06	1.25	1.41	0.00	14	1.49	1.11	3.06
幸福村	1.80	1.58	1.43	1.18	20	1.54	1.18	2.36
文林村	0.84	1.00	0.86	0.00	30	0.94	0.46	1.69
共进村	0.00	0.91	0.90	0.71	22	0.87	0.62	1.76
团结村	0.00	0.66	0.77	0.70	34	0.72	0.44	1.02
中强村	0.60	0.89	0.90	0.00	25	0.88	0.56	1.36

（续表）

村名称	一级地平均值	二级地平均值	三级地平均值	四级地平均值	村样本数	村平均值	村最小值	村最大值
爱国村	0.00	0.84	0.91	0.00	25	0.89	0.58	1.08
发展村	1.24	1.14	1.06	0.00	22	1.18	0.71	2.12
保林村	0.00	1.02	0.88	0.66	39	0.83	0.46	1.04
利强村	0.66	1.21	0.94	0.00	13	0.96	0.5	2.44
东兴村	0.86	0.81	0.81	0.00	22	0.83	0.48	1.63
兴东村	0.00	0.00	0.73	0.60	11	0.71	0.33	1.37
红星村	4.00	1.24	0.88	0.00	15	1.16	0.28	4
福山村	1.25	1.03	0.73	0.00	15	0.99	0.42	1.96
杏山村	1.18	1.19	0.94	0.00	12	1.17	0.94	1.44
安居村	0.00	0.00	1.03	0.74	27	0.82	0.22	1.36
安民村	0.00	1.18	1.18	1.49	16	1.37	0.86	1.89
德宣村	1.25	1.00	0.68	0.00	19	0.89	0.54	1.67
六合村	0.00	0.00	0.95	0.77	34	0.88	0.32	1.29
双井村	0.00	0.00	0.97	0.53	22	0.67	0.3	1.48
大阁村	1.04	0.90	0.92	0.96	30	0.93	0.64	1.3
复兴村	0.00	0.00	0.58	0.60	11	0.59	0.35	0.78
兴城村	2.38	1.18	0.96	0.00	11	1.36	0.71	3.4
跃进村	0.00	0.00	0.51	0.50	25	0.50	0.22	0.89
杏茂村	0.87	0.93	0.72	0.00	8	0.84	0.62	0.98
旺盛村	0.00	1.43	0.88	0.66	12	0.91	0.52	1.67
福利村	0.00	2.28	0.99	0.00	21	1.05	0.56	2.28
光辉村	0.00	0.64	0.80	0.82	23	0.80	0.26	1.25
卫国村	0.46	1.08	0.92	0.87	33	0.89	0.46	1.21
黎明村	0.88	0.77	0.86	0.00	23	0.82	0.5	1.28
太和村	1.25	1.21	1.13	0.00	18	1.17	0.8	1.57
民兴村	0.00	0.92	1.02	1.01	29	1.01	0.72	1.25
民主村	0.00	0.80	1.09	0.00	25	0.95	0.54	1.44
实现村	0.88	1.00	1.05	1.36	46	1.04	0.58	1.54
繁荣村	0.66	0.80	0.88	0.67	28	0.79	0.34	1.14
光荣村	0.96	0.89	0.78	0.00	14	0.88	0.63	1.94
前进村	0.00	0.95	0.95	0.00	14	0.95	0.54	1.39

（续表）

村名称	一级地平均值	二级地平均值	三级地平均值	四级地平均值	村样本数	村平均值	村最小值	村最大值
民乐村	0.00	0.95	0.95	0.00	11	0.95	0.62	1.44
富强村	0.00	1.57	1.04	0.98	20	1.17	0.64	2.32
胜生村	2.63	1.74	1.18	0.98	18	1.36	0.85	2.8
正大村	0.00	0.00	0.99	0.90	54	0.91	0.52	1.57
九三村	0.00	1.19	1.17	0.97	33	1.01	0.64	1.46
光明村	0.00	1.13	1.21	0.95	41	0.98	0.65	1.54
和平村	0.00	1.41	1.25	0.94	25	1.14	0.71	1.9
双发村	0.00	1.16	1.23	1.16	11	1.19	0.96	1.38
双跃村	0.00	1.50	1.39	0.00	7	1.45	1.08	1.8
托古村	2.88	1.19	1.07	1.20	26	1.22	0.43	2.88
新安村	0.00	1.21	1.03	0.90	18	1.10	0.78	1.9
宜林村	2.64	1.42	1.00	1.07	26	1.15	0.88	2.64
双利村	0.00	1.37	1.38	1.53	37	1.41	0.88	2.72
大沟村	1.31	1.25	1.28	1.44	32	1.28	0.5	1.66
富海村	3.54	1.44	1.21	1.19	24	1.54	0.72	5.04
长德村	0.00	1.32	1.12	0.91	24	1.12	0.74	1.62
朝阳村	0.00	1.07	1.01	0.96	26	0.99	0.82	1.18
永强村	0.00	0.00	0.95	1.03	26	1.01	0.75	1.55
向阳村	1.60	1.48	1.15	0.00	17	1.29	0.86	2.07
共和村	0.00	2.23	1.23	0.00	21	1.33	0.91	2.5
新荣村	0.00	1.24	1.17	0.91	31	1.09	0.7	1.58
振兴村	1.08	1.03	0.00	0.00	6	1.04	0.9	1.16
三合村	1.56	1.72	1.65	0.00	16	1.65	1.08	2.62
永胜村	1.12	1.01	1.13	0.00	31	1.11	0.32	2.34
丰产村	0.89	0.97	0.82	0.00	23	0.88	0.62	1.4
模范村	0.97	0.60	0.61	0.47	32	0.76	0.38	1.79
胜利村	0.00	0.83	0.80	0.67	47	0.76	0.28	1.18
榆树村	1.25	1.17	1.09	0.00	31	1.18	0.82	1.42
长山村	0.00	1.41	1.62	0.86	18	1.52	0.82	2.75
新兴村	1.66	1.30	1.09	0.00	19	1.30	0.88	1.92
农兴村	0.00	1.54	1.76	1.13	22	1.62	0.58	2.95

（续表）

村名称	一级地平均值	二级地平均值	三级地平均值	四级地平均值	村样本数	村平均值	村最小值	村最大值
农安村	0.00	0.00	1.10	0.75	32	0.84	0.3	1.83
农化村	3.75	2.30	2.11	0.72	20	2.16	0.58	4.76
书才村	1.40	1.19	0.00	0.00	19	1.34	0.68	2.9
德明村	0.00	0.93	0.79	0.76	34	0.80	0.52	1.18
耀先村	0.70	0.75	0.64	0.00	15	0.69	0.4	1.04
民安村	0.00	2.07	1.38	1.50	19	1.50	0.72	3.1
永安村	0.00	0.00	0.77	0.86	35	0.83	0.34	1.33
集中村	0.00	0.00	0.78	0.83	40	0.81	0.26	3.2
乐园村	0.00	0.00	0.98	1.05	39	1.02	0.38	1.66
乐业村	0.00	0.00	0.90	0.95	41	0.93	0.48	2.54
新福村	0.86	0.96	0.89	0.00	16	0.94	0.62	1.12
新发村	0.00	1.08	1.14	0.88	21	1.03	0.64	1.74
红旗村	0.00	1.32	1.14	1.07	12	1.23	0.88	1.72
国志村	0.00	0.00	0.00	0.00	0	0.00	0	0
保安村	0.00	0.98	1.01	0.82	23	0.93	0.53	1.5
保产村	0.00	0.00	0.85	0.66	18	0.74	0.34	1.34

附表 10　肇州县行政村有效铁含量　　　　　　　　（单位：mg/kg）

个数	248	603	1 049	581	2 481			
等级	1	2	3	4	全县			
平均值	11.87	11.18	11.04	10.61	11.06			
最大值	17.60	16.80	17.30	14.70	17.60			
最小值	1.60	2.10	3.30	2.20	1.60			
村名称	一级地平均值	二级地平均值	三级地平均值	四级地平均值	村样本数	村平均值	村最小值	村最大值
五一村	13.20	15.00	0.00	0.00	18	14.70	13.2	16.1
万宝村	14.87	15.36	8.17	0.00	29	12.94	7.5	15.9
新城村	13.75	10.33	10.52	9.11	31	10.43	4.9	16
民吉村	15.65	15.48	13.68	0.00	34	15.38	9.9	16.6
壮大村	12.53	11.44	11.07	11.20	26	11.72	8.6	16.4
中华村	13.80	10.01	9.31	10.00	32	10.25	7.5	16.2
肇安村	13.50	12.58	12.19	11.36	35	12.01	8.7	14.2

（续表）

村名称	一级地平均值	二级地平均值	三级地平均值	四级地平均值	村样本数	村平均值	村最小值	村最大值
永乐村	0.00	11.00	11.66	0.00	28	11.57	9	15
之平村	11.65	14.50	14.43	12.20	34	14.15	10.3	16.4
清华村	11.95	11.77	11.47	10.97	27	11.55	3.7	14.6
新路村	14.52	15.38	8.20	12.80	17	14.35	8.2	16
新龙村	15.20	12.63	12.01	0.00	17	12.49	10.9	15.8
太丰村	0.00	0.00	15.45	13.83	12	14.64	11.8	16.2
六烈村	0.00	12.17	12.80	11.45	11	12.38	9.9	17.3
新祥村	0.00	11.30	11.60	12.49	21	11.97	9.5	14.4
丰乐村	11.73	10.91	9.49	0.00	32	10.39	8.9	13.6
幸安村	10.60	10.69	9.99	10.40	22	10.35	8.7	12
生活村	11.17	10.07	10.61	11.80	35	10.45	8.3	13.8
改善村	0.00	10.77	10.98	11.10	19	10.92	8.8	12.4
丰强村	11.64	10.48	12.35	0.00	24	11.13	8.7	17.6
平安村	11.00	11.93	10.79	0.00	14	11.05	10.2	13.2
幸福村	11.03	10.96	11.50	11.70	20	11.21	10.1	12.4
文林村	9.70	10.61	11.49	0.00	30	10.96	8.3	13.7
共进村	0.00	11.80	11.12	10.03	22	10.98	9.1	12.6
团结村	0.00	10.42	11.07	10.81	34	10.79	8.6	12.3
中强村	11.70	12.23	11.92	0.00	25	12.00	9.1	14.5
爱国村	0.00	11.17	11.90	0.00	25	11.70	9	15
发展村	10.86	11.07	10.90	0.00	22	10.97	9.4	12.7
保林村	0.00	11.50	11.29	10.97	39	11.22	10.1	13.1
利强村	11.70	10.93	11.47	0.00	13	11.35	10.1	12.8
东兴村	8.49	10.46	12.10	0.00	22	9.92	2.9	13.2
兴东村	0.00	0.00	10.46	11.40	11	10.55	3.3	13
红星村	14.40	11.60	11.60	0.00	15	11.79	9.3	14.4
福山村	12.10	11.53	10.82	0.00	15	11.45	6.8	13.9
杏山村	11.60	10.43	11.00	0.00	12	10.68	8.7	11.9
安居村	0.00	0.00	12.77	12.53	27	12.59	9.1	14.6
安民村	0.00	10.30	9.50	10.12	16	9.94	8.9	11.3
德宣村	12.05	11.32	11.31	0.00	19	11.39	10.9	12.4

（续表）

村名称	一级地平均值	二级地平均值	三级地平均值	四级地平均值	村样本数	村平均值	村最小值	村最大值
六合村	0.00	0.00	11.69	12.34	34	11.96	9.5	14.1
双井村	0.00	0.00	10.01	10.19	22	10.14	8.7	12.3
大阁村	10.13	9.90	10.23	9.50	30	9.99	8.6	12.1
复兴村	0.00	0.00	10.11	9.67	11	9.99	9.1	10.9
兴城村	11.45	10.97	10.50	0.00	11	10.97	9.6	12.3
跃进村	0.00	0.00	8.25	11.23	25	11.00	7	13.1
杏茂村	13.00	11.53	13.23	0.00	8	12.35	11.3	13.6
旺盛村	0.00	10.27	11.90	11.13	12	11.11	8.7	12.9
福利村	0.00	13.40	11.30	0.00	21	11.40	9.5	14.4
光辉村	0.00	11.70	10.95	10.20	23	10.76	8.2	13
卫国村	11.80	9.70	9.96	10.68	33	10.27	6.1	12.8
黎明村	8.27	10.25	9.45	0.00	23	9.40	1.9	11.6
太和村	10.40	10.47	9.94	0.00	18	10.20	8.5	12.1
民兴村	0.00	9.30	10.18	9.98	29	10.12	9.1	11.1
民主村	0.00	11.18	10.98	0.00	25	11.08	9.2	13.1
实现村	11.50	9.27	9.78	8.50	46	9.65	2.1	11.6
繁荣村	10.78	9.95	9.40	11.27	28	10.05	4.5	12.8
光荣村	11.40	10.35	12.05	0.00	14	10.66	6.1	12.6
前进村	0.00	9.99	10.19	0.00	14	10.09	8.2	11.8
民乐村	0.00	10.50	9.35	0.00	11	10.29	8	12.9
富强村	0.00	11.92	10.98	10.90	20	11.21	8.7	16.2
胜生村	11.00	11.18	10.19	9.10	18	10.33	6.7	11.4
正大村	0.00	0.00	9.81	9.68	54	9.70	4.8	13
九三村	0.00	11.90	12.00	9.90	33	10.34	6.5	12.9
光明村	0.00	11.40	10.43	9.71	41	9.85	2.2	14.5
和平村	0.00	12.30	12.03	11.63	25	11.90	7.2	13.8
双发村	0.00	8.90	12.42	9.22	11	10.65	7.8	12.9
双跃村	0.00	11.95	10.37	0.00	7	11.27	7.3	13.1
托古村	11.60	12.29	12.43	12.50	26	12.33	11.3	14.5
新安村	0.00	11.69	11.83	12.80	18	11.82	10	12.9
宜林村	16.00	10.00	11.35	11.92	26	11.38	8.7	16

（续表）

村名称	一级地平均值	二级地平均值	三级地平均值	四级地平均值	村样本数	村平均值	村最小值	村最大值
双利村	0.00	9.96	10.80	10.47	37	10.51	8.4	13.5
大沟村	11.26	11.25	11.10	8.40	32	11.10	8.4	12.7
富海村	11.73	9.80	11.81	11.73	24	11.45	9.1	14.5
长德村	0.00	12.32	12.34	12.26	24	12.32	9.3	14.2
朝阳村	0.00	10.60	11.27	9.96	26	10.74	9	13.5
永强村	0.00	0.00	11.70	10.71	26	10.97	7.9	13.3
向阳村	11.20	10.02	10.57	0.00	17	10.41	7.9	11.2
共和村	0.00	11.50	11.02	0.00	21	11.07	9	12.2
新荣村	0.00	10.80	11.23	10.43	31	10.93	7.5	12.9
振兴村	9.30	10.80	0.00	0.00	6	10.55	9.3	11.4
三合村	11.28	10.92	11.30	0.00	16	11.15	10.4	12
永胜村	11.14	11.20	11.93	0.00	31	11.22	2.5	13.6
丰产村	11.13	11.00	11.68	0.00	23	11.25	9.4	13
模范村	11.55	11.43	11.78	11.05	32	11.54	9.2	13
胜利村	0.00	12.98	11.75	10.83	47	11.59	6.5	15.2
榆树村	9.05	11.93	11.65	0.00	31	11.54	1.6	16.8
长山村	0.00	8.66	11.54	10.90	18	10.71	2.7	14
新兴村	10.88	10.78	11.16	0.00	19	10.94	9.8	13.6
农兴村	0.00	11.59	12.09	13.55	22	12.04	11	14.2
农安村	0.00	0.00	11.61	11.99	32	11.88	6.9	13.5
农化村	11.95	10.83	10.74	13.15	20	11.12	9	13.9
书才村	11.04	11.92	0.00	0.00	19	11.32	6.8	13.9
德明村	0.00	10.90	10.61	10.97	34	10.79	10.1	12.9
耀先村	11.83	10.54	10.49	0.00	15	10.77	8.6	12.5
民安村	0.00	10.87	11.19	10.60	19	11.07	9.4	13
永安村	0.00	0.00	10.78	9.32	35	9.82	6.4	12.9
集中村	0.00	0.00	10.89	10.93	40	10.92	7	14.3
乐园村	0.00	0.00	11.46	10.75	39	11.03	8.7	15.5
乐业村	0.00	0.00	9.28	9.76	41	9.57	4.3	11.3
新福村	10.70	10.70	10.45	0.00	16	10.64	9.1	12
新发村	0.00	9.10	8.93	10.39	21	9.56	4.9	12.5

（续表）

村名称	一级地平均值	二级地平均值	三级地平均值	四级地平均值	村样本数	村平均值	村最小值	村最大值
红旗村	0.00	7.63	4.50	8.35	12	6.97	4.3	10
国志村	0.00	0.00	0.00	0.00	0	0.00	0	0
保安村	0.00	10.50	10.61	10.53	23	10.57	8.6	13.2
保产村	0.00	0.00	5.66	6.81	18	6.30	4.9	11.5

附表 11　肇州县行政村有效锰含量　（单位：mg/kg）

个数	248	603	1 049	581	2 481			
等级	1	2	3	4	全县			
平均值	11.87	12.44	12.55	13.05	12.57			
最大值	18.40	17.60	21.20	19.40	21.20			
最小值	5.20	5.40	4.20	6.70	4.20			
村名称	一级地平均值	二级地平均值	三级地平均值	四级地平均值	村样本数	村平均值	村最小值	村最大值
五一村	8.50	7.38	0.00	0.00	18	7.57	5.4	12.9
万宝村	10.73	10.46	8.78	0.00	29	10.04	8.4	11.9
新城村	11.53	10.34	13.54	13.48	31	12.44	7	19.4
民吉村	9.47	9.21	9.25	0.00	34	9.38	5.2	11.8
壮大村	11.73	10.64	10.50	9.45	26	10.90	8.7	12.6
中华村	8.98	9.87	8.06	7.30	32	8.74	5.4	13.1
肇安村	12.00	12.27	11.76	13.45	35	12.43	8.2	15.8
永乐村	0.00	13.58	11.31	0.00	28	11.63	9.9	14.7
之平村	12.30	10.96	10.47	12.40	34	10.79	5.2	13.7
清华村	11.40	9.20	9.58	9.30	27	9.56	6.5	17.5
新路村	12.40	12.15	6.70	11.30	17	11.91	6.7	13.6
新龙村	11.60	12.29	11.55	0.00	17	11.90	10.6	14.2
太丰村	0.00	0.00	9.62	11.03	12	10.33	5.8	12.9
六烈村	0.00	13.50	12.68	13.70	11	13.09	10.7	16.3
新祥村	0.00	12.00	8.40	7.21	21	8.06	6.4	12
丰乐村	13.58	13.52	14.51	0.00	32	13.96	12.1	15.6
幸安村	13.00	13.26	13.99	12.87	22	13.48	11.8	15.5
生活村	12.23	12.73	13.48	16.10	35	13.10	10	16.1
改善村	0.00	13.13	12.93	11.90	19	12.94	11.7	15.1

（续表）

村名称	一级地平均值	二级地平均值	三级地平均值	四级地平均值	村样本数	村平均值	村最小值	村最大值
丰强村	13.19	13.01	12.70	0.00	24	13.01	11	14.9
平安村	13.10	14.23	13.83	0.00	14	13.86	13.1	14.9
幸福村	11.88	11.80	12.47	15.20	20	12.36	10.3	15.2
文林村	11.90	12.31	12.32	0.00	30	12.30	10.3	13.6
共进村	0.00	13.35	12.18	12.15	22	12.28	10.2	14.2
团结村	0.00	9.43	11.04	14.24	34	11.13	7.4	15.3
中强村	9.90	10.31	8.86	0.00	25	9.31	4.2	12.7
爱国村	0.00	11.80	10.09	0.00	25	10.57	4.2	14.9
发展村	13.79	13.26	13.90	0.00	22	13.54	12.2	15.6
保林村	0.00	11.20	12.42	13.14	39	12.54	9.7	15.9
利强村	11.63	11.58	12.60	0.00	13	12.06	9.7	14.7
东兴村	12.20	11.28	11.10	0.00	22	11.69	8.9	17.2
兴东村	0.00	0.00	14.50	14.80	11	14.53	10.8	19.8
红星村	14.80	14.27	14.87	0.00	15	14.75	13.9	15.2
福山村	13.88	14.27	15.08	0.00	15	14.43	12.9	16.4
杏山村	12.95	11.82	10.70	0.00	12	11.92	10.2	14.4
安居村	0.00	0.00	11.56	12.24	27	12.06	10.9	13.5
安民村	0.00	12.70	13.16	10.61	16	11.54	7.7	14.6
德宣村	11.80	11.87	12.18	0.00	19	11.99	11	13.1
六合村	0.00	0.00	14.38	15.27	34	14.75	8.4	17.6
双井村	0.00	0.00	13.66	13.54	22	13.58	12.8	14.7
大阁村	11.38	12.69	10.49	12.50	30	11.99	8.5	15.6
复兴村	0.00	0.00	13.19	13.57	11	13.29	12.7	13.6
兴城村	13.45	13.64	14.85	0.00	11	13.83	12.2	15
跃进村	0.00	0.00	11.70	12.79	25	12.70	9.2	13.9
杏茂村	11.90	12.18	13.07	0.00	8	12.48	10.7	15.8
旺盛村	0.00	13.00	13.00	11.75	12	12.38	10.8	14.5
福利村	0.00	13.80	13.37	0.00	21	13.39	8.4	15.3
光辉村	0.00	12.60	12.31	12.46	23	12.37	10.5	14.2
卫国村	13.60	13.70	13.56	13.69	33	13.61	11.7	15.3
黎明村	13.30	14.39	14.75	0.00	23	14.00	11.8	16.8

村名称	一级地平均值	二级地平均值	三级地平均值	四级地平均值	村样本数	村平均值	村最小值	村最大值
太和村	12.55	12.49	13.48	0.00	18	12.99	9.7	15.6
民兴村	0.00	13.00	13.70	14.08	29	13.73	12.2	15.6
民主村	0.00	13.15	13.11	0.00	25	13.13	12.3	15.7
实现村	14.20	12.49	13.35	13.60	46	13.13	9.5	14.5
繁荣村	13.63	13.90	14.26	13.73	28	13.95	11.4	17.3
光荣村	13.70	13.85	12.85	0.00	14	13.69	12.6	15.1
前进村	0.00	13.71	14.47	0.00	14	14.09	11.7	15.2
民乐村	0.00	13.37	13.70	0.00	11	13.43	11.9	15.1
富强村	0.00	14.08	13.55	13.65	20	13.70	12	16
胜生村	13.40	14.70	13.46	13.15	18	13.70	11.8	15.5
正大村	0.00	0.00	12.51	13.78	54	13.62	11.4	16.9
九三村	0.00	14.20	13.78	12.79	33	13.02	12	17.1
光明村	0.00	11.80	12.40	14.06	41	13.82	10	16.9
和平村	0.00	13.35	12.04	12.54	25	12.47	9.4	15.3
双发村	0.00	16.30	13.94	14.20	11	14.27	10.8	16.6
双跃村	0.00	12.08	13.60	0.00	7	12.73	10.9	14.1
托古村	15.70	13.26	14.13	14.63	26	13.80	10.2	17
新安村	0.00	13.86	13.80	13.80	18	13.83	12.3	14.9
宜林村	11.60	13.42	14.27	12.42	26	13.65	11.6	19.1
双利村	0.00	14.17	14.02	15.70	37	14.38	11.8	16.8
大沟村	12.98	14.10	13.08	16.80	32	13.60	10.4	16.8
富海村	14.43	13.98	13.81	15.00	24	14.11	11.3	15.5
长德村	0.00	13.66	12.79	13.80	24	13.18	7.4	15.1
朝阳村	0.00	14.60	13.83	13.32	26	13.66	10.5	16.4
永强村	0.00	0.00	13.91	14.05	26	14.02	11.3	17.4
向阳村	11.60	12.72	12.72	0.00	17	12.65	8.3	21.2
共和村	0.00	11.70	13.81	0.00	21	13.61	10.4	16
新荣村	0.00	12.23	13.20	13.66	31	13.25	7.4	16
振兴村	10.30	12.92	0.00	0.00	6	12.48	10.3	14.1
三合村	10.12	9.35	8.82	0.00	16	9.43	6.3	13.2
永胜村	12.82	11.97	12.33	0.00	31	12.69	11.1	18.4

（续表）

村名称	一级地平均值	二级地平均值	三级地平均值	四级地平均值	村样本数	村平均值	村最小值	村最大值
丰产村	10.72	11.43	10.47	0.00	23	10.78	8.8	14.3
模范村	11.98	12.28	12.13	12.58	32	12.13	10.5	13.2
胜利村	0.00	12.00	11.80	11.79	47	11.82	9.2	13.6
榆树村	9.80	12.25	13.60	0.00	31	12.02	8.6	14.3
长山村	0.00	14.36	12.33	15.00	18	13.04	11.1	17.6
新兴村	13.23	15.14	15.07	0.00	19	14.71	12.4	16.3
农兴村	0.00	13.83	14.34	13.55	22	14.08	10.5	16.6
农安村	0.00	0.00	12.00	13.43	32	13.03	9.3	15.6
农化村	15.20	14.33	13.97	14.40	20	14.19	12.1	16.2
书才村	11.30	13.23	0.00	0.00	19	11.91	9.1	16.4
德明村	0.00	12.87	12.54	11.60	34	12.26	7.6	18.9
耀先村	11.07	11.28	14.39	0.00	15	12.69	7.8	15.5
民安村	0.00	10.10	10.59	10.40	19	10.49	7	14.4
永安村	0.00	0.00	13.51	13.06	35	13.21	11	16.1
集中村	0.00	0.00	10.98	12.20	40	11.74	7.4	14.5
乐园村	0.00	0.00	14.20	14.38	39	14.31	11.7	18.4
乐业村	0.00	0.00	12.73	12.44	41	12.55	11.1	14.5
新福村	7.20	11.98	11.58	0.00	16	11.58	7.2	13.2
新发村	0.00	12.00	11.38	11.64	21	11.52	7.8	13.8
红旗村	0.00	12.66	12.47	12.95	12	12.66	10.7	15.6
国志村	0.00	0.00	0.00	0.00	0	0.00	0	0
保安村	0.00	16.40	12.50	12.65	23	12.73	8.2	16.4
保产村	0.00	0.00	12.00	12.34	18	12.19	10.9	13

附表 12 肇州县行政村全盐量含量 （单位：g/kg）

个数	248	603	1 049	581	1 927			
等级	1	2	3	4	全县			
平均值	0.18	0.18	0.19	0.20	0.24			
最大值	1.05	1.64	1.59	1.18	1.64			
最小值	0.00	0.00	0.00	0.00	0.01			
村名称	一级地平均值	二级地平均值	三级地平均值	四级地平均值	村样本数	村平均值	村最小值	村最大值
五一村	0.17	0.19	0.00	0.00	18	0.19	0.11	0.41
万宝村	0.16	0.17	0.21	0.00	26	0.20	0.00	0.51

（续表）

村名称	一级地平均值	二级地平均值	三级地平均值	四级地平均值	村样本数	村平均值	村最小值	村最大值
新城村	0.31	0.10	0.13	0.28	29	0.21	0.00	0.94
民吉村	0.17	0.25	0.23	0.00	26	0.25	0.00	1.05
壮大村	0.25	0.19	0.19	0.17	24	0.22	0.00	0.52
中华村	0.23	0.13	0.16	0.34	25	0.21	0.00	0.52
肇安村	0.20	0.19	0.20	0.31	35	0.24	0.09	0.69
永乐村	0.00	0.08	0.14	0.00	19	0.19	0.00	0.34
之平村	0.25	0.06	0.21	0.17	21	0.29	0.00	0.91
清华村	0.18	0.08	0.19	0.19	18	0.23	0.00	0.40
新路村	0.19	0.13	0.15	0.26	11	0.26	0.00	0.47
新龙村	0.29	0.26	0.35	0.00	17	0.31	0.15	1.55
太丰村	0.00	0.00	0.17	0.29	10	0.28	0.00	0.48
六烈村	0.00	0.65	0.09	0.14	7	0.40	0.00	1.61
新祥村	0.00	0.16	0.30	0.18	21	0.25	0.01	0.75
丰乐村	0.22	0.24	0.21	0.00	32	0.22	0.10	0.40
幸安村	0.17	0.26	0.28	0.27	22	0.26	0.11	0.77
生活村	0.32	0.22	0.44	0.17	35	0.32	0.14	1.25
改善村	0.00	0.23	0.38	0.25	19	0.33	0.15	1.59
丰强村	0.17	0.22	0.15	0.00	22	0.21	0.00	0.54
平安村	0.25	0.22	0.21	0.00	14	0.22	0.09	0.37
幸福村	0.25	0.23	0.23	0.25	20	0.24	0.14	0.31
文林村	0.12	0.40	0.20	0.00	30	0.30	0.07	1.64
共进村	0.00	0.17	0.20	0.13	18	0.22	0.00	0.39
团结村	0.00	0.13	0.17	0.38	34	0.20	0.02	0.89
中强村	0.13	0.13	0.16	0.00	25	0.15	0.07	0.25
爱国村	0.00	0.09	0.16	0.00	24	0.15	0.00	0.55
发展村	0.08	0.08	0.17	0.00	10	0.19	0.00	0.30
保林村	0.00	0.21	0.21	0.12	33	0.22	0.00	1.02
利强村	0.18	0.19	0.13	0.00	13	0.16	0.07	0.24
东兴村	0.12	0.18	0.11	0.00	16	0.18	0.00	0.66
兴东村	0.00	0.00	0.26	0.12	11	0.25	0.12	0.45
红星村	0.22	0.20	0.31	0.00	12	0.35	0.00	0.97

（续表）

村名称	一级地平均值	二级地平均值	三级地平均值	四级地平均值	村样本数	村平均值	村最小值	村最大值
福山村	0.24	0.27	0.28	0.00	15	0.27	0.18	0.44
杏山村	0.00	0.10	0.00	0.00	5	0.18	0.00	0.26
安居村	0.00	0.00	0.12	0.17	15	0.28	0.00	0.58
安民村	0.00	0.23	0.15	0.09	11	0.17	0.00	0.23
德宣村	0.37	0.22	0.32	0.00	17	0.31	0.00	0.68
六合村	0.00	0.00	0.06	0.05	10	0.20	0.00	0.29
双井村	0.00	0.00	0.20	0.23	20	0.24	0.00	0.49
大阁村	0.00	0.16	0.14	0.33	18	0.23	0.00	0.61
复兴村	0.00	0.00	0.34	0.20	10	0.33	0.00	0.76
兴城村	0.14	0.28	0.24	0.00	10	0.27	0.00	0.36
跃进村	0.00	0.00	0.00	0.19	17	0.26	0.00	0.63
杏茂村	0.18	0.16	0.22	0.00	7	0.22	0.00	0.26
旺盛村	0.00	0.37	0.27	0.09	9	0.27	0.00	0.52
福利村	0.00	0.21	0.21	0.00	20	0.22	0.00	0.45
光辉村	0.00	0.20	0.16	0.14	19	0.19	0.00	0.40
卫国村	0.19	0.00	0.11	0.09	16	0.21	0.00	0.42
黎明村	0.18	0.19	0.21	0.00	20	0.21	0.00	0.32
太和村	0.14	0.15	0.10	0.00	14	0.16	0.00	0.21
民兴村	0.00	0.00	0.15	0.16	20	0.22	0.00	0.62
民主村	0.00	0.13	0.17	0.00	20	0.19	0.00	0.32
实现村	0.26	0.00	0.12	0.00	28	0.19	0.00	0.53
繁荣村	0.27	0.09	0.17	0.17	19	0.22	0.00	0.37
光荣村	0.21	0.13	0.19	0.00	10	0.20	0.00	0.31
前进村	0.00	0.10	0.14	0.00	7	0.24	0.00	0.36
民乐村	0.00	0.16	0.22	0.00	6	0.31	0.00	0.45
富强村	0.00	0.13	0.10	0.08	12	0.18	0.00	0.27
胜生村	0.15	0.13	0.15	0.30	17	0.17	0.00	0.32
正大村	0.00	0.00	0.17	0.21	40	0.27	0.00	0.86
九三村	0.00	0.17	0.17	0.30	32	0.28	0.00	0.76
光明村	0.00	0.65	0.16	0.16	23	0.33	0.00	1.07
和平村	0.00	0.16	0.23	0.23	25	0.22	0.11	0.48

村名称	一级地平均值	二级地平均值	三级地平均值	四级地平均值	村样本数	村平均值	村最小值	村最大值
双发村	0.00	0.20	0.16	0.24	11	0.20	0.04	0.32
双跃村	0.00	0.05	0.22	0.00	3	0.29	0.00	0.33
托古村	0.16	0.10	0.32	0.20	17	0.27	0.00	0.72
新安村	0.00	0.19	0.26	0.27	18	0.23	0.10	0.44
宜林村	0.25	0.17	0.19	0.26	26	0.20	0.12	0.38
双利村	0.00	0.37	0.17	0.23	31	0.28	0.00	1.31
大沟村	0.24	0.20	0.22	0.68	32	0.23	0.06	0.68
富海村	0.24	0.22	0.18	0.32	22	0.24	0.00	0.48
长德村	0.00	0.23	0.16	0.25	18	0.26	0.00	0.69
朝阳村	0.00	0.00	0.12	0.39	19	0.30	0.00	1.18
永强村	0.00	0.00	0.15	0.26	26	0.23	0.01	0.51
向阳村	0.30	0.10	0.08	0.00	10	0.17	0.00	0.30
共和村	0.00	0.00	0.15	0.00	7	0.40	0.00	0.77
新荣村	0.00	0.20	0.16	0.21	27	0.21	0.00	0.50
振兴村	0.24	0.34	0.00	0.00	6	0.33	0.14	0.56
三合村	0.12	0.09	0.24	0.00	11	0.22	0.00	0.33
永胜村	0.18	0.23	0.18	0.00	29	0.20	0.00	0.35
丰产村	0.17	0.19	0.09	0.00	21	0.17	0.00	0.26
模范村	0.22	0.22	0.17	0.22	30	0.22	0.00	0.34
胜利村	0.00	0.15	0.23	0.17	40	0.23	0.00	0.46
榆树村	0.04	0.15	0.25	0.00	17	0.26	0.00	1.01
长山村	0.00	0.31	0.08	0.17	11	0.25	0.00	0.63
新兴村	0.03	0.15	0.31	0.00	11	0.32	0.00	1.05
农兴村	0.00	0.15	0.14	0.00	12	0.24	0.00	0.40
农安村	0.00	0.00	0.13	0.10	16	0.21	0.00	0.46
农化村	0.21	0.37	0.06	0.00	9	0.26	0.00	0.51
书才村	0.13	0.09	0.00	0.00	9	0.25	0.00	0.46
德明村	0.00	0.19	0.20	0.22	29	0.24	0.00	0.67
耀先村	0.43	0.34	0.34	0.00	11	0.49	0.00	1.32
民安村	0.00	0.23	0.27	0.28	14	0.36	0.00	1.49
永安村	0.00	0.00	0.06	0.23	26	0.23	0.00	0.71

（续表）

村名称	一级地平均值	二级地平均值	三级地平均值	四级地平均值	村样本数	村平均值	村最小值	村最大值
集中村	0.00	0.00	0.21	0.16	27	0.26	0.00	0.79
乐园村	0.00	0.00	0.17	0.18	32	0.22	0.00	0.39
乐业村	0.00	0.00	0.14	0.22	26	0.29	0.00	1.07
新福村	0.00	0.27	0.24	0.00	13	0.30	0.00	0.77
新发村	0.00	0.00	0.18	0.15	13	0.25	0.00	0.51
红旗村	0.00	0.20	0.07	0.23	7	0.29	0.00	0.52
国志村	0.00	0.00	0.00	0.00	0	0.00	0.00	0.00
保安村	0.00	0.00	0.18	0.27	11	0.44	0.00	1.11
保产村	0.00	0.00	0.36	0.21	12	0.41	0.00	1.37

附　图

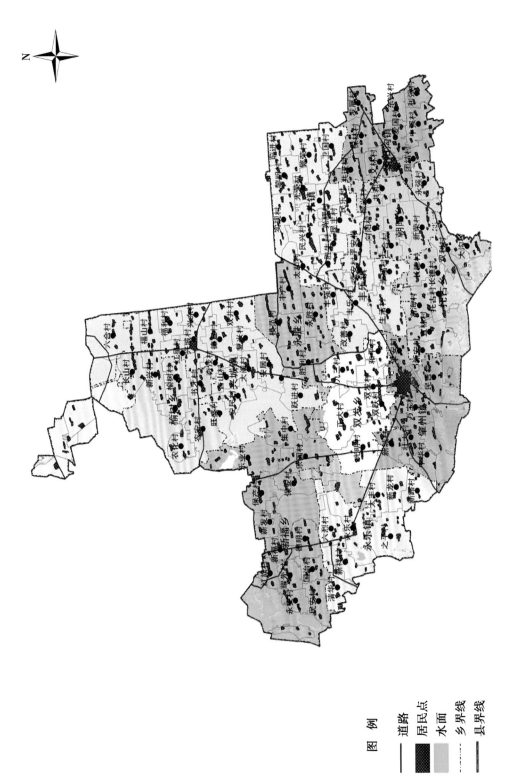

附　图

附图 1　肇州县行政区划图

图　例

道路
居民点
水面
乡界线
县界线

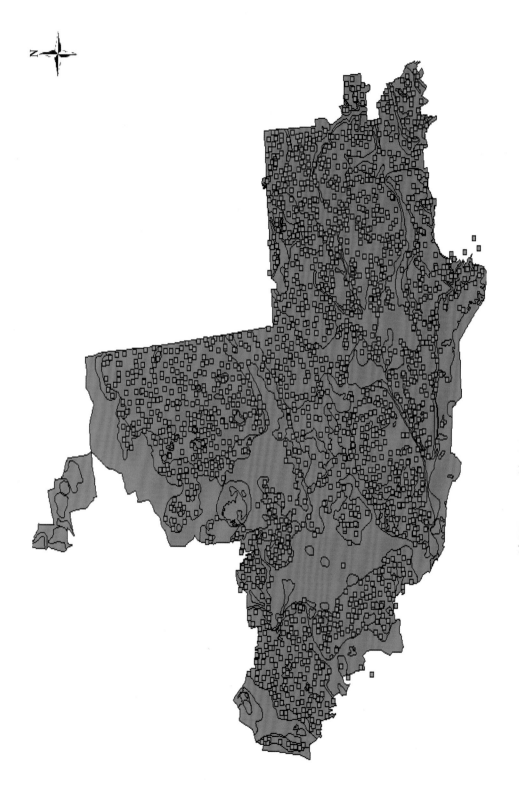

附图 2　肇州县采样点位分布图

附图 3　肇州县土壤分类图

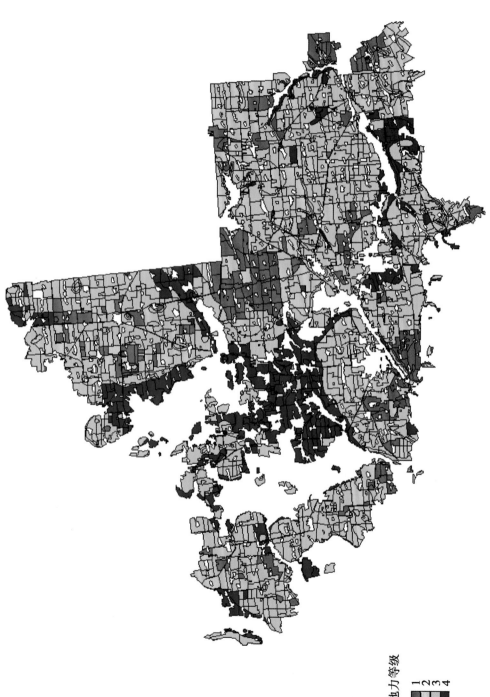

地力等级
1
2
3
4

附图 4　肇州县耕地等级图

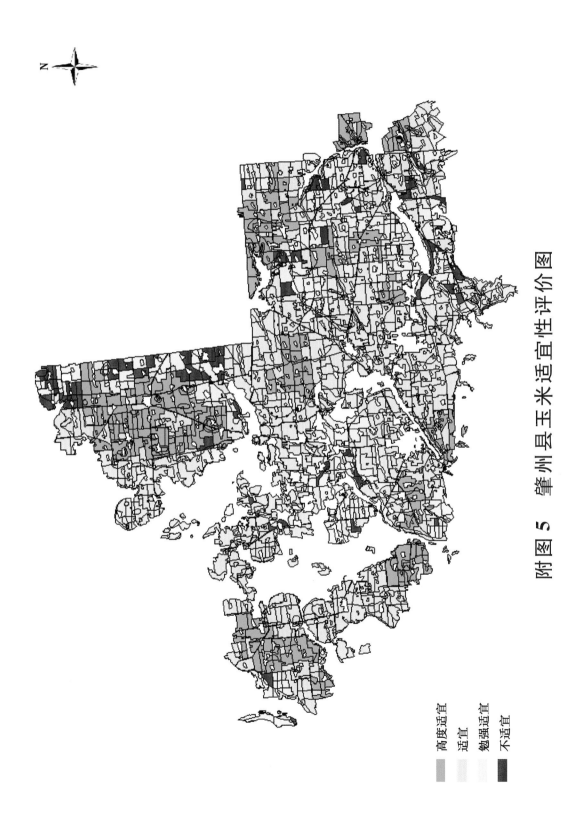

附图 5　肇州县玉米适宜性评价图

高度适宜

适宜

勉强适宜

不适宜